뉴턴과 흄

뉴턴과 흄

정병훈

경상대학교출판부

저자의 말

과학은 철학으로부터 어떤 영향을 받는가? 철학은 과학으로부터 무엇을 배울 수 있을까? 과학과 철학은 서로에게 도움이 되는가? 과학과 철학의 적절한 관계는 어떤 것일까? 매우 소박하지만, 나는 오랫동안 이런 물음들을 가지고 철학 공부를 하였다. 이 저작 역시 17~18세기 서양 근대철학과 당시 자연과학의 상호작용을 이해해 보려는 노력이다.

이러한 목표를 달성하기 위해서 나는 세 가지의 물음을 제기하고 이에 답해 보려고 하였다. 그 첫 번째 물음은 뉴턴의『프린키피아』에 이르기까지 서양과학에서는 어떤 변화가 일어났으며, 그 변화에 당시의 철학은 어떤 영향을 미쳤는가 하는 것이다. 두 번째 물음은 17세기에 새로운 과학적 패러다임으로 등장한 뉴턴의 과학이 동시대의 철학에 어떤 문제를 제기하였는가 하는 것이다. 특히 과학철학의 입장에서 뉴턴 물리학의 개념 및 방법이 데카르트의 그것과 어떻게 구별되며, 로크와 버클리, 그리고 흄의 철학적인 문제들과 어떤 관련성이 있는가를 살펴보려는 것이다. 마지막 물음은 흄의 철학을 뉴턴 과학을 정당화하려는 철학적 노력으로 이해할 수 있는가 하는 것이다.

과학이 새로운 패러다임 혹은 새로운 개념적 틀을 창조하도록 고무하고 자극하기 위해서는 그 자체로는 과학이 아닌 새로운 생각, 대안적인 기획이 필요하다. 특히 자연을 일관되고 합리적으로 이해한다는 것이 무엇인지를 새롭게 보기 위한 메타틀(meta-framework) 또는 메타패러다임적 작업이 요청된다. 이것이 철학이 과학과의 밀접한 관련을 통해서 기능해 온 방식이다. 과학철학자 마이클 프리드먼은 그런 기능을 가진 철학을 "과학적 철학"이라고 부른다.

아리스토텔레스 자연학에 대한 데카르트의 기계론적 비판, 뉴턴 과학의 가능 조건에 대한 칸트의 탐구, 칸트 철학의 전통을 이어받은 캇시러의 신칸트주의 철학, 슐릭, 카르납을 포함한 논리경험주의자들의 과학의 논리, 기하학의 기초에 관한 포앵카레와 헬름홀츠의 논의, 뉴턴의 개념에 대한 에른스트 마흐의 분석 등은 과학적 철학의 과업을 잘 수행한 대표적 사례들이다.

프리드먼은 과학과 철학 사이의 관계를 가장 적절하게 설정한 철학자로 칸트를 꼽는다. 칸트의 초월철학이 과학과의 가장 밀접하고도 바람직스러운 관계를 갖는 철학이라는 것이다. 프리드먼에 따르면 칸트의 초월철학은 뉴턴주의가 지배하는 18세기 과학을 배경으로 형성된 것으로서, 뉴턴 과학과 같은 수학적 자연과학이 어떤 조건 아래서 가능한지를 탐구하는 학문이었다. 이러한 초월철학은 데카르트와 라이프니츠가 생각했던 제1철학 혹은 형이상학적 자연철학의 이념과의 결별을 의미한다.

나는 이러한 프리드먼의 생각에 수긍하면서도, 오히려 흄의 철학이 그러한 노력의 선구가 아닌가 하는 생각을 해 왔다. 흄의 철학을, 새로운 과학적 패러다임으로서 뉴턴 과학이 제기하는 철학적 과제들을 해결해 나감으로써 뉴턴 과학을 인식론적으로 정당화하려는 노력으로 해석하고자 하는 것이다. 흄이 인과관계를 새롭게 해석하고 그 근거를 인간 본성에서 찾고자 했던 것, 귀납적 추론의 규칙을 제시하고 그것을 인간 본성의 학에 적용하려고 했던 것, 개연적 믿음을 지식의 개념에 포함시키려고 했던 것 등은 프리드먼이 말하는 과학적 철학의 범주에 속한다고 할 수 있다. 그리고 흄 철학에 대한 이러한 해석은 그의 철학의 구성적이고도 규범적인 성격을 강조하게 된다. 물론 이러한 해석은 흄 철학에 대한 종래의 표준적인 자연주의적 해석을 넘어서는 것이다.

이 책이 과학적 철학으로서의 근대철학의 모습을 보여주는 데 조그만 기여가 될 수 있기를 바란다. 우리 학계에서 과학과 철학의 상호작용이 활성화되어, 엄밀한 과학과 과학적 철학이 함께 통합된 지적인 역사를 열어가는 데 보탬이 되었으면 한다. 이 책의 출판을 맡아주시고, 계속되는 수정작업을 인내해 주신 경상대학교 출판부 관계자들께 감사드린다. 지난 40년간 나의 학문적인 여정을 뒷받침해 주신 부모님, 늘 함께 해 준 아내, 응원해 준 가족, 그리고 함께 토론해 주었던 학생들과 친구들에게 고마움을 전한다.

2020년 12월

정병훈

목차

Part 1

뉴턴,
근대과학의 정초

제1장

서론: 뉴턴의 과학과 흄의 철학

문제의 제기와 과제

1

근대과학은 코페르니쿠스로부터 시작된 과학혁명을 토대로 성립하였으며, 그 정점에 아이작 뉴턴(Isaac Newton, 1642~1727)이 있었다는 사실에 대해서 많은 사람이 동의한다. 특히 뉴턴의 『프린키피아』(*Principia*)는 토머스 쿤(T. Kuhn)이 말하는 의미의 패러다임(paradigm)[1]에 걸맞는 것을 성취하였다는 데, 과학사가들과 과학철학자들은 동의한다. 뉴턴 연구자로 유명한 웨스트폴(R. Westfall)은 “최근의 쿤의 용어로 말한다면, 『프린키피아』는 근대과학의 여러 영역에서 모방하고자 했던 패러다임을 확립하였다”[2]고 말하였다. 또한 과학철학자 맥뮤린(E. McMullin)은 뉴턴의 『프린키피아』가 이후의 과학 및 과학철학에 미친 영향에 대해서 논의하면서,

"뉴턴 역학은 모든 자연과학이 어떠해야 하는가에 대한 패러다임이 되었다"[3]고 평가하였다.

이 책에서 나는 뉴턴의 자연철학[4]이 근대 과학혁명의 정점에 있었다는 것이 무엇을 의미하는지 살펴보고자 한다. 이것은 뉴턴의 업적이 기존의 패러다임을 대체하는 새로운 패러다임으로 확립되었다는 것이 무엇을 의미하는지 해명하는 일이기도 하다. 토머스 쿤의 과학철학으로부터 많은 영향을 받은 과학철학자의 한 사람으로서, 필자는 학문의 새로운 변화와 발전을 기술하는 데 패러다임이론[5]보다 더 적절한 관점을 찾기 어렵다고 생각한다. 따라서 나는 쿤의 패러다임이론의 관점에서 뉴턴의 패러다임에 대해서 논의해 보고자 한다.

뉴턴의 『프린키피아』를 전후하여 서양과학에서 도대체 어떠한 변화가 일어났으며, 그것이 왜 '패러다임의 전환(paradigm shift)'이라고 표현할 만한 것인지, 나아가 『프린키피아』는 하나의 새로운 패러다임이 갖추어야 할 요소들을 얼마나 확보하고 있는지 설명하는 것이 이 저작의 첫 번째 과제이다.

2

우리가 18세기의 서양 근대철학을 당시의 자연과학에 비추어서 고찰해 본다면, 그 철학적인 문제들의 대부분이 과학이론과 과학의 방법에 의해서 제시된 것임을 명백히 알 수 있다. 당시의 과학적 활동이 근대철학에 끼친 영향을 살펴봄으로써 근대철학사는 새롭게 서술될 수 있을 것이다. 이러한 관점에서 영국 경험론에 대한 최근의 연구 경향은 로크(John Locke, 1632~1704), 버클리(George Berkeley, 1685~1753), 그리고 흄(David Hume, 1711~1776)의 철학을 그 당시의 자연과학과의 관계 속에서 살펴볼

것을 강조하고 있다.[6]

근대과학에 대한 뉴턴의 위대한 공헌은 그의 우주론적 종합 그 자체보다도 그가 과학의 새로운 개념과 방법을 정식화한 점에 있었다. 뉴턴은 관찰에 관한 특수한 명제들로부터 고도의 개연성을 가진 일반적인 법칙으로 점진적으로 상승되어 가는 과정에 의해서 진행되는 귀납적이고 실험적인 학습의 선구자로 보였다. 그러한 점에서 뉴턴의 자연철학은 흔히 '실험철학'이라고 불렸다. 18세기에 인간 사고의 각 영역에서 지적인 개혁가들은 과학적 방법에 관한 뉴턴의 유명한 명제인 "나는 가설을 만들지 않는다"를 그들의 방법론적 슬로건으로 내세웠다.

그들이 '뉴턴적'(Newtonian) 학문을 추구한다고 할 때, '뉴턴적'이란 그들의 물리학과 그것의 기초가 되는 형이상학이 뉴턴적이라기보다는 그들이 추구하는 학문의 목표와 방법이 뉴턴적이라는 것이었다. 달리 말하자면, "18세기의 지성사의 지도자들을 고무한 것은 뉴턴의 광학 혹은 역학이 아니라 뉴턴의 귀납주의와 실험주의 – 한마디로 그의 독특한 종류의 경험주의 – 였다."[7] 당시의 자연철학자들은 뉴턴의 실험적 방법을 모든 과학적 문제들에 적용하려고 하였다.

'뉴턴의 메시지'(뉴턴의 방법론적, 인식론적 입장)는 당시의 영국 철학자들에게 어떻게 받아들여지고 있었는가? 이와 관련하여 다음과 같은 물음이 제기될 수 있다. "언제 그리고 누구에 의해서 뉴턴이 인식론과 과학철학에 관한 영국철학자들의 사고에 주류로 자리 잡게 되었는가? 이전에 뉴턴을 과학자로 여겨 온 정도로 진지하게 그를 방법론자로 인정하게 된 어떤 계기가 영국 경험론에 있었는가?"[8]

이러한 문제들은 이 책의 두 번째 연구 과제를 제시한다. 즉 17세기에 새로운 과학적 패러다임으로 등장한 뉴턴 물리학이 동시대의 철학 형성에 어떤 영향을 미쳤는가를 살펴보고자 하는 것이다. 특히 과학철학의 입장에서 뉴턴 물리학의 개념 및 방법이 로크와 버클리, 라이프니츠, 그리고 흄의 철학적인 문제들과 어떤 관련성이 있는가를 파악해 보려고 한다.

이러한 논의를 통해서 나는 서양 근대에 있었던 철학과 자연과학 사이의 복잡한 상호작용의 중요성을 드러내고자 한다. 나아가 그러한 상호작용의 관점에서 서양 근대철학의 메타과학적 성격을 해명하고자 하는 것이다.[9]

3

20세기 중반에 캠프 스미드(Norman Kemp Smith)[10]로부터 시작된 흄 철학에 대한 새로운 해석을 우리는 자연주의적 해석[11]이라고 부른다. 이 해석에 따르면, 흄은 실제로 진정한 의미의 회의주의자가 아니며, 그의 철학의 목표가 뉴턴의 역학적인 모델을 사용하여 정신이 어떻게 작용하는가를 해명하는 데 있었다는 것이다. 이것은 흄을 자연주의(自然主義, Naturalism)[12]를 철학에 도입한 인물로 이해하려는 입장이다. 이러한 캠프 스미드의 해석이 제시된 이후로, 흄이 뉴턴으로부터 영향 받은 바가 컸으며, 흄의 철학, 특히 그의 인간학(人間學, Science of Human Nature)이 자연철학에서 뉴턴의 성공을 모델로 하였다는 것이 일반적으로 인정되고 있다.

캠프 스미드의 해석을 따르는 사람들은 그러한 주장에 대한 근거로 흄이 스스로의 방법을 '실험적 방법'이라고 불렀고, 그가 말하는 '추리의 규칙'이 뉴턴의 그것과 유사하다는 것을 든다. 또한 흄이 그의 프로젝트에서 뉴턴의 메타포를 채용한 것도 증거로 채택된다. 흄은 실제로 뉴턴의 자연세계에서의 '인력'에 해당하는 것으로 '정신세계'에서의 '인력'을 말하였다. 나아가 그들은 흄이 중력에 비견되는 정신의 '힘'으로 '습관'의 존재를 제시하였으며, 운동의 법칙과 유사한 '연합의 원리'를 발견하였다고 주장한다.

이렇듯 자연주의적 해석의 전통에서는 흄의 철학에 대한 뉴턴 과학의 영향이 일반적으로 인정되고 있다. 또한 흄의 철학을 이해하기 위해서 뉴턴의 실험철학에 대한 이해가 필수적이라는 것도 일반적으로 이해되고 있다. 그러나 흄에게 영향을 준 뉴턴의 실험적 방법(experimental method)은 무엇이며, 흄이 그러한 실험적 방법을 정신적 주제에 어떻게 적용하고 있는가는 구체적으로 해명되어 있지 않다.

흄이 말하는 실험적 방법이 뉴턴의 물리학에서 사용된 방법이라면, 이와 관련하여 크게 세 가지 문제가 제기될 수 있을 것이다. 첫째, 흄은 뉴턴의 실험적 방법을 어떻게 이해하고 받아들였는가 하는 것이다. 둘째, 흄은 그 방법을 사용하는 데 따르는 인식론적, 방법론적 문제들을 어떻게 해결하였는가 하는 것이다. 자신의 시도를 정당화하기 위해서 흄이 전임자들의 철학을 어떻게 비판하고 수용하였는가도 이 문제와 관련지어서 다루어져야 한다. 마지막으로 흄이 그러한 방법을 자신이 말하는 '인간학'에 구체적으로 어떻게 적용하고 있으며 그것으로부터 발생하는 문제는 어떤 것인가 하는 것이다.

자연주의적 입장을 가진 주석가들이 흄을 18세기 과학의 맥락에서 살펴보려는 것은 기본적으로 올바르고, 그러한 입장에서 흄의 사상에서 보이는 자연주의의 여러 구체적인 부분들에 대한 적절한 설명이 제공될 수 있다. 왜냐하면 흄의 저작물에서 많은 부분이 합리론을 공격하기 위한 것이었고, 또한 인과관계에 관한 우리의 지식이 논리적 필연성과 같은 것을 포함한다는 신념을 논박하기 위한 것이었다는 주장은 흄의 저작을 통해서 충분히 뒷받침될 수 있기 때문이다. 더욱이 흄이 정신을 탐구하기 위해서 관찰과 실험의 방법을 사용하였고, 그가 심리적 과정을 기술하려 하였다는 것은 확실하다.

그러나 필자가 보기에 이러한 주장들은 부분적으로만 옳다. 또한 그 정도의 근거를 가지고는 흄이 '정신과학의 뉴턴'이 되고자 하였다는 주장을 충분히 뒷받침하기 어렵다고 생각한다. 흄 철학에 대한 표준적인 자연주의적 해석이 갖는 한계는 다음 몇 가지 이유에서 비롯된다. 첫째, 흄 연구의 대부분이 비역사적이기 때문이다. 아직도 많은 흄 해석이 주로 합리적 재구성에서 산출되는 경향이 있다. 둘째, 그럴 수밖에 없는 가장 큰 이유는 흄의 연구에서 역사적인 측면을 강조하는 학자들조차도 뉴턴의 자연철학에 대한 정확한 이해를 갖고 있지 못한 데서 비롯된다. 셋째, 뉴턴 철학에 대한 최근의 새로운 철학적, 역사적 연구 성과에 비추어 흄을 새롭게 이해하려는 노력이 요구된다.[13]

이 책의 세 번째 과제는 바로 여기에 있다. 즉 뉴턴에 대한 새로운 연구를 바탕으로 흄의 철학을 새롭게 살펴보려는 것이다. 특히 자연과학자로서의 뉴턴에 대한 이해만이 아니라, 철학자로서의 뉴턴에 대한 이해를 바탕으로 흄의 철학을 이해하려는 것이다. 필자가 보기에 흄의 철학이 갖는 큰 특징은 그것의 구성적(構成的)이고도, 규범적(規範的)인 성격이다. 따라서 흄의 철학에 대한 회의주의적 해석을 비판하고 자연주의적 해석의 문제점들을 극복하기 위해서는 흄의 철학에서 규범적인 측면을 보다 구체적으로 이해해야 한다. 그러한 이해를 바탕으로 이 연구는 흄을 칸트에 앞서서 뉴턴의 과학을 철학적으로 정당화하려는 목표를 가졌던 철학자로 제시할 것이다. 나아가 흄이 새로운 과학적 패러다임으로서의 뉴턴 과학이 발생시킨 철학적 과제들을 해결해 감으로써 뉴턴 과학을 인식론적으로 정당화하려 했음을 주장하려고 한다.

논의의 전개

필자는 스스로 설정한 목표를 실현하기 위해서 이 책에서의 논의를 다음과 같이 전개하고자 한다.

먼저 제1부에서는 뉴턴 물리학이 서양 근대과학의 새로운 패러다임으로 떠오르게 된 배경을 살펴보고, 새로운 패러다임으로서 뉴턴 물리학의 면모를 고찰하려고 한다.

제2장에서는 근대과학에서 아리스토텔레스의 목적론적 자연관으로부터 기계론적 자연관으로 변화된 큰 틀의 전환을 검토할 것이다. 근대 과학혁명 이전에 서양인이 자연을 이해하는 지배적인 패러다임으로서의 아리스토텔레스의 자연학과 자연철학을 집약하고, 그 아리스토텔레스적 패러다임이 어떤 위기에 봉착하였는가를 살펴보려고 한다. 그리고 아리스토텔레스 패러다임을 위기에 빠뜨린 변칙사례들을 해결하기 위해서 어떤 대안적 이론들이 등장하였는지를 코페르니쿠스, 케플러(J. Kepler), 갈릴레오를 중심으로 검토하려고 한다.[14]

제3장에서는 뉴턴의 대표적인 저작인『프린키피아』와『광학』에 나타나는 뉴턴의 과학적 작업을 분석하고 뉴턴의 실험철학의 방법을 검토하려고 한다. 만일 흄의 철학의 성격이 뉴턴주의에서 실제적인 영향을 받았고 그것에 대응한 것이라면, 흄을 해석하기 위해서는 그러한 작용의 기반이 되는 업적을 이해하는 것이 무엇보다도 중요하다고 여겨지기 때

문이다.

제4장에서는 뉴턴의 보편중력 논증을 살펴보려고 한다. 특히『프린키피아』제3권을 중심으로 실험적 추리의 방법이 그의 중력이론에서 어떻게 적용되는가를 검토하려고 한다. 또한 중력의 법칙에 도달하는 과학적 추론의 구조를 살펴보고 뉴턴의 '추리규칙'이 어떻게 적용되는가를 밝히려고 한다.

제5장에서는 뉴턴의 자연철학에서 나오는 힘 개념과 시공 개념을 분석하고자 한다. 먼저 중력이라는 힘의 실재성에 대한 논쟁에 뉴턴이 어떻게 대응하였는가를 살펴보려고 한다. 그리고 '시간', '공간', '운동' 등의 개념 체계, 운동의 제2법칙과 양동이 실험을 통한 절대공간의 정당화도 이해해 보려고 한다.

제2부에서는 뉴턴의 실험철학이 기존의 자연철학과 어떻게 대립하였으며, 거기서 비롯된 메타과학적 혹은 철학적 문제들을 동시대와 그 이후의 철학자들이 어떻게 설정하였는가를 살펴보겠다. 이 새로운 과학의 의미에 대한 메타과학적인 논의에 당시의 철학자들이 어떻게 참여하였는지를 이해하게 될 것이다.

제6장에서는 뉴턴의 실험철학과 데카르트의 과학관을 비교해 보고자 한다. 먼저 데카르트의 기계론을 살펴보고, 두 입장 사이의 대립양상을 보다 구체적으로 검토해 보며, 나아가서 그것이 제기하는 철학적 문제들을 재구성해 보려고 하는 것이다.

제7장에서는 뉴턴의 자연철학이 이론, 법칙, 방법, 도구, 형이상학적 전제 등 패러다임으로서 갖추어야 할 요소들을 골고루 갖추고 있었는가를 검토할 것이다. 아울러 뉴턴의 자연철학이 새로운 패러다임으로 떠오름에 따라서 18세기 과학과 철학은 어떤 과제를 안게 되었는지를 집약

할 것이다.

제8장에서는 인과 개념과 인과적 판단의 방법에 대한 로크의 견해를 검토하고, 뉴턴의 견해와 비교하려고 한다. 우리가 로크와 뉴턴을 비교하는 것은 흄이 가졌던 인과적 판단의 문제, 귀납적 추론의 문제에 대한 연원을 밝혀 보고, 흄의 입장을 로크의 그것과 비교하기 위한 것이다.

제9장에서는 버클리의 철학에서 그와 같은 문제들이 어떻게 다루어지고 있는가를 살펴보려고 한다. 즉 어떤 점에서 뉴턴의 실험철학이 새롭게 이해되고 있는가, 또한 그로 말미암은 원인의 개념, 과학적 법칙의 성격, 과학적 설명 등에 대한 관념의 변화가 그의 철학 속에 나타나는가를 살피려는 것이다.

제3부에서는 흄 철학이 뉴턴 과학을 정당화하기 위한 규범적인 작업이었음을 밝히는 작업을 진행할 것이다.

제10장에서는 뉴턴의 과학이 흄의 철학에 끼친 영향에 대한 여러 해석들을 검토하기 위한 바탕을 마련하기 위해 흄이 뉴턴에 관해서 직접 언급한 부분들을 정리하고 뉴턴에 대한 흄의 이해를 확인하고자 한다.

제11장에서는 흄 철학에 대한 자연주의적 해석을 검토하려고 한다. 흄의 자연주의에 대한 종래의 해석이 안고 있는 문제점과 그것이 실패할 수밖에 없었던 이유를 밝혀 보려고 한다. 그렇게 함으로써 우리는 종래의 자연주의적 해석이 흄 철학의 규범적인 측면을 파악하지 못했다는 것을 보이려는 것이다. 흄의 입장을 '뉴턴적 자연주의'로 제시하는 근거를 마련할 것이다.

제12장에서는 흄의 인과이론을 검토하려고 한다. 뉴턴이 남겨 놓은 원인 개념을 새롭게 정의하는 문제에 흄이 어떻게 접근하였으며, 인과관계에 대한 흄의 새로운 이해는 어떤 것인지를 살펴볼 것이다. 또한 새로

운 인과 개념이 제기하는 귀납적 추론의 문제를 검토하려고 한다.

제13장에서는 흄이 생각하는 귀납적 추론의 심리적 토대를 살펴보려고 한다. 귀납적 추론이 의존하고 있는 관념연합, 습관, 상상력 등이 논의될 것이다. 특히 개연적 추리를 가능하게 하는 심리적인 작용으로서의 신념에 대한 흄의 분석을 검토할 것이다.

제14장에서는 '일반규칙'에 대한 흄의 설명을 주의 깊게 검토하고, 그것이 앞서의 귀납적 추론에 대한 흄의 설명과 정합적인가를 살펴보고자 한다. 흄의 일반규칙이 설명되고, 뉴턴의 추리규칙, 밀의 규범 등과 비교될 것이다. 마지막으로 이러한 일반규칙이 갖는 규범적인 역할이 논의되고, 일반규칙의 정당성이 논의될 것이다.

제15장에서는 개연성의 개념과 종류를 중심으로 흄의 지식 개념을 살펴볼 것이다. 그리고 뉴턴의 새로운 패러다임이 필요로 하는 새로운 지식 개념을 흄이 어떻게 제시하였는가를 보여 줄 것이다. 이를 위해 신념의 강도 등이 논의될 것이다. 이어서 흄의 실험적 추리의 방법을 집약하고 이를 뉴턴의 실험철학의 방법과 비교한다. 그리고 이 책의 논의 전체가 요약되고, 그것이 갖는 함의와 남겨진 문제 등이 제시될 것이다.

이러한 고찰을 통해서 필자는 흄이 뉴턴 물리학의 철학적 함의를 정확히 이해하고 있었을 뿐만 아니라, 뉴턴 물리학을 인식론적으로 정당화하기 위해서 새로운 인과 개념, 귀납이론, 지식 개념을 창출하였음을 주장하려고 한다. 뉴턴 물리학은 세계에 관한 우리의 개념과 이해를 근본적으로 변혁해 놓음으로써, 우리가 세계에 관해서 물을 수 있는 물음과 그것에 대한 해답 방법과 가능한 대답을 변경해 놓았다고 할 수 있다. 흄의 철학은 뉴턴 물리학으로 인해 변화된 세계 개념에 의해서 제기될 수밖에 없었던 문제들을 발견하고 그것에 대한 해답을 시도한 것으로 이해되어야 할 것으로 보인다. 이는 비슷한 문제의식을 가졌던 대륙의 철학자 칸트에 앞서는 업적이었다고 할 수 있다.

제2장

뉴턴의 종합과 그 배경

뉴턴은 1687년 6월에『프린키피아』를 출간하였다. 이 책의 원제목은『자연철학의 수학적 원리』(Philosophia Naturalis Principia Mathematica)이다. 과학의 전 역사를 통해서 이 책만큼 그 중요성이 즉각적으로 인정된 적은 거의 없었다. 이 책이 간행되는 데 기여하였던 에드먼드 핼리(E. Halley)는 왕립학회가 발행하는「철학회보」(Philosophical Transactions)에서 이 책에 대한 논평을 다음과 같이 시작한다.

"오랫동안의 설득 끝에 대중 앞에 모습을 드러낸 이 아무도 견줄 수 없는 저자는 이 논고에서 인간 정신의 힘이 미칠 수 있는 범위를 보여 주는 가장 진기한 사례를 제시하였다. 그는 자연철학의 원리가 무엇인가를 단숨에 보여 주었다. 그리고 그의 논증은 더 이상의 논의의 여지를 없애버렸다. 그를 잇는 사람들이 할 일을 남겨 놓지 않았다."

헬리는 이 책의 내용을 집약하고 나서, 다음과 같이 자신의 논평을 마무리한다.

> "수많은, 그리고 너무나 가치 있는 철학적 진리가 여기서 발견되었고, 한 사람의 역량과 근면함에 의해서 과거의 논쟁이 종료되었다고 정당하게 말할 수 있다."[15]

뉴턴이 이룩한 업적이 과연 어느 정도였기에 이런 찬사를 들을 수 있었을까? 뉴턴 당시의 과학은 어떤 상황에 있었으며, 뉴턴의 업적은 우리들의 세계 이해에 어떤 변화를 가져왔는가? 그가 시도한 많은 연구 분야들 사이에는 어떤 연관이 내재하는 것인가? 뉴턴이 동시대의 사람들에게 그토록 존경을 받은 이유는 무엇인가? 뉴턴은 특히 당시의 철학자들에게 어떤 영향을 주었는가? '뉴턴의 새로운 탐구 방식'(Newton's New Way of Inquiry)은 무엇인가? 이러한 문제들이 오늘날 뉴턴 연구가들이 가진 주요한 관심사이다.[16]

과학자, 철학자, 역사가들은 뉴턴의 과학적 성취가 지난 16세기에 시작된 과학혁명의 정점을 표현한다는 데 동의한다. 과학혁명이란 자연현상에 대한 우리의 이해와 자연현상을 탐구하는 방식에서의 급격한 변화를 말한다. 쿤의 표현을 빌리자면 그것은 패러다임의 전환이다.

뉴턴의 종합

학자들은 17세기의 과학혁명이 '뉴턴의 종합'(Newtonian Synthesis)에 의해서 완결되었다고 평가한다. 코헨(I. Bernard Cohen)이 지적하듯이 '뉴턴의 종합'은 두 가지 의미를 갖는다.[17] 그 첫 번째 의미는, 이전에는 분리되어 있었고 긴밀한 연관성을 알 수 없었던 주제들이 단일한 과학적 구조 속으로 통합되었다는 것이다. 뉴턴은 지상에서의 물체의 낙하운동, 조수현상, 달의 운동, 행성과 위성들의 궤도운동을 단 하나의 물리 시스템으로 통합하였고, 그럼으로써 그것들이 보편중력이라는 힘의 결과임을 증명하였다. '뉴턴의 종합'의 두 번째 의미는 뉴턴의 물리학이 갈릴레오와 케플러뿐 아니라 데카르트까지도 포함하여 여러 과학자들의 개념, 법칙, 원리 등을 종합하여 하나의 새로운 물리학 체계를 산출하였다는 것이다. '뉴턴의 종합'의 의미를 하나 더 추가한다면, 수학적 사고와 입자적 사고의 종합을 말할 수 있다. 뉴턴은 보일(R. Boyle)과 마찬가지로 자연이라는 책이 입자적인 특징과 낱말들로 쓰인 것이라고 보는 동시에, 갈릴레오와 데카르트가 생각한 것처럼 그것을 한데 묶고 그 의미를 부여하는 것은 수학적인 구문이라고 여겼다. 뉴턴이 보기에 물질의 입자적 구조는 수학적 역학을 자연에 적용하는 확고한 기반이었다. 뉴턴에 의한 수학과 실험의 종합이 근대적 자연관의 완성을 가능하게 한 것이다.

'뉴턴의 종합'에 의해 이루어진 뉴턴의 업적은 그 자체로 '뉴턴 혁명'(Newtonian Revolution)이라고 평가되기도 한다. 그런데 뉴턴은 단지 하나의 혁명이 아니라, 적어도 세 가지 혁명의 주역이었다. 그것은 광학, 수학, 그리고 물리학 분야에서의 혁명이다. 우리는 그 뉴턴 혁명의 주요 내용을 크게 세 가지로 집약할 수 있다.

첫째, 뉴턴은 빛과 색깔에 관해 새로운 이론을 제시하였다. 그는 태양광의 비균질성을 증명하였고, 색깔의 본성에 대한 이해를 정식화하였다. 이에 따르면 백색광은 실제로는 굴절률이 다른 여러 색깔의 광선들의 복합물이라는 것이다. 뉴턴은 자신의 유명한 실험에서 프리즘을 통과한 태양광선의 스펙트럼을 암실의 멀리 있는 벽면에 투사하였다. 그는 태양광이 서로 다른 색깔을 가진 광선들의 집합으로서, 그 각각의 색은 프리즘에 의해 고유한 각도로 굴절한다는 원리를 발견하였다. 뉴턴은 특정 분광대의 빛을 두 번째 프리즘에 통과시킴으로써 자신의 색깔이론을 확증하였다.

1704년 간행된 『광학』에서 뉴턴이 빛과 색깔에 대해 분석한 내용은 색깔 지각을 이해하는 기반이 되었고, 18세기 과학연구의 아젠다(agenda)를 제시하였다. 또한 그가 이러한 발견을 위한 방법으로 제시한 '분석과 종합의 방법'은 실험물리학에서 일반적인 연구 프로그램의 방법론이 되었다. 이 발견의 부산물로 뉴턴이 발명한 반사망원경은 대물렌즈 대신 거울을 이용하여 상을 형성함으로써 색 변이를 제거할 수 있었고, 이 기술은 오늘날에도 모든 망원경에서 사용되고 있다.

둘째, 뉴턴은 미적분을 발명하였다.[18] 당시 변분법(fluxional method, 變分法)으로 불린 이것은 오늘날 다양한 분야에서 비상한 힘을 발휘하는 수학적 무기가 되었다. 하지만 뉴턴은 『프린키피아』에서 중력의 법칙을 증명하기 위해서 이 수학을 사용하지는 않았다. 오히려 그는 고전기하학을 사용함으로써 당대의 사람들뿐만 아니라, 오늘날의 과학자들도 그의 책을 수학적으로 이해하기 어렵게 만들었다.

코헨에 의하면 수학에서의 새로운 발명을 통하여 뉴턴은 물리학을 수학화하고, 수학적 원리를 자연철학적 주장과 관련시키는 뉴턴적 스타일(Newtoian Style)[19]의 힘을 증명하였다. 뉴턴적 스타일은 단순화되고, 이상화된 자연에 대한 수학적 모델을 구성하고, 그것을 물리적인 자연에서 얻어진 관찰 자료들과 비교하고 대조함으로써 교정해 나가며, 거기서 얻어진 결과를 토대로 세계의 시스템을 구성하는 것이다. 이 스타일은 엄밀과학의 문제들을 마치 순수수학에서의 문제를 다루듯이 취급할 수 있고, 실험과 관찰을 매우 생산적인 방식으로 수학에 연결시킬 수 있다. 수학적 원인의 분석으로부터 힘(원인)의 물리적 속성으로 나아가는 그의 실험적 방법은 근대과학의 새로운 방향을 결정짓는 것이었다. 이러한 그의 방법론적 입장에서 우리는 코페르니쿠스를 필두로 하여 갈릴레오, 케플러, 뉴턴으로 이어지는 근대과학에 대한 플라톤-피타고라스적 전통의 영향을 엿보게 된다.

셋째, 뉴턴은 수학적 원리에 입각한 합리역학(rational mechanics)을 확립하였다. 이것은 뉴턴 혁명의 중핵을 이룬다. 뉴턴의 역학체계는 무한한 극한 과정과 순간적인 변화를 다루는 미적분 수학과, 새로운 힘과 질량 개념을 토대로 한 세 가지 운동의 법칙, 그리고 보편적 자연법칙으로서의 만유인력의 법칙으로 구성된다. 뉴턴은 이 세 가지를 하나의 과학 문제를 풀기 위해서 끌어들였다. 그 문제란 지구 및 천체 현상 모두에 대해 통일된 설명을 제공할 수 있는 단일한 수학적 물리이론을 완성하는 것이었다.

뉴턴은 보편중력의 원리를 발견하였을 뿐만 아니라, 중력에 관한 양적인 법칙을 발견하였다. 그는 그 법칙을 사용하여 '뉴턴적 세계 체계'(Newtonian System of the World)를 정교화하였고, 그럼으로써 천상과 지상의 현상을 단일한 수학체계로 설명하였다. 그는 『프린키피아』에서 '분석과 종합의 방법'을 통해서 지상에서의 물체의 낙하운동을 일으키는 힘과 천상에서 달이 지구를 궤도운동 하도록 하는 힘이 동일한 힘임을 증명한 것이다. 실제로 뉴턴은 그의 달 실험을 통하여 달 궤도의 구심적 가속도로부터 계산된 달에 대한 역제곱[20]의 힘이 지구표면에서 호이겐스의 진자실험으로부터 계산된 지상의 중력과 일치한다는 것을 보여 주었다. 뉴턴은 이렇게 측정된 값이 일치한다는 사실을 토대로 달에 대한 구심력이 지상에서의 중력과 동일한 힘이라는 것을 주장한 것이다. 이를 기초로 뉴턴은 우주 안의 모든 물체는 다른 물체들에 대해서 역제곱의 법칙에 따르는 인력을 미친다는 사실을 확립하였다.

이러한 합리역학의 체계화와 정교화, 그리고 중력을 토대로 한 천체역학에 기초하여 세계의 체계를 구성한 것이 뉴턴 혁명의 핵심적인 내용이다.[21] 이를 통하여 그는 갈릴레오, 케플러, 데카르트의 꿈을 실현하였다.

『프린키피아』의 출현

영국 잉글랜드 중동부에 있는 링컨셔(Lincolnshire) 지역 울즈소프(Woolsthrope) 출신의 시골 소년이었던 뉴턴이 어떻게 이러한 위대한 업적을 이루어 낼 수 있었을까? 이에 대한 대답을 얻기 위해서 먼저 뉴턴이 살던 당시 과학의 상황부터 살펴보기로 하자.

뉴턴이 1661년 케임브리지 대학에 도착하였을 무렵, 당시 유럽 대학의 교과과정은 여전히 아리스토텔레스주의에 의해 지배되고 있었다. 대학들은 아직도 중세적 전통을 벗어나지 못하였다. 그는 아리스토텔레스주의를 통해서 자연철학에 입문하였다.[22] 따라서 뉴턴은 대학에서 아리스토텔레스의 업적에 기초한 중세의 스콜라 철학을 공부할 수밖에 없었다.

그러나 그는 1664년경 당시의 새로운 학문적 조류인 데카르트의 기계론, 갈릴레오의 신과학, 가상디의 원자론 철학 등을 접하게 되었고 이 사상들이 뉴턴 사상의 중요한 배경을 이루게 된다. 뉴턴은 새로운 생각과 논증에 이르는 길을 데카르트와 갈릴레오에게서 발견하였다. 또한 뉴턴은 로크의 친구로서, 그의 경험론적 사고로부터 상당한 영향을 받게 된다. 로크가 뉴턴으로부터 많은 영향을 받은 것만큼 뉴턴 역시 로크로부터 강력한 영향을 받았다는 것이 최근의 뉴턴 연구를 통해서 알려지고 있다.[23]

뉴턴은 그에 앞선 사람들의 업적을 섭렵하였고, 자신을 그 저자들의 반열에 포함하고자 하였다. 우리가 사는 세계의 본질을 이해하려고 시도하는 사람을 당시 용어로 '자연철학자'라고 한다면, 그는 이미 자연철학자에 가까웠다. 칼리지 2년차에 뉴턴은 자신의 독서 열매를 기록하는 노트를 작성하기 시작하였다. 노트 앞뒤는 아리스토텔레스로 채워 넣었지만, 맨 안쪽은 '몇 가지 철학적 의문들'이라는 새로운 장으로 시작하였다. 그 제목 위에다 "플라톤은 내 친구이고, 아리스토텔레스도 내 친구이지만, 진리가 더 훌륭한 내 친구다"라고 썼다. 그는 새롭게 출발하였다. 그리고 세계에 대한 자신의 생각을 적기 시작하였다. 사물의 본질에 관한 뉴턴의 사변은 그 노트로부터 확장되었고, 일생 동안 계속되었으며, 1717년『광학』에 추가된 물음들에서 절정을 이룬다. 이 사변들은 뉴턴의 과학적 업적의 기반을 형성한다. 뉴턴은 그의 독서에서 얻은 재료들을 조직하기 위해서 45개의 주제들을 설정하였다. 그가 선택한 주제들은 새로운 자연철학의 토대를 제시하였다. 양, 위치, 시간 연장, 기간과 영원성, 물질, 운동, 빛, 우주의 구조, 무거움, 유동성, 안정성, 축축함, 건조함, 열과 냉기, 자석의 인력, 색깔, 소리, 생성과 부패, 기억, 바다의 밀물과 썰물 등의 주제들이 여기 포함되었다.

1664년 케임브리지 역사상 최초의 수학교수로 아이작 배로우(Isaac Barrow)가 임용되었다. 뉴턴은 그의 강의에 출석하였고, 장학생 선발시험의 일부였던 유클리드의『기하학 원론』시험을 배로우의 주관으로 치르게 된다. 배로우는 뉴턴의 천재성을 발견한 최초의 사람이었다. 그는 뉴턴에게 수학을 공부하도록 격려하였고, 광학에 대한 관심도 갖게 하였다. 뉴턴은 독학으로 수학을 마스터하였고, 데카르트의『기하학』을 비롯한 당대의 수학을 섭렵하여, 머지않아 대학 수학을 배우는 학생에서 세계 최고 수준의 수학자로 성장한다. 그가 이 수준에 도달하게 된 것은 1665년에서 1666년 사이의 불과 2년 안에 일어난 일이다.

1665년 뉴턴이 학사학위를 받고 대학을 졸업하던 해에 영국에는 페스트가 창궐하였다. 그해 7월부터 세 달 동안에만 런던 인구의 10분의 1이 이 질병으로 죽었다. 대학은 문을 닫고 학생들을 집으로 보냈다. 뉴턴도 울즈소프에 있는 그의 생가로 돌아갔고 여기서 1667년 대학이 다시 문을 열 때까지 머물렀다. 약 18개월 동안 고립된 생활을 하면서 뉴턴은 장차 세상에 내보일 그의 업적의 기초를 확고히 다지고 있었다. 그래서 과학사가들은 이 시기를 '경이의 2년'이라고 부른다. 뉴턴은 만년에 쓴 소고에서 당시를 회상하며 이렇게 쓰고 있다. "모든 일은 1665년과 1666년의 대유행병이 휩쓴 2년 동안에 성취되었다. 왜냐하면 그 무렵에 나는 발명을 위한 절정의 나이에 있었고, 그 후의 어느 때보다 수학과 철학에 마음을 집중하였다."[24] 그가 역학과 광학, 그리고 수학에서 이룬 업적의 대부분이 이 시기에 이미 착상되고, 상당히 성취되었다고 많은 뉴턴 연구자들은 믿고 있다. 1667년 케임브리지에 돌아온 뉴턴은 트리니티 칼리지의 초급연구원으로 선발되었고, 다음 해에는 상급연구원이 되었다. 그것은 스승인 배로우가 그를 신임한 덕분이라고 생각된다. 1669년 배로우는 수학과 광학에서 탁월한 능력을 발휘하기 시작한 26세의 뉴턴에게 그의 자리를 양도하고 은퇴한다. 그 무렵 출간된 광학에 관한 책의 서문에서 배로우는 뉴턴의 도움을 치하하고, 그의 비범한 능력과 재주를 아낌없이 칭찬하였다. 이후 뉴턴은 당대 최고의 수학자로서 인정받기 시작하였고, 1672년 29세의 나이로 왕립학회 회원으로 선출되었다.

1660년 영국에서는 왕립학회, 정확히 말해서 <자연에 관한 지식의 진전을 위한 런던왕립학회>(The Royal Society for the Promotion of Natural Knowledge)가 창립되었다. 이 학회는 당시 왕위에 오른 찰스 2세가 자연에 대한 탐구를 진작하기 위해서 허락한 학회였다. 이 학회는 "우리는 어떤 사람의 말이라 해서 그것을 믿지 않는다"는 것을 모토로 내세웠다. 왕립학회에 참여한 사람들은 자연 연구의 방법으로 자연사적 방법(method of natural history)을 권장하였고, 그들의 연구에서 실험의 중요성을 믿었다. 여기서 자연사적 방법이란 세계 속에 공존하는 것으로 지각되는 '감각적 성질의 집합'만을 관찰하고 경험하여 그것을 토대로 대상의 자연사를 기술하는 것을 말한다. 따라서 이러한 입장의 자연사가들은 순수하게 관찰 가능한 대상과 사건에 대한 귀납적-기술적(inductive-descriptive) 과학을 강조한다. 그들에게 관찰 가능한 것의 성질이나 원인을 설명하거나 발견하기 위해서 관찰 불가능한 대상에 호소하는 것은 소용없는 일이고 비과학적인 일이다.

이 무렵 행성운동의 문제는 왕립학회의 많은 회원들에게 공통의 관심사였다. 그들은 행성이 케플러의 법칙에 따라 타원의 궤도를 돌기 위해서는 태양과 행성 사이에 어떤 힘이 작용해야 하는가 하는 문제와 씨름하였다. 당시의 왕립학회 회장인 크리스토퍼 렌(C. Wren) 경(卿)은 이 문제를 두고 현상금을 걸 정도였다. 그 문제 해결에 가장 근접했던 사람은 후크(R. Hook)였다. 그는 태양과 행성 사이에 그 거리의 제곱에 반비례하는 힘이 작용한다는 가설을 제시하였다. 그러나 그는 이것을 수학적으로 증명하지는 못하였다. 1684년 천문학자 핼리는 이 문제를 가지고 뉴턴을 방문하였다. 그는 뉴턴에게 행성이 태양 쪽으로 역제곱의 법칙에 따르는 힘에 의해서 이끌리고 있다고 생각한다면, 그 행성이 그리는 궤도는 무엇이겠는가를 물었다. 뉴턴은 즉시 "그것은 타원이지요"라고 대답하였다. 핼리는 그 대답에 대한 수학적인 증명을 요구하였고, 며칠 후 뉴턴은『운동에 대하여』라는 소논문에서 그 문제에 대한 수학적인 증명을 제시하게 된다. 이것이 지금까지 가장 위대한 과학적 저술이라고 인정되는 뉴턴의『프린키피아』가 출현하게 된 배경이다.

그 책은 우리가 세계와 우주를 바라보는 관점을 완전히 바꾸어 놓았다. 그 책의 중요성은 과학자들뿐만 아니라, 과학 밖의 동시대 지성인들에 의해서도 즉각적으로 인정되었다. 그들은 뉴턴이 천체 현상 연구에서 사용했던 방법을 자신들의 연구에 열광적으로 도입하였다.

아리스토텔레스 패러다임과 그 위기

뉴턴의『프린키피아』가 출간되기 전, 16세기부터 17세기에 걸친 시기는 서양과학사에서 매우 비통상적인 시기였다. 오랜 세월 동안 세계와 우주를 바라보는 관점을 지배하였던 기존의 낡은 패러다임은 위기에 처해 있었고, 새로운 패러다임이 형성되고 있었다. 새로운 패러다임은 낡은 패러다임의 전제와 관점에 도전하고 있었다. 패러다임의 교체를 의미하는 과학혁명이 시작된 것이다. 그러면 여기서 말하는 낡은 패러다임은 무엇인가?

그 낡은 패러다임이란 바로 아리스토텔레스의 자연철학을 가리킨다. 아리스토텔레스의 자연철학은 목적론적 자연관이었다. 아리스토텔레스에게 자연(physis)은 살아 있는 만물의 생성과 성장과정을 뜻하였고, 실제로 발생(genesis)이라는 말과 동의어였다. 자연은 합리적인 자기 재생적 질서를 가진 것이었다. 아리스토텔레스에 따르면, 자연의 모든 존재는 그 자신 안에 목적(telos)을 포함하고 그것을 실현하는 과정에 있다. 또한 자연 전체는 단순한 혼돈 가운데 있는 것이 아니고, 어떤 종류의 조화로운 질서(cosmos)를 이루고 있다. 그 질서는 목적의 우열에 따른 계층적 질서이다. 아리스토텔레스의 목적론적 자연관은 자연을 조화로운 질서로 봄으로써 인간의 문화적, 사회적 영위를 자연에 포섭하려 하였다. 자연은 인간에게 규범의 원천이기도 하였다.

아리스토텔레스의 자연학에서 자연종은 어떤 목적에 따라서 자연적으로 변화하도록 결정하는 내적 원리 혹은 본질을 갖는다. 이것은 생명이 있는 물체뿐만 아니라, 생명이 없는 물체에 대해서도 마찬가지다. 따라서 왜 돌이 아래로 떨어지는가를 이해하는 일은 그것이 추구하는 목적을 이해하는 일이 된다. 또한 나무의 성장, 생물체의 활동, 천체의 운동을 이해하는 일도 각각의 목적에 대한 이해를 요구한다.

아리스토텔레스는 우리가 보는 세계를 구성하는 기본적인 구성요소가 무엇인가 하는 물음에 대답하면서, 원자론(atomism)과 일원론(monism)을 부정하였다. 그는 데모크리토스와 같은 기원전 5세기경의 원자론자들의 견해를 부정하였다. 데모크리토스는 우주의 기본요소는 작고, 불가침투적이며, 불가분적이고, 물질적인 원자이고, 이 원자가 빈 공간을 운동한다고 보았다. 아리스토텔레스는 그러한 원자론을 부정하였고, 진공 혹은 빈 공간의 가능성을, 그것이 비정합적인 것이라는 이유로 배격하였다. 아리스토텔레스는 탈레스, 아낙시메네스, 헤라클레이토스 등의 일원론자들이 물, 공기, 불을 자연의 아르케(arche)로 보는 것을 비판하면서, 흙, 물, 공기, 불을 4가지 기본적인 물질적 요소로 받아들이는 엠페도클레스를 추종한다. 그러나 아리스토텔레스는 이 요소들이 달 아래의 영역인 지상에서만 존재한다고 보고, 달 위의 천체영역은 제5요소인 에테르(aether)로 구성된다고 보았다. 에테르는 물질적인 것이 아니다.

아리스토텔레스는 자연계(현상계)와 본질계(이데아계)에 대한 플라톤의 이원론적 구분을 거부하면서 형상을 자연세계로 끌어내렸다. 자연세계에는 질료와 형상의 결합체인 실체로서의 자연적 대상이 존재한다. 한 대상의 질료 안에 내포되어 있는 잠재적 형상은 미래에 현실화될 수 있는 목적이다. 변화는 이 잠재적 형상이 현실화되는 것을 의미한다. 따라서 그는 자연의 변화를 외부로부터 주관하는 그 어떤 신적인 존재를 가정하지 않는다. 형상이 물질적 실체에 본질 혹은 조직원리로서 내재한다고 보기 때문이다. 살아 있는 실체에서 형상은 바로 영혼이다. 아리스토텔레스는 세 가지 영혼의 유형을 영양적인 것, 감각적인 것, 그리고 이성적인 것으로 구분하였다. 이 모두가 공유하는 기본적인 영혼의 개념은 자기운동의 원리이자 변화의 원리이다. 그러므로 아리스토텔레스는 파르메니데스의 입장을 반박하면서, 변화가 실재적이라고 주장한다. 또한 변화를 우연한 충돌의 결과라고 설명하는 원자론을 반박하면서, 목적론적 설명을 제시한다. 모든 변화란 어떤 사물이 가지고 있는 변화가능성이 실현된 것을 의미한다.

아리스토텔레스에게 자연학(physics)의 목적은 자연현상의 변화와 운동을 일으키는 원인들을 밝히는 것이었다. 그는 자연적인 것이건 인공적인 것이건 어떤 물체나 현상의 설명에는 '형상인, 질료인, 작용인, 목적인'이라는 네 가지 원인들이 고려되어야 한다고 믿었다. 그가 말하는 이 원인들은 탐구 대상에 대한 탐구 방법 혹은 공략 방식을 의미하는 것이기도 하다. 그중 목적인은 텔로스(telos)로서 변화가 일어나는 목적을 말한다. 물론 아리스토텔레스는 목적에 의한 설명을 무엇보다도 강조하였다. 나중에 다시 언급하겠지만 근대과학에서의 인과적 설명은 목적인보다 작용인을 추구한다.

아리스토텔레스는 자연학의 대상으로서 전체 자연계를 크게 천상계와 지상계로 구분한다. 아리스토텔레스의 우주는 지구를 중심으로 하고, 유한하며, 구체이고, 달 아래의 영역과 천체를 포함한 달 위의 영역으로 구분된다. 아리스토텔레스가 보기에 천체의 본질과 목적은 완벽하고 자연적인 원운동을 하면서 영원히 운동하는 것이다. 반면에 낙하하는 돌의 목적은 우주의 중심에 도달하는 것이다. 돌이 그 중심에 가장 가까이 도달하면, 그 과정은 완성되고, 돌의 직선운동은 종료된다. 직선운동을 하는 지상계와 원운동을 하는 천상계는 가치론적으로 구분된다.

원운동이 영원히 불변하는 완전한 운동이며, 단일하고 연속적인 운동인데 비해서, 직선운동은 그렇지가 않다. 왜냐하면 직선운동에는 시작하는 곳과 끝나는 지점이 있기 때문이다. 다시 말해 원운동은 불변, 완전, 영원한 것이기 때문에, 천상계는 그 가치에서 지상계보다 우월하다.

이러한 아리스토텔레스의 목적론적 자연관은 프톨레마이오스의 지구중심의 체계, 성경의 가르침, 일상적인 경험과 감각적인 지각의 내용, 그리고 우리의 상식과 서로 완벽하게 정합적인 것이었다. 그러한 세계관은 16세기 초반까지 우리의 지적인 활동, 일상적인 활동, 자연에 대한 이해와 탐구를 지배하였다. 목적론적 자연관은 자연학의 패러다임이었고, 그것에 의거한 정상과학을 통하여 당시의 자연에 대한 탐구들이 진행되고 있었다.

아리스토텔레스의 자연철학에 입각한 천문체계가 바로 프톨레마이오스의 천문학이다. "프톨레마이오스의 지구중심 체계가 기원전 2세기부터 기원후 2세기까지에 걸쳐 처음 발전했을 때, 그것은 항성과 행성이 변화하는 위치를 예측하는 데 신통하리만치 성공적이었다."[25] "중세철학은 관찰을 모든 지식의 기초라고 여긴다. 따라서 중세과학은 상식과 감관에 의한 기본적인 관찰을 세련되게 체계화한 것이라고 할 수 있다."[26] 이런 입장을 토대로 한 중세 천문학은 두 가지 기본적인 명제에 의존하고 있었다. 그중 하나는 천상에서 관찰된 운동이 실제로 거기서 일어나고 있다는 것이며, 다른 하나는 매순간 우리가 정지해 있는 지구 위에서 살고 있음을 알려 주는 기본 관찰의 타당성을 받아들여야 한다는 것이다.

그러나 프톨레마이오스의 체계에서 행성의 위치와 분점(分點)의 세차운동, 이 두 가지는 그것에 근거한 예측치가 당시의 가장 훌륭한 관측과 잘 들어맞지 않았다. 이러한 사소한 차이를 줄여 보려는 것이 프톨레마이오스 후계자들에게는 정상과학의 주제가 되었다.

프톨레마이오스 체계에서 행성의 역행 운동과 같은 변칙 사례가 등장하였을 때, 천문학자들은 그 체계의 일부분을 수정함으로써 문제점을 해결하려고 하였다. 그리하여 이심원, 주전원 등의 원(圓)에 대한 복잡한 체계가 관찰된 천문현상에 대해 합리적인 설명을 제공하게 된다. 그런데 시간이 경과하면서 천문학자들은 천문학의 복잡성이 그 정확성보다 더 빠르게 증대되고 있으며, 한 곳에서 보정된 모순이 다른 곳에서 다시 나타나는 일이 흔하다는 사실을 간파하였다. 16세기 초에는 유럽 최고의 천문학자들 중에서 더 많은 사람들이 기존의 천문학 패러다임이 전통적인 문제에 대한 적용에서 제구실을 하지 못하고 있음을 깨닫게 되었다. "그러한 인식은 코페르니쿠스가 프톨레마이오스 패러다임을 거부하고 새로운 패러다임을 찾기 시작하기 위해서 요구되었던 선행조건이었다."[27] 낡은 패러다임 붕괴의 전조가 되는 위기 상황은 천문학에서 일어났다.

플라톤-피타고라스적 전통의 부활

이제 코페르니쿠스는 『천구의 회전에 관하여』의 서문에서 "그가 계승한 천문학 전통이 결국 괴물을 창조하였을 뿐"이라고 적었다.[28] 또한 "16세기 들어 코페르니쿠스의 공동연구자인 도메니코 다 노바라(Domenico da Novara)는 프톨레마이오스의 이론이 낳았던 것처럼 엉성하고 부정확한 체계가 자연에 대한 진리가 될 수 없다고 주장하였다."[29] 이것들은 정상적인 전문적 퍼즐풀이 활동이 붕괴되었음을 선언하는 진술이다. 그런데 우리는 여기서 코페르니쿠스가 태양중심의 체계를 구성하는 데 커다란 영향을 끼쳤던 노바라가 당시 피렌체의 대표적인 플라톤주의자였음을 상기할 필요가 있다. 코페르니쿠스의 태양중심의 체계가 15세기 말엽부터 부활하고 있었던 플라톤-피타고라스적 전통에 영향을 받은 바가 크다는 사실은 여러 과학사가들에 의해 지적되고 있다.

플라톤-피타고라스적인 관점[30]이 다시 서양학문에 도입된 것은 아리스토텔레스-스콜라주의로부터 벗어나려는 초기 근대철학자들의 노력 덕분이다. 플라톤-피타고라스적 전통의 부활은 17세기 들어 갈릴레오와 케플러에 의해 수학적 물리학이 형성되는 데도 커다란 영향을 미쳤다. 플라톤-피타고라스적인 전통의 부활은 자연에 대한 형이상학적 관념에서 두 가지의 변화를 가져왔다. 그중 한 가지는 '조화로운 우주'라는 관념의 파괴이고, 다른 한 가지는 '공간의 기하학화'라고 할 수 있다. 이것은 자연의 수학화를 의미한다. 또한 이것은 가치, 완성, 조화, 의미, 그리고 목적에 근거한 고찰이 과학적 사고로부터 축출된다는 것을 의미한다. 또한 형상인과 목적인의 추구가 동적 원인과 물질적 원인으로 대체된다는 것을 의미한다.

존재에 대한 수학적 구조와 규정이 부여됨에 따라 물질과 운동의 개념도 근본적으로 재정립되어야 하였다. 수와 도형에서는 아무런 변화와 생성도 있을 수 없기 때문이다. 이를 위해서는 수학 자체도 변화되어야 하였다. 이러한 변화에 대한 갈릴레오, 데카르트, 페르마, 파스칼, 호이겐스 등의 기여가 없었더라면 뉴턴의『프린키피아』가 쓰일 수 없었을 것이다. 뉴턴이 그렇게 멀리, 자기 이전의 누구보다도 훨씬 멀리 보았던 것은 그가 다른 거인들의 어깨 위에 선 거인이었기 때문이다.

코페르니쿠스는 "지구가 운동한다"면 모든 문제가 해결된다고 믿었다. 그러나 이것은 믿기 어려운 생각이었다. 그것은 우리의 지각적 경험과 상충되며, 상식에 위배되고, 성경의 가르침에도 어긋나는 믿음이기 때문이다. 그러나 코페르니쿠스는 그 전제를 받아들임으로써 프톨레마이오스에게서는 볼 수 없는 수학적 질서와 조화의 스펙터클을 제시할 수 있었다. 또한 이전 패러다임의 대표적인 변칙사례인 행성의 역행운동을 깔끔하게 설명해 냈다. 이로써 코페르니쿠스는 상식에 도전하고 아리스토텔레스 패러다임의 중핵적인 부분을 제거하였다. 하지만 그는 여전히 천상에서는 오직 원운동만을 발견할 수 있으며, 천문학이 천체현상을 설명하기 위해서는 오직 완벽한 도형인 원만을 채용해야 한다는 아리스토텔레스주의적 신념에 사로잡혀 있었다.

그러한 신념에 도전하면서 행성이 원이 아닌 궤도를 움직일 수 있다는 생각을 전개한 것은 케플러의 업적이었다. "케플러는 원들을 정직하게 만들어진 자연으로부터 천문학자들을 유혹해 내는 관능적인 매춘부라고 지칭하였다."[31] 케플러는 타원궤도와 행성운동에 관한 두 가지 양적인 법칙을 포함한 행성운동의 세 가지 법칙[32]을 발견함으로써 아리스토텔레스적인 패러다임의 일부를 무너뜨렸다. 그 법칙들은 수학적 간결성을 보여 주는 것으로서, 상식으로 여겨졌던 가정에 대한 추상적 추리의 승리를 보여 주었다. 그러나 케플러의 세 법칙은 지구가 운동한다는 사실을 확립하는 데는 도움이 되지 못하였다. 그러므로 케플러의 세 법칙을 역학적으로 설명하는 문제가 그 시대의 물음이었고, 이 문제를 해결하기 위해서 후크, 핼리, 렌, 존 월리스(J.Wallis) 등이 중력에 대한 탐구에 열중하고 있었다. 특히 행성의 운동이 거리의 역제곱에 따라서 감소하는 구심력으로부터 연역될 수 있다는 예상이 제시되어 있었고 그러한 사실에 대한 수학적 증명을 기다리고 있는 상태였다. 지상의 중력에 대해서도 상황은 유사하였다.

한편 아리스토텔레스 패러다임을 신봉하는 집단은 지구의 운동을 반박하기 위해 탑의 논증(Tower Argument)을 제시하였다. "관찰은 무거운 물체가 높은 곳에서 낙하할 때 지구의 표면과 수직을 이루는 직선에 따라서 움직인다는 것을 보여 준다. 이것은 지구가 운동하고 있지 않다는 사실에 대한 반박할 수 없는 논증이라고 생각된다. 왜냐하면 만일 지구가 하루를 주기로 자전한다면 어떤 탑의 꼭대기에서 돌을 낙하시킬 때, 이 탑은 지구의 회전에 의해서 움직여져서, 돌이 낙하할 때 걸리는 시간만큼 수백 야드 동쪽으로 이동할 것이고, 따라서 그 돌은 탑의 원위치로부터 그 거리만큼 옮겨져서 충돌해야 할 것이기 때문이다."[33] 만일 지구가 자전한다면 탑으로부터 멀리 떨어져야 할 돌이 탑 바로 밑에 떨어진다는 사실에 대한 의심할 수 없는 관찰은 지구의 운동을 부정하는 완벽한 증거였다.

이러한 탑의 논증을 분쇄하기 위해서 갈릴레오는 운동 자체의 본질을 탐구하는 운동학(kinematics)[34]을 전개하였다. 그는 운동이 실재가 자신을 현실화하는 과정이 아니라고 주장하면서, 아리스토텔레스 패러다임의 또 다른 일부를 공격하였다. 그에 따르면 운동은 물체에 주어진 상태일 뿐, 물체에 대하여 어떤 변화도 일으키지 않는다. 물체가 운동과 무관하기 때문에 외부적인 원인이 작용해서 변화를 일으키지 않는 한, 물체는 같은 상태를 유지한다. 이것이 바로 관성원리이다. 또한 그는『천문대화』에서 운동의 상대성을 주장하면서 모든 운동이 작용적인 것이 아니며, 오직 상대적인 운동만이 작용적임을 설득하였다. 반면에 공유된 운동은 작용적이지 않다. 따라서 지구의 운동을 공유하는 탑과 돌은 서로에게 영향을 미치지 않으며, 지구의 운동은 돌의 낙하운동에 영향을 미치지 않는다. 이렇게 갈릴레오는 돌의 낙하운동이 지구 표면과 직선을 이룬다는 관찰이 지구가 운동하지 않는다는 사실에 대한 증거일 수 없음을 밝혔다. 갈릴레오는 관성원리와 운동의 상대성 개념을 가지고 코페르니쿠스이론에 대한 반증을 논파하였고, 코페르니쿠스의 지동설이 믿을 만한 이론임을 밝혔다.

하지만 갈릴레오의 운동론이 코페르니쿠스이론의 진리성을 입증해 준 것은 아니다. 1609년 그는 자신이 고안한 망원경으로 달의 표면, 태양의 흑점, 목성의 위성, 금성의 위상(位相)을 관찰하였고, 이것들은 코페르니쿠스의 우주상에 잘 들어맞았지만, 그것이 참임을 입증할 수는 없었다. 코페르니쿠스의 이론은 수학적 조화와 간결성을 보여 줄 뿐이었다. 수학적 조화와 간결성이라는 가벼운 이점 때문에 이들 초기 근대과학자들은 인류에게 가장 확실한 증거와 상식의 강력한 명령을 포기할 것을 요구한 셈이었다.

갈릴레오가 근대과학에 기여한 것은 무엇보다도 낙하하는 물체나 포물체 같은 물질적 대상의 행동을 수학의 언어로 기술할 수 있음을 보여 준 데 있었다. 즉 자연의 수학화이다. 이것은 수학이 순수하게 추상적 실체를 다루는 학문으로서 물리적 실재에 적용될 수 없다는 아리스토텔레스적 패러다임의 한 부분을 반박하는 것이었다. 아울러 갈릴레오의 관성원리는 근대과학의 기초를 이루는 기본 개념이 되었다. 또한 그는 실험의 중요성을 강조하였다. 갈릴레오의 이러한 기여를 생각하면, 그를 아리스토텔레스적 전통에 대한 대안적 전통의 창시자라고 평가해도 지나치지 않다.

제3장

뉴턴 실험철학의 방법과 개념

『프린키피아』 제2판의 편집자인 코츠(Roger Cotes)는 그의 서문에서 자연철학에 있어서의 세 가지 방법을 구분하였다. 스콜라주의적 방법, 데카르트주의적 방법, 그리고 실험적 방법이 그것이다. 그는 뉴턴의 자연철학과, 그 이전의 스콜라주의나 데카르트주의의 자연철학과의 근본적인 차이점이 그 방법에 있다고 보았다. 따라서 그는 뉴턴의 자연철학을 실험철학(experimental philosophy)이라고 지칭하였다. 이러한 명칭은 19세기에 들어서 자연과학(natural science)이란 말이 널리 사용되기 이전까지, 뉴턴의 자연철학 혹은 실험적 방법에 입각한 자연철학을 가리키는 낱말로 사용되었다. 코츠는 뉴턴의 실험철학을 다음과 같이 규정하였다.

"실험철학은 가장 단순한 원리로부터 사물들의 원인을 도출해 내는 것으로서, 그것은 현상에 의해서 증명된 것이 아닌 것을 원리로서 가정하지 않고, 가설을 꾸미지 않으며, 참인지의 여부가 논의될 수 있는 물음이 아니고서는 어느 것도 철학에 도입하지 않는다. 따라서 그것은 두 가지 방법에 의해서 진행되는데, 그것은 종합의 방법(synthetical method)과 분석의 방법(analytical method)이다. 그들은 몇 가지의 선택된 현상으로부터 분석에 의해서 자연의 힘(force)을 연역(deduce)한다. 그리고 그것으로부터 종합에 의해서 나머지 세계의 구조(constitution)를 밝히는 것이다. 이것은 다른 방법과는 비교될 수 없는 최고의 철학하는 방법이다."[35]

분석과 종합의 방법

뉴턴의 『프린키피아』는 새로운 종류의 과학을 제시하였다. 그것의 새로움은 무엇보다도 그 방법에 있었다. 근대과학에 대한 뉴턴의 위대한 공헌은 그의 우주론적 종합 그 자체보다도, 그가 과학의 새로운 개념과 방법을 정식화한 점에 있었다.[36] 뉴턴은 관찰에 관한 특수한 명제들로부터 고도의 개연성을 가진 일반적인 법칙으로 점진적으로 상승되어 가는 과정으로 진행되는 귀납적이고 실험적인 학습의 선구자로 여겨졌다.[37]

뉴턴의 실험적 방법은 데카르트와 그의 추종자들이 사용한 가설의 방법[38]을 물리치기 위한 것이었다. 데카르트는 문제된 자연현상에 대한 설명을 가설(hypothesis)을 제안하는 일에서부터 시작한다. 또한 물리학의 법칙을 형이상학적 원리에서 도출하고자 한다. 뉴턴이 보기에 이러한 이론화의 방법은 잘못된 것이다. 그러한 이론화의 대표적인 것이 데카르트의 소용돌이 가설이다. 따라서 뉴턴은 실험과 관찰에 입각하지 않은 명제를 '가설'이라고 지칭하면서, "나는 가설을 꾸미지 않는다"(I feign no hypothesis)라고 선언하였다.

『프린키피아』의 제1판에서 뉴턴은 가설이라는 주제에 대해서나, 수학적 원리와 관찰된 운동 현상 사이의 논리적 관계에 대해서 명확하게 말한 바가 없다. 그러나 그는 제2판부터는 대륙의 데카르트주의자들의 공격에 대응하여 적극적인 방법론적 주장을 하기 시작하였다. 그것은 그가 『프린키피아』의 제1판을 간행한 이후 제2판을 출간하기까지 26년 동안 대륙의 비판자들의 비난에 시달렸기 때문이다. 그들의 비판은 『프린키피아』가 자연철학의 수학적 원리를 해명하였다고 주장함에도 불구하고, 그것은 그 성격상 기본적으로 가설적이며, 보편적 인력이라는 신비한 성질(occult quality)에 호소한다는 것이다. 특히 라이프니츠는 떨어진 거리에서도 작용한다는 뉴턴의 중력 개념을 비판하면서 그것은 물질에 신비한 성질을 도입하는 것이며, 마술이나 기적을 인정하는 것과 다름없다고 비난하였다.

이 때문에 뉴턴은 무엇보다도 자신의 중력이론이 가설이 아니라는 것을 밝히는 데 힘을 기울였다. 그는 그의 이론이 데카르트적인 가설의 방법에 의해서 얻어진 것이 아니라는 사실을 해명하려고 하였다. 데카르트의 방법과 구분하기 위해서 뉴턴은 자신의 방법을 '실험적 방법'이라고 지칭하고, 그것이 갖는 귀납적 성격을 강조하였다. 『프린키피아』에서의 다음과 같은 방법론적 언명은 뉴턴 실험철학의 방법을 이해하기 위한 실마리를 제공한다고 생각된다.

"그러나 지금까지 우리는 중력의 속성들의 원인을 현상으로부터 발견할 수 없었다. 그리고 나는 가설을 만들지(frame) 않겠다. 왜냐하면 현상으로부터 연역되지 않은 것은 무엇이든지 가설이라고 불러야 하고, 형이상학적이건 물리적이건, 신비한 성질에 관한 것이건 역학적인 성질에 관한 것이건, 가설은 실험철학에 자리 잡을 수 없기 때문이다. 이 실험철학에서는 개별적인 명제가 현상으로부터 추론되고, 그 다음에 귀납에 의해서 일반화된다. 그렇게 하여, 물체의 불가침투성, 운동량과 충격량, 그리고 운동의 법칙과 중력의 법칙이 발견된 것이다."[39]

여기서 뉴턴이 비판하는 가설은 '현상이거나 어떤 현상으로부터 유도된 것도 아니며, 실험적 증거도 없이 가정되거나 상상된 명제'를 의미한다. 뉴턴이 과녁으로 삼는 것은 바로 데카르트의 소용돌이 가설이다.

이제 뉴턴은 가설의 방법에 관한 대안으로 '분석과 종합의 방법'을 제시한다. 여기서 분석이란 결과로부터 그것의 원인으로, 개별적인 원인으로부터 일반적인 원인으로 진행하여 가장 일반적인 결론에 이르게 하는 논증을 말한다. 다시 말해서 분석이란 실험과 관찰을 통해서 귀납적인 일반화를 이끌어 내는 것을 말한다. 종합이란 발견된 원인을 가정하고 그것을 원리로 확립하여, 그것으로부터 진행되는 현상을 설명하고 그 설명을 증명하는 것이다. 『광학』에서 뉴턴은 분석과 종합의 방법에 대해서 이렇게 말한다.

"수학에서와 마찬가지로, 자연철학에서도 역시 분석의 방법에 의한 어려운 사물들에 대한 조사는 종합의 방법으로 이어져야 한다. 이러한 분석은 실험과 관찰을 하고 그것으로부터 귀납에 의해서 일반적인 결론을 이끌어 내고, 실험이나 다른 확실한 진리로부터 도출된 것을 제외하고는 어떤 것도 결론에 대한 반박으로 인정하지 않는 것을 말한다. 왜냐하면 가설은 실험철학에서 인정되어서는 안 되기 때문이다. …
분석의 방식을 통해서 우리는 복합적인 것으로부터 그 구성요소로 진행할 수 있으며, 운동으로부터 운동을 산출하는 힘으로, 또한 일반적으로는 결과로부터 그것의 원인으로, 그리고 개별적인 원인으로부터 일반적인 원인으로 진행하여 가장 일반적인 결론에 이를 때까지 논증은 진행된다. 이것이 분석의 방법이다. 종합이란 발견된 원인을 가정하고 그것을 원리로 확립하고 그것으로부터 진행되는 현상을 설명하고 그 설명을 증명하는 것이다."[40]

그러나 뉴턴에게 실험적 방법의 도입은 기계론자들이 추구했던 자연현상에 대한 증명적 지식의 이념을 포기하는 것을 의미한다. 뉴턴은 실험과 관찰로부터 귀납에 의해 논증하는 것은 일반적 결론에 대한 증명이 되지 못한다는 점을 인정한다. 또한 실험적 방법을 통해서 획득되는 자연에 관한 지식은 확실성을 가질 수 없음을 인정한다. 그렇지만 뉴턴은 그 방법이 사물의 본성이 허용하는 최선의 방법이라는 점을 다음과 같이 밝힌다.

"실험과 관찰로부터 귀납에 의해 일반적 결론을 논증하는 것은 그 일반적 결론에 대한 증명이 되지는 못하지만, 사물들의 본성이 허용하는 최선의 논증 방식이며, 그 귀납이 얼마나 일반적인 것인가에 따라서 보다 강해진다고 할 수 있다. 또한 현상으로부터 어떠한 예외도 발생하지 않는다면 그 결론은 일반적이라고 말할 수 있다.

만약 그 후 어느 때라도 어떤 예외가 실험으로부터 발생하면, 그 일반적 결론에 대한 예외가 발생했다고 말할 수 있다."[41]

뉴턴 연구자 코헨에 따르면, 실험적 방법을 사용하는 뉴턴의 목표는 궁극적으로 수학적 원인의 분석으로부터 원인(힘)의 물리적 속성으로 나아가고자 하는 것으로서, 현상을 설명하기에 '진실하고도 충분한 원인'(verae causae)을 찾고자 하는 것이다.[42]

추리규칙

뉴턴은 자신의 실험적 방법을 뒷받침하기 위한 '철학에서의 네 가지 추리규칙'을 제시하였다. 이 '추리규칙'(Regulae philosophandi)[43]은 실험적 방법에 관한 뉴턴의 사고 발전을 이해하는 데도 상당히 중요한 것으로 평가된다. 코이레(A. Koyre)에 의하면 "세 판을 거치는 동안의 텍스트와 뉴턴의 사고 발전에서 가장 흥미로운 변화는 추리규칙에서 찾을 수 있는데, 그것은『프린키피아』제3판의 제3권에 실린 것으로서 뉴턴의 논리적, 방법론적 견해를 집약한 것이다."[44] 뉴턴이 제시한 '추리규칙'은 다음과 같다.

「규칙 1」 우리는 현상을 설명하기에 진실되고 동시에 충분한 원인만을 자연계 사물의 원인으로 인정해야 한다.
「규칙 2」 따라서 우리는 동일한 자연적 결과들에 대해, 될 수 있는 대로 동일한 원인들을 부여해야 한다.

「규칙 3」 물체의 성질들 중에서, 증강되거나 감소하지 않고, 우리의 실험범위 안에 있는 모든 물체들에 속하는 것으로 확인되는 성질들은, 우리의 경험 밖에 있는 모든 물체들도 공유하는 보편적인 성질들이라고 간주되어야 한다.

「규칙 4」 실험철학에서는 자연현상들로부터 일반적인 귀납에 의해 추리된 명제들이, 그것과 상반되는 어떤 가설이 제시된다 하더라도 이 반대 가설이 다른 현상에 의해 보다 더 정확하다는 것이 판명되거나 그 반증 사례가 단지 예외적인 것일 뿐이라는 결론이 내려질 때까지는, 정확하거나 진실에 매우 가깝다고 생각해야 한다. [귀납된 결론이 가설에 밀려서 포기되어서는 안 된다는 이 규칙을 우리는 반드시 따라야 한다.][45]

'추리규칙'이라는 표현의 등장 혹은 추가는 실험철학의 방법에 대한 뉴턴의 입장 변화를 보여 준다. '추리규칙'이란 말은 『프린키피아』 제2판에서부터 사용되기 시작하였는데, 그것들은 제1판에서 '가설'(hypotheses)이라고 지칭되었던 명제들 중의 일부였다. 즉 두 가지 방법론적 가설들이 제2판부터 '추리규칙'이라고 명명되었고, 제2판에서는 규칙 3이 추가되고, 제3판에서는 규칙 4가 추가되었다. 그의 초고를 연구한 코이레에 의하면 실제로 뉴턴은 제3판에서 규칙 5도 추가하려는 구상을 가졌었다고 한다.

이렇게 뉴턴이 규칙에 관한 그의 용어를 바꾼 것은 무엇보다도 '가설'이라는 용어에 부여하였던 의미가 부정적으로 변하였고, 그가 데카르트주의자들의 가설의 방법에 대한 비판적인 입장을 강화하였기 때문이라고 할 수 있다. 『프린키피아』 초판에서 뉴턴은 '가설'을 '한 이론에서의 기본적 가정 혹은 전제'의 의미로 사용하였다. 그러나 20여 년이 지난 후에 뉴턴은 '가설'을 원리라는 의미로나, 현상에 대한 가능한 혹은 개연적인 설명이란 의미로는 더 이상 사용하지 않게 되었다. 당시에 뉴턴은 그것을 보다 좁은 의미로 사용하면서, 증명할 수 없는 혹은 과학 외적인 주장이라는 매우 경멸스러운 의미로 사용하였다. 요컨대 뉴턴에게 "가설은 하나의 공리나 추측도 아니며, 단지 허구일 뿐인 것이었다."[46]

제2판에서 규칙 3이 추가된 것은 뉴턴이 자신의 경험주의적 실험철학을 데카르트의 선험주의적 입장과 대립시키기 위한 것이었다. 뉴턴에 의하면 우리가 경험적 자료를 일반화하고 우리의 능력이 미치는 범위에서 경험이 우리에게 보여 주는 속성들을 모든 물체들에 대해 부여할 수 있는 것은 자연이 갖고 있는 조화로움 때문이다. 데카르트에 반대해서, 뉴턴은 데카르트가 물질의 본질적 속성이라고 인정하지 않는 지속성과 불가침투성과 마찬가지로 연장성도 경험적 자료라고 선언하였다.

뉴턴이 제3판에서 규칙 4를 추가한 것은 규칙 3에서의 경험주의적 주장이 대륙의 철학자들을 설득시키기는커녕, 뉴턴의 자연철학에 대한 반대를 강화하였기 때문이었다. 뉴턴은 규칙 4를 귀납주의적 실천의 규칙으로서 제시하였는데, 이 규칙은 나머지 규칙들을 보강하는 역할을 한다.

이 규칙들에는 뉴턴 과학의 방법론적 함의가 잘 드러나 있다. 먼저 규칙 1은 단순성의 원리로서, 실험적 방법에서 현상을 설명하는 원인 혹은 원리를 찾고자 할 때는 가장 단순한 원인 혹은 원리를 찾아야 한다는 것을 말해 준다. 여기서 뉴턴이 '충분하고도 진실된 원인'을 강조하는 것은 현상으로부터 발견되지 않는 초자연적인, 신비한 원인에 대한 추구를 반대하려는 의도를 담고 있다. 규칙 2는 자연의 제일성의 원리를 규정하는 것이며, 유사한 결과에 대해서는 유사한 원인을 부여할 수 있다는 원리이다.

규칙 3은 모든 과학적 추리는 감각적 경험에 기초를 두어야 한다는 것을 강조하는 동시에, 관찰된 자료로부터 아직 관찰되지 못하였거나 원리적으로 관찰될 수 없는 대상이나 사건을 추론하는 일을 정당화하기 위한 원리이다. 이것은 뉴턴이 일반적으로 가설에 반대함에도 불구하고 원자론을 받아들이는 근거이기도 하다.

규칙 4는 실험철학에서 가설을 꾸미는 일에 대한 경고인 동시에 귀납적 일반화를 수락할 권리에 관한 방법론적 원리이다. 여기서 말하는 가설이란 데카르트의 소용돌이 가설과 같이 물리적 실재가 관찰과 실험에 의해서 확인될 수 없는 사변적 이론을 말한다.

추리규칙에 대한 철학적 해석

'추리규칙'에 대한 해석은 코츠의 『프린키피아』 서문에서 처음 등장한다. 코츠는 모든 유추적인 과학적 추리에 전제되어 있는 추리규칙이 수락되지 않는 한 일반화는 불가능하다고 주장하였다. 그는 특히 규칙 3의 중요성을 강조하면서 다음과 같이 말하였다.

"천체의 대상들 사이의 중력으로부터 보편적 중력의 법칙을 추론하는 것은 모든 철학자들이 받아들이는 다음과 같은 공리에 의존하고 있다. 즉, 그것의 속성이 같다고 알려진 같은 종류의 결과는 같은 원인으로부터 발생하며, 알려지지 않은 같은 속성을 갖는다. … 모든 철학은 이러한 규칙에 의존하고 있다. 왜냐하면 만일 그것이 제거되면 우리는 어떤 일반적 진리도 주장할 수 없기 때문이다. 개별적 사물의 속성은 관찰과 실험에 의해서 알려진다. 이러한 규칙이 없이 관찰과 실험이 행해졌을 때, 사물의 본성에 관한 어떤 일반적 결론도 도출될 수 없다."[47]

윌리엄 휴얼(William Whewell)은 귀납적 과학의 본성을 해명하려는 데 관심을 가지고 뉴턴의 추리규칙에 대해 깊이 있게 논의한 19세기 빅토리아 시대의 과학철학자이다. 휴얼에 의하면 뉴턴의 규칙들은 보편중력의 이론을 확립하기 위해 필요한 추리에 적절한 보호대를 제공하기 위한 것이다. 그는 뉴턴이 그 규칙들을 의도적으로 중력이론에 적용하였다고 생각하였다. 그는 뉴턴의 추리규칙이 갖는 핵심적 성격을 다음과 같이 파악하였다.

"따라서 첫 번째 규칙은 천체 현상으로부터 중력을 추론하는 것을, 그 중력이 진정한 원인(vera causa)이라고 기술함으로써 더욱 강화하기 위해서 설계된 것이다. 두 번째 규칙은 행성의 운동이 지상의 운동과 마찬가지로 역학적인 힘에 의한 것이라는 이론을 뒷받침하기 위한 것이다. 세 번째 규칙은 중력이 물체의 보편적 성질이라는 주장을 정당화하기 위해서 의도된 것이다. 네 번째 규칙은 귀납의 권위에 대한 일반적인 선언인 동시에 가설 특히 데카르트적인 가설에 대한 뉴턴의 통상적인 반대 의사를 담고 있다."[48]

흄의 철학적 발전에 끼친 뉴턴 과학의 영향에 일찍이 주목한 주석가들 중의 한 사람인 낙슨(James Noxon)은 뉴턴의 추리규칙에 대해 다음과 같이 설명하였다.

> "뉴턴의 규칙 1은 경제의 원리(principle of parsimony)를 말하고, 규칙 2는 유사한 결과에 대해 같은 원인을 부여함에서 경제성을 의미하며, 규칙 3은 자연의 제일성을 규정하는 것이고, 규칙 4는 관찰과 경험적인 확증을 사변에 근거한 비판에 대한 논박이라고 규정하는 것이다."[49]

낙슨에 의하면 규칙 3은 뉴턴이 물질의 성질에 관한 데카르트의 주장에 반대하여 일차 성질에 관한 그의 경험주의적 설명을 제시하는 것이라고 해석된다. 즉 뉴턴은 '연장, 견고성, 불가침투성, 유동성, 관성'과 같은 성질들이 우리의 감각 경험에 주어지며, 중력의 경우와 같이 그러한 경험이 불변하는 것일 때, 우리는 그러한 성질이 모든 물질에 속한다고 추론하는 것이 정당하다고 주장하였다는 것이다. 규칙 4에 대해서, 낙슨은 '가설'이 뉴턴의 반대자들의 사변을 의미하는 부정적인 의미로 사용되고 있음을 지적하였다. 한편 낙슨은 원래 뉴턴이 그의 규칙들을 증명되지 않은 공리나 공준을 의미하는 것으로 착상하였음에도 불구하고, 그의 증명에서 그 규칙들을 추론의 원리로 사용하였다고 본다.

만델바움(M. Mandelbaum)은 『철학, 과학 그리고 감각적 지각』[50]에서 뉴턴의 규칙 3을 면밀하게 분석하고 있다. 그는 뉴턴이 일반적으로 가설의 방법에 대해 반대하고 있음에도 불구하고 입자가설을 수락하고 있다는 사실[51]에 주목하면서 다음과 같이 말한다.

> "뉴턴이 원자의 실재적 존재를 믿었다는 것은 의심할 수 없는 사실이다. 『광학』에서 그는 좋은 현미경을 통해서 우리가 보는 것은 이러한 입자들 가운데서 가장 큰 것이라고 말하고 있다. 그러한 경험을 가질 수 없음에도 불구하고 뉴턴은 입자이론의 진리를 철저히 믿었다. 그리고 여기서 전제초월적 추론(transdictive inference)[52]의 가능성, 즉 어떻게 관찰된 자료가 아직까지 관찰되지 못하였거나, 원리적으로 관찰될 수 없는 대상이나 사건에 대한 추론의 근거로서 역할을 할 수 있는가에 대한 그의 입장을 엿볼 수 있다."[53]

그러면 어떻게 뉴턴은 원자의 실재적 존재에 대한 그의 믿음을 정당화할 수 있으며, 어떤 근거에서 그러한 확신을 포함하는 추론을 정당화할 것인가? 만델바움은 이에 대한 뉴턴의 대답이 그의 추리규칙 3에서 발견된다고 생각한다.

> "뉴턴이 현상에 관한 인과적 설명을 추구하고 인과관계를 단순히 직접적으로 관찰된 연쇄에 의해 해석하지 않는다면, 입자가설이 그가 혐오하는 종류의 가설이 아닌 한 그가 입자가설을 설명적인 개념으로 사용하는 것은 별로 놀라운 일이 아니다. '가설'로서의 지위에서 벗어나기 위해서는 입자이론은 현상에 대한 관찰로부터 유도되어야 한다. 더욱이 그것이 진리로 받아들여지기 위해서는 귀납에 의해서 일반화될 수 있어야 한다. 입자이론이 뉴턴 방법의 두

가지 규정을 어떻게 만족시킬 수 있는가가 문제이다. 우리가 '철학에서의 추리규칙'에 눈을 돌려서 규칙 3을 살펴본다면 우리는 이러한 설명에 대한 반론에 답하기 위해서 뉴턴이 사용하는 정당화에 대한 명백한 언명이 들어 있음을 발견하게 된다."[54]

만델바움에 의하면 뉴턴의 추리규칙 1은 단순성의 규칙이고, 규칙 2는 자연의 제일성의 원리에 관한 방법론적 변형이며, 규칙 3은 모든 과학적 추리의 기초와 적절한 경로에 대한 뉴턴의 이론을 담고 있는 언명이고, 규칙 4는 규칙 3을 보강하는 것으로서, 가설을 꾸며 내는 것에 대한 경고인 동시에 귀납적으로 확립된 일반화를 받아들이는 우리의 권리에 관한 방법론적 원리이다.[55] 만델바움은 이 규칙들 중에서 가장 핵심적인 것은 규칙 3이라고 생각한다. 규칙 3에 대한 만델바움의 분석은 다음과 같이 집약될 수 있다.

첫째, 규칙 3에서 뉴턴은 모든 과학적 추리는 감각적 경험에 그 기초를 두어야 하며, 그러한 추리는 그것이 다루는 현상에서 보편적 성격을 추구해야 한다는 것을 주장한다. 따라서 이 규칙은 서로 양립할 수 없다고 생각되는 두 가지를 권장하는 규칙이다. 그중 하나는 모든 지식이 감각적 경험으로부터 출발해야 하고, 경험 내에서 발견되는 반복적인 특성에 기초한 일반화를 형성해 가야 한다는 것이다. 다른 하나는 이러한 일반화를 사용하는 일이 경험 내에서 원리적으로 확증 가능한 현상을 다룰 때에만 정당한 것이 아니라, 경험 가능한 실재들을 넘어서는 것에 관한 일반화에 귀납적으로 도달할 때 사용하는 것도 적절하다는 것이다.[56]

둘째, 이 규칙은 경험 내의 데이터를 사용하여 지금까지 경험되지 않은 것뿐만 아니라, 경험할 수 없는 것에 대해서도 추론을 행하는 것에 대

한 타당성을 옹호한다.[57]

셋째, 이것은 자연의 제일성의 원리의 특수한 용법이라고 할 수 있다. 따라서 자연의 제일성의 관념은 "같은 결과가 주어지면 같은 원인이 가정된다" 혹은 "같은 원인이 주어졌을 때에는 같은 결과가 따라온다"와 같은 격률을 정당화하는 데 사용될 뿐 아니라, 다음과 같은 종류의 격률을 정당화하는 데도 확장된다. 즉, "경험된 대상과 변함없이 결합하는 성질들은 모든 대상들이 가지는 성질이다."[58]

넷째, 규칙 3은 제1성질과 제2성질을 구분하는 수단으로 사용되는 동시에 실제적으로 사물들의 제1성질들에 관한 그의 믿음을 정당화하는 데 사용된다.[59]

여기서 우리는 만델바움이 뉴턴의 규칙 3을 전제초월적 추론을 정당화하기 위한 규칙인 동시에, 그것은 단순한 방법론적 지침이 아니라 뉴턴의 자연관에 대한 언명으로 여기고 있음을 알 수 있다.

마지막으로 최근의 과학철학적 입장에서 뉴턴의 '추리규칙'에 관해서 논의한 글리모어(C. Glymour)의 견해를 간략하게 살펴보자.

글리모어에 의하면 "보편중력에 대한 뉴턴의 증명에서, 뉴턴의 세 가지 법칙을 이용하여, 현상과 다른 실험적 주장으로부터 이론적 주장의 사례들이 연역된다. 추리규칙은 과학적 추론에서 분리의 규칙(rule of detachment)[60]과 같은 역할을 한다."[61] 글리모어는 뉴턴이 어떤 가설의 사례들로부터 그 가설을 이끌어 내기 위해서 추리규칙을 이용한다고 말한다. 이러한 가설은 보다 광범위한 주장의 사례로 이용되고, 그것이 분리되어 새로운 주장이 된다. 이 과정에 대해 글리모어는 이렇게 말한다.

"뉴턴은 가설의 사례들로부터 가설 그 자체로 나아가는데, 그때 그는 그 가설을 다른 법칙 및 경험적 관계들과 함께 사용함으로써, 다음 단계의 가설에 대한 사례들을 획득하고, 귀납적으로 가설 그 자체로 나아간다."[62]

이러한 과정이 가능하려면 배경적 가정과 사례들로부터 결론을 분리하는 분리의 규칙이 필요한데, 규칙 3이 그러한 역할을 명백히 수행한다는 것이다. 이렇게 볼 때 분리의 규칙으로서 추리규칙 3은 일반화의 규칙이라고 할 수 있다.

우리는 지금까지의 논의를 통해서 뉴턴의 추리규칙의 본성에 관한 몇 가지 입장이 있음을 알 수 있었다. 철학자들은 '추리규칙'을 ① 발견의 규칙(휴얼), ② 추론의 규칙(휴얼, 낙슨, 만델바움, 글리모어) ③ 분리의 규칙(글리모어) ④ 방법론적 지침(낙슨, 만델바움) ⑤ 자연에 대한 견해(만델바움) 등으로 해석하였다. 필자는 이러한 해석들 중 어느 것이 확실히 옳다고 말하기는 어렵다고 생각한다. 오히려 '추리규칙'은 위의 해석들이 주장하는 성격을 모두 포함한다고 볼 수 있다. 하지만 우리가 다음 장에서 검토할 '추리규칙'이 적용되는 사례에서는, 그것이 추론의 규칙 혹은 분리의 규칙에 가깝다고 생각된다.

마지막으로 우리는 그러한 '추리규칙'의 정당성에 대한 물음을 제기할 수 있다.

낙슨은 뉴턴의 규칙들이 방법론적 필요성에 의해서 정당화된다고 할지라도 그것은 형이상학적인 난점을 함의한다고 주장한다.[63] 왜냐하면 그것들은 "현상에 의해서 증명된 것이 아니라면 원리로서 가정하지 않는다"라는 뉴턴의 주장에 어긋나는 것이기 때문이다. 또한 코츠가 말하는 바와 같이 실험철학자들은 "가설을 구성하지 않을 뿐만 아니라, 그것의 진리성에 대해 논의할 수 없는 것이라면 어떤 가설도 진리로 받아들이지 않기"[64] 때문이다. 따라서 낙슨에 의하면, 방법론적 '가설'로 부르거나 '규칙'으로 부르거나 상관없이, '추리규칙'은 가정된 것이거나, 현상에 의해서는 증명될 수 없는 것으로 볼 수밖에 없다. 이것은 '추리규칙'의 정당화가 실험철학의 범위를 넘어서는 것임을 의미한다.

버르트(E. A. Burtt)도 이 문제에 대해서 다음과 같은 의문을 제기한다. "이러한 경구(警句)들은 자연현상을 법칙, 특히 수학적인 법칙으로 환원하는 일이 가능하도록 하는 우주의 구조에 관한 사변적인 가정인가, 아니면 그것들은 뉴턴에게 탐구의 원리로서 잠정적으로 사용되는 방법론적인 지침인가?"[65] 만델바움도 이러한 규칙들이 방법론적 원리로서 정당화될 수 있는가에 대한 의문을 제기한다.[66]

뉴턴 자신은 이 규칙들의 정당성 여부를 검토하지 않았다. 그는 그 규칙들을 중력의 법칙 등을 추론하기 위한 방법론적 규칙으로 도입하고, 사용하였을 뿐이다. 이 규칙들에 대한 정당화 작업은 아마도 당대의 철학자에게 부과된 과제였는지 모른다.

제4장

보편중력의 논증

『프린키피아』의 구성

그러면 제3장에서 설명한 실험적 방법과 추리규칙은 『프린키피아』에서 보편중력에 대한 논증에 실제로 어떻게 적용되었는가? 그의 『프린키피아』를 중심으로 살펴보도록 하자.

뉴턴의 『자연철학의 수학적 원리』는 1687년 에드먼드 핼리의 조력으로 출간되었다. 제2판은 코츠의 편집으로 1713년 간행되었으며, 제3판은 헨리 펨버튼(H. Pemberton)이 편집하여 1726년 출간하였다. 코츠는 당대 제1급의 자연철학자로서 뉴턴 과학의 길잡이가 되는 『프린키피아』 제2판의 서문을 썼다. 그는 1706년부터 1717년 사이에 케임브리지 대학에서 천문학 및 실험철학을 담당한 교수였으며, 뉴턴은 그를 『프린키피아』 제2판의 편집자로 택하였다. 펨버튼은 1728년 『아이작 뉴턴에 관한 견해』를 출간하였다.

『프린키피아』는 세 권으로 이루어져 있다. 제1권은 여러 힘의 장을 저항 없이 운동하는 질점에 대한 추상적인 수학적 동역학에 관한 것이다. 여기서 뉴턴은 역제곱의 인력과 그것이 수반하는 물체의 운동 현상들을 탐구한다. 그리고 질량, 힘 등에 대한 정의, 공리(운동의 법칙), 추리규칙 등이 소개되어 있다.

제2권은 저항하는 매체와 그러한 매체 내에서 일어나는 물체의 운동을 고찰한다. 여기서 뉴턴은 소용돌이 운동의 역학적 조건에 대한 검토를 통해서 데카르트의 자연철학을 비판한다. 그는 소용돌이가 새로운 에너지를 끊임없이 추가하지 않고서는 스스로 지속 가능하지 않으며, 케플러의 세 가지 천체 운동의 법칙을 산출할 수 없다는 것을 증명하였다.

제3권에서 뉴턴은 세계의 체계, 즉 태양계에 관해서 다루고 있다. 그것은 특히 태양계의 참되고 고정된 중심을 차지하는 것이 지구인가 태양인가 하는 17세기 자연철학에서의 지배적인 물음에 대한 대답이기도 하다. 그리고 우주에 관해 관찰된 현상들을 제1권의 증명에 적용함으로써 중력의 법칙을 증명하는 것이 그 목표이다. 그러므로 제3권은 '추리규칙'에 관한 진술로 시작되고, 이어서 6가지 '현상'들에 대한 진술이 제시되며, 보편중력에 대한 뉴턴의 논증을 구성하는 7가지의 명제들과 정리들이 등장한다.

뉴턴은 "실험철학에서는 개별적인 명제가 현상으로부터 추론되고, 그 다음에 귀납에 의해서 일반화된다. 그렇게 하여, 물체의 불가침투성, 운동량과 충격량, 그리고 운동의 법칙과 중력의 법칙이 발견된 것이다"[67]라고 공언하였다. 그렇다면 그는 보편중력의 법칙을 논증하는 그의 중심논변에서 그의 방법론적 원리를 실제로 적용하였는가?

『프린키피아』의 중심논변은 제3권의 첫 번째 부분에서 발견된다. 보편중력에 대해 뉴턴이 내세운 논증의 전제들에는 먼저 행성과 그 위성들의 운동에 관해 당시로서는 최상의 데이터를 집약한 천문 현상에 관한 진술들이 포함된다. 둘째는 힘과 운동에 관한 일반원리들이 포함되는데, 『프린키피아』 제1권의 앞부분에서 '공리'라고 표현한 운동의 법칙들, 그리고 제1권을 비롯한 앞의 책들에서 유도한 일단의 정리[68]들이 있다. 그리고 이 전제들을 바탕으로 한 논증은 뉴턴이 '철학에서의 규칙'이라고 부르는 추리규칙에 의해서 인도된다. 그것은 논증의 전제이거나 엄밀한 추론 규칙이라기보다는 추리를 인도하는 원리로서 기능한다.

보편중력 논증은 앞서 인용된 『프린키피아』의 「일반 주석」(general scholium)에서 실험적 방법에 대해 설명한 것처럼, 현상으로부터 개별적인(특수한) 명제를 추론하는 과정과 귀납에 의해 그것을 일반화하는 과정으로 구성된다. 여기서는 그 핵심적인 부분만을 집약해 보겠다.

현상

뉴턴은 보편중력에 대한 논증의 기초로서 현상 I부터 현상 VI까지 6가지 현상들을 제시한다. 그중 현상 I은 목성의 위성이 케플러의 면적의 법칙[69]과 조화의 법칙[70]을 만족시킨다는 사실을 기술한다. 현상 II는 토성의 위성들도 이 두 가지의 법칙을 만족시킨다는 것을 기술한다. 이어서 현상 III, 현상 IV, 현상 V는 천문학자들이 관찰을 토대로 확립한 사실들을 기술한다.

현상 III: "태양으로부터 행성까지의 선분이 같은 시간에 휩쓰는 면적의 크기는 같다."

현상 IV: "임의의 행성 2개의 공전주기 제곱의 비(比)는 태양에서부터 그 행성들까지 평균거리의 3제곱에 비례한다."

현상 V: "수성, 금성, 화성, 목성, 토성이 각각의 위성들을 가진 주행성으로서 태양을 에워싸고 있다."[71]

마지막 현상 VI은 케플러의 면적의 법칙을 지구의 위성인 달의 운동도 만족시키고 있음을 명시하고 있다.[72]

여기서 우리는 다음의 두 가지 점에 주목할 필요가 있다. 첫째, 이러한 현상은 그 행성들의 궤도가 타원임을 명시하지 않는다. 둘째로, 그것은 케플러의 설명에 대한 대안으로 브라헤(Tycho Brahe)의 설명이 제시될 가능성을 열어 두고 있다. 코페르니쿠스와 케플러가 명시한 바와 같이 지구가 태양의 주위를 궤도운동 하는가 아니면 브라헤의 가설과 같이 태양이 지구를 도는가의 여부는 뉴턴이 현상이라고 간주한 것에 의해서는 결정되지 않는다. 따라서 이러한 현상은 그것에 관한 해석이 견고하게 주어져 있는 데이터가 아니라, 탐구가 진행됨으로써 수정될 여지를 갖고 있는 탐구의 출발점이 된다. 그것은 마치 휴얼이 말하는 사실의 총괄(colligation of fact)[73]을 통해서 얻어진 일반명제로서 주행성에 대한 위성들의 상대운동에 관한 경험적인 법칙이며, 한 차원 더 높은 사실의 총괄을 기다리는 자료와도 같다고 할 수 있다.

현상으로부터의 추론

『프린키피아』 제3권의 명제 1과 명제 2는 뉴턴의 보편중력에 관한 논증의 출발점이 된다. 그것들은 운동현상으로부터 힘에 관한 명제를 추론하는 그의 작업 모형이라고 할 수 있다. 명제 1과 명제 2는 다음과 같다.

> 명제 1, 정리 1(제3권): "목성의 위성들에게 계속적으로 직선운동으로부터 벗어나서 궤도운동을 유지하도록 하는 힘은 목성의 중심을 향해 있다. 또한 그 힘은 목성의 중심으로부터 그러한 행성까지의 거리의 제곱에 반비례한다.
> 이 명제의 첫 번째 부분은 제1권의 현상 1과 명제 2 혹은 명제 3으로부터 분명하며, 두 번째 부분은 같은 책의 현상 1과 추론 6 그리고 명제 4로부터 분명하다."
> 명제 2, 정리 2(제3권): "위성을 갖는 행성들이 계속적으로 직선운동으로부터 벗어나서 궤도운동을 유지하도록 하는 힘은 태양을 향한다. 또한 그 힘은 태양의 중심으로부터 그 행성들까지의 거리의 제곱에 반비례한다.
> 이 명제의 첫 번째 부분은 제1권의 현상 5, 명제 2로부터 명백하며, 두 번째 부분은 같은 책의 현상 4, 보조정리 6, 그리고 명제 4로부터 명백하다. 그러나 이 명제의 두 번째 부분은 원일점이 정지해 있다는 사실로부터 최고의 정확성을 가지고 증명될 수 있다. 왜냐하면 거리의 제곱에 반비례하는 비율로 궤도로부터의 매우 작은 이탈이 회전할 때마다 감지되고 여러 번 회전한 후에는 매우 커지는

원일점의 운동을 산출하기 때문이다."[74]

명제 1에서 뉴턴은 목성의 위성이 a) 주행성의 중심을 향하는 힘에 의해서 궤도에 머물 수 있으며, b) 그것의 구심력은 그것의 중심으로부터의 거리의 제곱에 반비례하도록 변한다는 것을, a') 케플러의 면적의 법칙, b') 케플러의 조화의 법칙을 만족시키는 현상으로부터 추론한다.

명제 2에서 뉴턴은 5개의 주행성들이 그것들로부터 태양까지의 거리의 제곱에 반비례하도록 변하는 구심력에 의해서 궤도에 머물게 된다고 추론한다. 다시 말하자면, 명제 1과 명제 2의 첫 번째 부분에서 뉴턴은 목성의 위성들과 위성을 갖는 행성들을 휘게 하는 힘이 각각 그것의 주행성의 중심을 향하고 있다는 사실을 추론한다. 이 명제들의 두 번째 부분에서 그는 각 시스템에서 이러한 구심력들이 그 중심까지의 거리의 제곱에 반비례한다는 것을 추론한다.

명제 3에서는 달이 거리의 제곱에 반비례하는 구심력에 의해서 그 궤도에 머물 수 있다는 것이 논증된다.[75]

> 명제 3, 정리 3(제3권): "달이 그것의 궤도를 유지할 수 있게 하는 힘은 지구를 향하고, 지구의 중심으로부터의 그것의 거리의 제곱에 반비례한다. 이 명제의 앞부분은 제1권의 현상 6, 명제 2 혹은 명제 3으로부터 명백하다. 그 뒷부분은 달의 원지점(遠地点)의 매우 느린 운동으로부터 명백하다. 달의 원지점의 운동은 회전 때마다 3도 3부씩 전진하는 것이므로 무시해도 상관없다."[76]

여기서의 각 추론은 현상적인 크기(magnitude)의 값(예컨대 중심까지의 선분에 의해 그려지는 면적이 늘거나 일정하거나, 줄어드는 비율)과 문제된 이론적인 크기의 값(예컨대 직선운동으로부터 벗어나는 비율) 사이의 등가성을 확립하는 정리에 의해서 뒷받침된다. 현상적 크기의 값은 마치 온도계를 읽는 것이 온도를 측정하는 것을 의미하는 것과 같이 그것에 상응하는 이론적 크기의 값을 측정하는 것이 된다. 이러한 등가성의 정리를 전제로 궤도운동을 하는 물체의 운동은 휘어지는 힘의 방향을 측정하는 것으로 간주되고, 그 힘이 구심력인 경우에는 운동은 거리의 영향에 따른 힘의 변화를 측정할 수 있게 된다.

이 세 가지 명제들로부터 다음과 같은 보편중력의 사례에 관한 명제가 도출된다.

> "모든 태양의 행성들과 행성들의 위성들은 역제곱의 힘에 의해 각각의 중심으로 끌어당겨진다."

이러한 추론의 사례를 산출하기 위해서 뉴턴은 관찰 가능한 양과 그 밖의 법칙을 기초로 역제곱의 힘의 '양'을 측정하였다. 뉴턴은 목성의 위성들의 경우(명제 1)에는 제1권의 명제 2[77] 혹은 명제 3[78]과 명제 4의 보조정리 6[79]을 이용해서 그의 사례를 계산하였다.

이것은 잘 알려진 결과로서, 만약 중심이 같은 원운동의 경우에 주기의 제곱과 반지름의 세제곱의 비가 일정하다면, 그 구심력은 역제곱이라는 것이다. 이러한 추론에는 명제 2와 명제 3의 전건인 면적의 법칙이 만족스럽다는 것이 함의되어 있다.

귀납에 의한 일반화

현상으로부터의 추론 과정에 이어지는 귀납에 의한 일반화 과정은 통합(unification)과 일반화(generalization)의 과정으로 이루어진다.

① 통합(unification): 『프린키피아』 제3권의 명제 4로부터 뉴턴은 지금까지 발견된 여러 가지의 힘들을 보편적인 중력현상으로 통합하고, 일반화한다. 그것은 별개의 현상으로 보이는 것들을 측정해 획득한 값이 일치하는지 확인함으로써 그것들이 공통의 원인으로부터 비롯된 결과임을 보이려는 것이다. 이 과정에는 두 가지 조건이 있는데, 그중 하나는 경험적인 부분이다. 이것은 곧 측정치의 일치를 가리킨다. 이러한 일치를 얻음으로써 새로운 현상들이 보편중력의 법칙 아래 포섭되며, 그러한 현상들을 확보해 감으로써 보편중력이론은 더욱 확고한 것이 된다.

명제 4는 뉴턴의 유명한 달 실험[80]으로부터 도출된 것이다. 이 실험을 통해서 뉴턴은 달 궤도의 구심적 가속도로부터 계산된 달에 대한 역제곱의 힘이 지구표면에서 호이겐스의 진자실험에서 계산된 지상의 중력과 일치한다는 것을 보여 준다. 뉴턴은 이러한 측정값의 일치로부터 달에 대한 구심력이 지상에서의 중력과 동일한 힘이라는 주장을 논증하기 위해 추리규칙 1[81]과 추리규칙 2[82]에 호소한다.

> 명제 4, "달은 지구를 향하여 끌리며, 중력이라는 힘에 의해 직선의 운동에서 벗어나, 그것의 궤도를 유지한다."

이 두 가지의 규칙은 결과에서 원인으로의 추론을 인도하는 지침이라고 할 수 있다. 규칙들이 가지는 중요한 역할은 우리가 추구하는 통합을 가능하게 하는 것이다. 이 규칙들은 달에 대한 역제곱의 구심력이 지상에서의 중력과 동일함을 주장하는 명제 4에서의 뉴턴의 추론을 뒷받침하기 위해 적용된다.

> "따라서 달을 그 궤도상에 유지시켜 주는 힘이 지구의 표면 가까이에서 작용할 때, 그것은 지상에서 무게를 가진 물체가 낙하할 때 관찰되는 중력과 동등하다. 그러므로 규칙 1과 규칙 2에 의해서 달을 그 궤도에 유지시키는 힘은 우리가 보통 중력이라고 부르는 힘과 같은 힘이다."[83]

우리는 여기서 두 가지의 현상을 가지고 있다. 그것은 달의 구심력적 가속도와 파리 위도에서의 진자운동이다. 각각이 지구의 표면에서 가속도를 산출하는 힘을 측정한다. 이 두 가속도는 일치하고, 둘 다 지구의 중심을 향하고 있다. 이렇게 측정치가 일치하는 것은 케플러의 조화의 법칙과 같이 상위 질서의 현상이다. 이제 그 두 가지 힘을 동일시함으로써 그러한 일치를 설명한다. 즉 각 현상은 같은 힘에 대한 측정이었다고 추론하는 것이다. 그럼으로써 이 현상들은 동일한 공통 원인의 결과가 된다.

여기서 뉴턴의 두 가지 규칙들이 어떻게 적용되는가를 더욱 구체적으로 살펴보자. 규칙 1은 만약 우리가 그 힘들을 동일시하지 않으면 우리는 두 가지 현상을 설명하는 두 가지의 원인을 인정하는 것이 된다는 것을 말한다. 더욱이 우리는 그러한 일치하는 상위 질서의 현상을 설명되지 않은 채로 남겨 두어야 하고, 아니면 그것을 설명하기 위해서 다른 새로운 원인을 도입해야 한다. 반면에 그러한 동일시는 우리가 인정해야 할 원인의 수를 줄여 준다. 그러한 동일시에 의해서 우리는 원인의 수를 줄이고 두 가속도가 일치하는 현상을 설명할 수 있게 된다. 규칙 2는 우리의 기본적인 현상이 지구의 표면에서 같은 구심력적 가속도를 산출하는 힘을 측정하는 한 같은 종류의 것이 된다. 동일시에서 우리는 각각의 현상에 대해서 같은 원인을 부여한다. 뉴턴은 달에 대한 힘과 지구상의 중력을 동일시함으로써 그가 구성하는 이론에 한 가지 강제사항을 부여하게 된다.

뉴턴의 이 두 가지 규칙에 의한 통합은 휴얼의 방법과 유사한 것이라고 생각된다. 여기서 휴얼의 방법이란 각각 독립적으로 측정된 값이 일치함을 보여 주는 귀납의 동조(consilience of induction)에 의해서 두 개의 값을 동일시하는 것을 말한다.[84]

② 일반화(generalization): 뉴턴은 명제 5에서 궤도운동의 힘과 중력을 동일시하는 것을 목성과 토성의 위성과 다른 행성들에게도 확장하기 위해서 규칙 2를 사용한다.

> 명제 5, 정리 5: "목성의 위성들이 목성에 끌어당겨지고, 토성의 위성들이 토성에 끌어당겨지고, 태양의 위성들이 태양에 끌어당겨지고, 따라서 그것들의 중력에 의해서 직선운동에서 벗어나서 궤도운동을 유지한다. 목성의 주위를 도는 위성이나 토성, 수성, 금성 그리고 태양의 주위를 도는 행성들은 지구를 중심으로 한 달의 회전과 같은 종류의 모습을 보인다. 그러므로 규칙 2에 의해서 그것들은 같은 종류의 원인에 의한 것이라고 할 수 있다."[85]

이 명제에 대한 주석에서 뉴턴은 다음과 같이 말한다.

"천체의 행성들이 그것들의 궤도를 유지하도록 하는 힘은 지금까지 구심력이라고 불렸다. 그러나 그것이 끌어당기는 힘(gravitating force) 이외의 다른 것이 아님은 이제 명백하다. 따라서 이제부터 우리는 그것을 중력이라고 부르겠다. 왜냐하면 달을 그것의 궤도에 머무르게 하는 구심력의 원인은 규칙 1, 2 그리고 4에 의해서 모든 행성으로 확장될 수 있기 때문이다."[86]

여기서의 통합은 이 모든 현상을 같은 종류의 힘(주행성으로 향하는 위성의 중력)의 사례로 보는 것이다. 이러한 통합에 의해서 우리는 각 현상을 이러한 종류의 힘의 일반적인 모습에 대한 측정으로 이해할 수 있게 된다. 여기서 규칙 2는 우리는 가능한 한 그러한 통합을 채용해야 한다는 것을 말한다. 하나의 이론 아래서 통합하는 것이 성공적인가의 여부는 그 이론이 설명되어야 할 현상에 경험적 등가성을 제공할 수 있는가에 달려 있다. 또한 그 이론에 대한 지지는 이전에 측정해 보지 않았던 현상에 대한 측정을 통해서 새로운 등가현상이 나타날수록 강화된다. 이것이 우리가 앞서 『광학』에서 인용한 다음과 같은 방법론적 언명의 의미일 것이다.

"또한 실험과 관찰로부터 귀납에 의해 일반적 결론을 논증하는 것(arguing to general conclusions by induction)은 그 일반적 결론에 대한 증명이 되지는 못하지만, 사물들의 본성이 허용하는 최선의 논증 방식이며, 그 귀납이 얼마나 일반적인 것인가에 따라서 보다 강해진다고 할 수 있다."[87]

이 구절의 마지막 문장은 그것이 설명하는 현상에서 지지 기반의 범위가 보다 일반적일수록 귀납이 더욱 일반적인 것이 된다는 것을 의미한다고 생각된다. 필자는 뉴턴이 일반화에 대한 논증을 보다 많은 현상이 그 일반화 아래 성공적으로 통합될수록 강해지는 것으로 보았다고 해석하고자 한다. 또한 그것은 귀납적 논증을 통해서 얻어지는 명제는 개연성의 정도를 가지며, 그러한 결론을 뒷받침하는 사례의 수가 많을수록 개연성의 정도가 높아진다는 것을 의미한다고 할 수 있다.

『프린키피아』 제3권의 명제 6은 뉴턴이 '귀납에 의한 일반적 결론의 논증'이라고 부르는 것과 관련해 가장 좋은 보기가 된다.

> 명제 6, 정리 6: "모든 물체는 어느 행성에 대해서도 끌어당겨진다. 또한 임의의 한 행성으로 향하는 물체들의 무게는 그 행성의 중심에서 같은 거리에서 그러한 물체들이 담고 있는 물질의 양에 비례한다."[88]

뉴턴은 이러한 귀납의 기반으로 여러 가지의 현상과 명제들을 제시하였다.[89] 그리고 이 귀납에 의한 논증을 강화하기 위해서 추론 2에서 추리규칙 3[90]을 사용한다.

> 명제 6의 추론 2: "보편적으로 지구 위에 혹은 지구 가까이 있는 모든 물체는 지구를 향해 끌어당겨진다. 그리고 지구의 중심에서 같은 거리에 있는 모든 물체의 무게는 그것이 포함하는 물질의 질량과 같다. 이것은 우리의 실험이 행해질 수 있는 범위 내의 모든 물체가 가진 성질이다. 따라서 규칙 3에 의해서 그것은 모든 물체에

대해 보편적으로 주장될 수 있는 성질이다."[91]

이 규칙이 적용되는 증강되거나 감소하지 않는 성질이라는 조건은 불변하는 측정치를 갖는 성질에 대해서만 적용된다는 제한이 있다. 그런데 추론 2에서 모든 물체에 대해 주장되는 성질은 지구를 향한 중력이다. 불변적인 측정치는 지구의 중심으로부터 같은 거리에 있는 모든 물체의 무게가 그것이 갖는 물질의 질량에 비례한다는 것이다. 규칙 3에 대한 뉴턴의 설명은 다음과 같은 모호한 구절로 마무리된다.

"현상으로부터의 논증은 물체의 불가침투성(impenetrability)보다 보편적 중력을 훨씬 강력하게 뒷받침한다. 불가침투성은 천체의 영역에서 실험할 수도 없고 관측방식도 없다. 나는 중력이 물질에서 본질적이라고 주장하는 것은 아니다. 물체의 고유력(vis insita)이라고 할 때 나는 물체의 관성 이외에 어떤 것도 의미하지 않는다. 이것은 변하지 않는 것이다. 물체의 중력은 지구로부터 멀어질수록 감소하는 것이다."[92]

여기서 뉴턴은 한편으로는 중력이 불가침투성보다는 규칙 3을 잘 만족시킨다는 것을 보이면서, 다른 한편으로는 중력이 거리에 따라서 변하는 것이기 때문에 규칙 3을 만족시키지 못한다는 사실을 근거로 그것이 본질적이라고 주장하는 것을 삼가고 있다. 어떤 물체에서 다른 물체에 미치는 중력적인 인력은 질량에 비례하고 거리에 반비례한다는 불변적 측정을 갖기 때문에 규칙 3이 요구하는 것을 만족시킴에도 불구하고, 그것이 본질적인 것이라고 주장하지 않는 것을 볼 때 우리는 뉴턴이 중

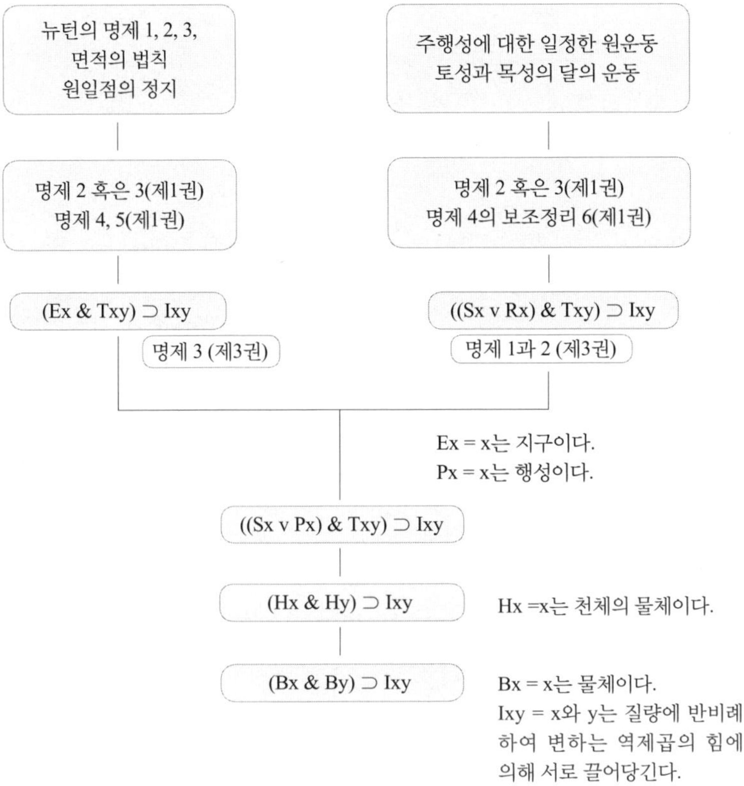

력을 물체에 속하는 본질적인 성질로 보지 않았음을 알 수 있다. 이제 이상과 같은 추리규칙에 기초한 뉴턴의 보편중력의 추론은 위와 같이 정식화될 수 있다.[93]

제5장

뉴턴의 힘 개념과 시공 개념

『프린키피아』의 궁극적 목표는 여러 지상 현상과 천체 현상을 분석하여 현상의 원인으로서 중력이라는 보편적인 힘의 존재를 이끌어 내려는 데 있었다. 그러므로 힘의 개념은 뉴턴이 보편중력의 법칙을 확립함으로써 지상의 역학과 천상의 역학을 종합하는 수학적 연역을 전개하기 위한 공리적인 기초를 이룬다.

또한 뉴턴에게 힘의 개념은 중력에 관한 그의 연구와 역사적으로나 방법론적으로 깊은 연관을 갖는다.

뉴턴에 의하면 자연에 대한 기본적인 과학은 역학이며 특히, 합리역학은 "어떠한 힘으로부터 유래하는 운동에 관한 과학이며, 어떤 운동을 산출하는 데 필요한 힘을 정확히 제시하고 증명하려는 과학"[94]이다. 『프린키피아』 서문에서 뉴턴은 자연현상을 설명하는 데 힘 개념의 중요성을 다음과 같이 강조한다.

"나는 여러 가지 이유에서 자연의 모든 현상이 지금까지 알려지지 않은 원인에 의해서 물체의 입자들이 서로 끌어당겨서 규칙적인 모양으로 결합하거나 아니면 서로 밀어내고 물러나게 하는 어떤 힘에 의존한다는 생각을 하게 되었다. 이러한 힘이 아직 알려지지 않았기 때문에 철학자들이 자연에 대한 연구에서 헛수고를 해야 했다. 철학이 짊어져야 할 어려움은 이런 것이다. 운동의 현상으로부터 자연의 힘을 조사하는 것이다. 그리고 그 힘으로부터 다른 현상을 증명하는 것이다."[95]

이 장에서 우리는 먼저 뉴턴이 『프린키피아』에서 제시하는 힘의 개념에 대해서 알아보기로 하자.

힘의 개념

뉴턴이 제시하는 힘의 개념은 세 가지로 분류될 수 있다. 바로 물질의 내적인 힘, 외부로부터 가해진 힘, 그리고 구심력(centripetal force)이다.

힘(vis)라는 용어는 『프린키피아』의 「정의 III」에 처음으로 등장한다. "물질의 내재적인 힘(vis insita) 혹은 물질의 고유한 힘(innate force)은 물체가 정지 상태에 있든지 혹은 직선상을 등속으로 운동하든지 간에 그 현재의 상태를 유지시키는 힘(power)이다."[96] 여기서 뉴턴이 말하는 내재적인 힘은 비활동적인 힘으로서 관성력(vis inertia)을 의미한다. 그것은 물체가 그 자신의 정지 또는 운동 상태를 유지하는 힘이다. 뉴턴에 의하면 관성력은 물질에 내재하는 불활성의 힘(force of inactivity)으로서, 외부의 힘이 가해져서 그것의 조건을 변화시키려 하는 경우에 물체가 발휘하는 힘이다. 그러므로 관성력은 뉴턴이 물질의 보편적 성질이라고 부르는 것에 속한다. 뉴턴은 관성력과 저항력 및 충격력 사이의 관계를 이렇게 설명한다.

> "관성력은 물체가 그것의 현재 상태를 유지하기 위해 가해진 힘에 저항하는 한 저항력이 되고, 물체가 다른 물체에 가해진 힘에 양보하지 않고 오히려 다른 물체의 상태를 변화시키려고 할 때는 충격력이 된다."[97]

그러므로 관성력은 물체가 정지해 있을 경우에는 저항력이고, 운동하는 경우에는 충격력이 된다. 그러나 이러한 구분은 외양적인 것인데, 왜냐하면 뉴턴에게 운동과 정지는 오직 상대적으로 구분되는 것이기 때문이다.

뉴턴의 「정의 III」을 데카르트의 자연의 제1법칙과 비교해 보면 놀라운 유사성이 발견된다. 그것들의 차이는 물질과 공간을 동일시하는 데카르트에게는 관성력이 공간적 연장에 비례하는 데 반해, 뉴턴에게는 관성력이 물체가 갖는 질량에 비례한다는 것이다. 뉴턴에서 질량 또는 물질의 양은 밀도와 부피의 곱이다. 질량이라는 개념이 그의 개념체계에서 기본적인 개념이 되면서, 모멘트 혹은 운동량의 정의, 운동량의 변화로서의 힘의 정의가 어렵지 않게 제시될 수 있었다.

뉴턴이 두 번째 종류의 힘으로 제시하는 것은 『프린키피아』의 「정의 IV」에 등장하는 '가해진 힘'(impressed force)이다. "가해진 힘은 정지해 있거나 직선상을 등속운동하거나 간에 현재의 상태를 변화시키기 위해서 하나의 물체에 가해진 작용이다."[98] 그것은 물체의 관성운동에 대해서 가속도의 운동을 일으키는 힘이다. 정지 상태 혹은 등속운동 상태의 변화로서의 가해진 힘은 다음의 세 가지 특징을 갖는다.

첫째, 그것은 단지 작용일 뿐이고 그 성격상 일시적인 것이다. 둘째, 작용이 끝나면 물체 안에 더 이상 남아 있지 않는다. 마지막으로 관성력이 물체의 보편적인 힘으로서 물체의 고유한 것이고 그 이상 환원할 수 없는 것인데 반해, 가해진 힘은 '충격, 압력, 혹은 구심력'과 같이 관성력과는 다른 기원을 가지고 있다. 구심력 혹은 중심적 힘은 궁극적으로 환원 불가능한 개념적 장치의 요소로서 하나의 물체에 작용하는 가해진 힘에 의해서 자신을 나타내고, 모멘트의 변화에 의해서 측정되는 요소이다.[99] 운동의 제1법칙은 관성의 원리로서 힘에 관한 질적인 정의라고 해석된다. 반면에 운동의 제2법칙은 운동량의 변화가 물체에 가해진 힘에 비례함을 말해 준다.

「정의 V」에서 뉴턴은 마지막 유형의 힘의 개념에 대해서 말하는데 그것이 구심력이다. "구심력은 물체를 끌어당기거나 밀어내거나 혹은 그 밖의 어떤 방식으로 움직여서 어느 중심이 되는 한 점을 향하도록 하는 힘을 말한다."[100] 뉴턴은 구심력을 다른 어떤 힘보다도 중요하게 여겼다. 왜냐하면 뉴턴은 구심력이 행성이 궤도에 대한 접선 방향으로의 등속운동에서 벗어나서 타원궤도상의 운동을 유지하도록 작용하는 힘으로서 전 우주의 운동을 해명하기 위한 열쇠가 된다고 생각하였기 때문이다. 중력은 바로 이러한 구심력의 한 종류이다. 이어서 「정의 VI」, 「정의 VII」, 「정의 VIII」에서는 구심력의 절대적 양, 가속적 양, 그리고 운동적인 양이 정의되고 있다. 이러한 양들을 뉴턴은 절대력, 가속력, 그리고 운동력이라고 부른다. 절대력, 가속력, 그리고 운동력은 일치한다. 가속력은 중심으로부터 퍼져 나와 그 주위를 점하는 물체들을 움직이도록 모든 주위에 깔린다. 절대력의 강도는 가속력과 운동력에 의해 확인된다.

그런데 앞의 힘의 두 개념들과는 달리 구심력으로서의 중력은 여러 가지 난점을 함의하고 있었다. 왜냐하면 관성력이 수동적인 원리인 데 비해서, 중력은 활동적인 원리이기 때문이다. 충돌의 경우에서처럼 한 물체가 다른 물체의 운동 상태를 변화시키는 것이 단순히 관성력의 결과라면, 이는 그 물체가 활동적 성질을 갖는다는 것을 의미할 수 없다. 그런데 중력의 경우에는 서로 떨어져 있는 상태에서 한 물체가 다른 물체를 끌어당기는 것이므로 관성운동의 결과로 볼 수는 없다. 그러므로 물질이 중력을 산출할 수 있는 성질을 가진다면, 이는 진정한 의미에서 불활적(不活的, inert)이라 할 수 없다. 이러한 결론은 물질이 불활적이라는 당시 기계론자들의 근본적인 전제와 어긋나는 것이 된다.

라이프니츠를 비롯한 대륙의 합리론자들에게 하나의 물체가 아무런 매개물 없이 수백만 마일 이상 떨어져 있는 다른 물체를 끌어당긴다는 뉴턴의 주장은 이해할 수 없는 것이었다. 왜냐하면 그들은 물질과 연장(延長)을 동일시하는 데카르트의 원리를 받아들여서 진공이 불가능하며, 물체들이 직접 접촉할 때에만 힘이 작용할 수 있다고 믿었기 때문이다. 따라서 그들은 소위 힘의 '원격작용'(action at a distance)을 문제 삼았다. 만일 그러한 작용이 물질의 어떤 성질에 의한 것이라고 뉴턴이 주장한다면, 그것은 스콜라주의적인 '신비한 성질'에 호소하는 일이 된다고 그들은 비판한다.

경험론자들도 문제를 제기하였다. 라이프니츠가 중력이라는 힘의 본성과 원인을 문제 삼았다면, 버클리는 아예 중력이라는 힘의 실재성을 문제 삼았기 때문이다. 버클리에게 중력이라는 힘이 접촉작용인가 아니면 원격작용인가 하는 것은 문제가 아니었다. 버클리는 접촉작용이 원격작용보다 더 합리적인 동시에, 잘 이해된다고 생각하는 것은 순전히 편견 때문이라고 생각하였다. 그에 의하면 두 개념은 똑같이 논리적이고 형이상학적인 난점에 봉착한다. 그것은 두 입장 모두 힘을 운동의 원인으로서 인과적 힘(causal power)을 가진 실재물로 파악하기 때문이다. 버클리에 의하면 그 두 개념은 모두 지각 가능하고 측정 가능한 경험적인 관계를 기술하기 위한 도구적 구성물에 지나지 않는다.

뉴턴의 힘 개념에 대한 두 가지 해석

중력의 원인은 물질의 내부에서, 즉 물질이 가진 성질에서 찾아야 하는가? 아니면 물질의 외부에서 발견되어야 하는가? 중력은 물체의 본질적 성질이거나 아니면 그것은 물질 외부에서 발견되는 어떤 역학적 원인에 의해서 설명되어야 한다. 그러나 실제로 뉴턴은 중력이 물질에 본질적이라는 것도 인정하기도 어려웠고, 그것의 역학적 원인도 찾을 수 없었다. 따라서 중력의 원인에 대한 문제는 뉴턴을 계속적으로 괴롭히는 문제가 되고 만다.

중력의 본성에 관한 특수한 이론을 입증하기에 충분한 실험적 혹은 관찰적 자료를 갖지 못한 상태에서, 뉴턴은 이러한 문제에 대한 판단을 유보하고, 중력이 떨어진 거리에서의 작용인가 혹은 에테르 입자와 보통의 물질들 사이의 연속적인 작용에 의해서 생기는 것인가 하는 문제와는 독립적으로 중력을 다루었다. 이런 문제에 봉착하여 뉴턴은 「정의 VIII」에 대한 논의의 마지막에 다음과 같이 말한다.

> "내가 말하는 운동력이란 조합된 물체의 여러 부분들이 가진 경향성으로부터 생겨서 중심으로 향하는 물체의 노력 혹은 경향을 가리킨다. … 그것은 중심을 향한 절대적인 힘으로서 어떤 원인에 의해서 부여된 것인데, 그러한 원인이 없고서는 운동력이 공간 속을 퍼져 나갈 수 없다. 그 원인이 [자력의 중심에 있는 자력 혹은 중력의 중심에 있는 지구와 같이] 어떤 중심적 물체인지 혹은 아직 알려지지 않은 어떤 것인지는 알 수 없다. 나는 여기서 그 힘들의 물리적 원인이나 위상에 대해서는 생각하지 않고 그것들에 대한 수학적 개념만을 제시하려고 구상한다."[101]

몇 줄 아래로 가면 뉴턴은 다시 이 점을 강조하여 "이 힘에 대해서 물리적으로가 아니라 수학적으로 고찰하려고 한다"[102]고 말한다.

뉴턴은 『프린키피아』에서 시종 다음과 같은 인력이라는 힘의 원인에 대한 불가지론적인 태도를 취한다.

> "내가 여기서 인력이라는 낱말을 사용하는데 그것은 어떤 것이든 물체가 다른 것에 접근하는 노력을 가리키는 표현이다. 그러한 노력이 물체들에서 방출되는 정기에 의해서 서로를 향하게 되는지 혹은 끌어당기게 되는 것과 같이 물체들 자체의 작용에서 생기는지, 혹은 그것이 에테르 혹은 공기 혹은 어떤 매체에서 생기는지,

그것이 정신적인 것이건 물질적인 것이건 물체들을 어떤 방식으로 잡아당기는가는 상관없다."[103]

바로 이러한 진술이 뉴턴이 힘의 개념에 관한 실증주의적이고 도구주의적 견해[104]를 가졌다는 해석의 근거가 된다. 수학적 원인의 분석으로부터 힘(원인)의 물리적 속성으로 나아가는 그의 실험적 방법에 주목함으로써, 도구주의적 입장에서 뉴턴의 역학을 해석한 비평가는 아마도 버클리가 처음이었을 것이다.

다른 한편에서 일단의 뉴턴 주석가들은 뉴턴에서 중력이라는 힘 개념을 실재론적 관점[105]에서 해석하고자 하였다. 그들은 뉴턴이 17세기의 프로테스탄트 신비주의의 작가인 야콥 베메(Jacob Bohme)에게 직접적인 영향을 받았다는 사실에 주목한다. 그들에 따르면 보편적 인력 개념에서 "뉴턴은 야콥 베메의 신비주의 영향을 직접적으로 받았다"[106]는 것이다. 뉴턴은 베메의 가까운 제자였으며 그의 저작에서 많은 초록을 베꼈다. 만일 이러한 가정이 입증되고 의심할 수 없는 것으로 옹호된다면, 뉴턴의 중력 개념은 베메의 해석을 통해서 고대의 신플라톤주의, 그노티시즘의 듀나미스(dynamis)라는 힘의 개념에까지 추적될 수 있을 것이다. 우리가 뉴턴의 중력 개념이 신플라톤주의의 영향이라는 견해를 받아들이면, 뉴턴이 코페르니쿠스나 갈릴레오와 같은 실재론자였음을 의심할 수 없을 것이다.

코페르니쿠스와 갈릴레오는 피타고라스의 지침과 신플라톤주의의 영향을 받은 사람들로서 태양중심설이 '현상을 구하기 위한' 단순한 가설이라고 생각하지 않았다. 실제로 그들은 우주에서 수학적 조화의 실재성을 굳게 믿었으며, 코페르니쿠스 체계의 물리학적 진리성을 믿었다.

과학이론에 대한 그들의 입장은 실재론 그것이었다. 그들은 자신들의 이론이 세계의 모습을 그대로 반영하며 세계의 모습에 조화함으로써 참이나 거짓으로 밝혀질 수 있다고 생각하였고, 또한 그들의 이론 속에 포함된 이론적 대상들이 자연 가운데 실재한다고 믿었다.

뉴턴이 힘의 개념에 대한 실재론적 입장을 가졌을 경우, 그는 세 가지 방식 중 어느 하나에서 중력의 원인을 추구할 수 있었을 것이다. 그 첫째는 물질의 불활성에 대한 신념을 기초로 하여 중력의 원인을 물질 외부에서 찾는 경우인데, 중력의 원인을 에테르 입자에서 찾는 것이 그에 속한다. 둘째는 중력의 원인을 물질 내부에서 찾는 경우인데, 이 경우에 중력은 물질에 내재한 힘으로 여겨져야 한다. 뉴턴은 이러한 생각이 물질의 불활성에 대한 기계론적 믿음에 상충한다는 것을 알면서도 이러한 가능성을 배제하지 않고 있었다. 마지막으로 중력의 원인에 대해서는 불가지론을 펴면서도 중력의 실재성을 믿으며 중력에 관한 이론이 세계의 모습에 비추어 적어도 근사적으로 참이라고 생각하는 입장이다. 뉴턴은 이 경우에 중력의 원인에 대한 가설을 세우지는 않으나, 중력현상의 존재를 실험적으로 확인할 수 있다고 주장한다. 이 입장이 『프린키피아』 등에서 공식적으로 표명된 견해라고 볼 수 있다.

뉴턴은 1686년 핼리에게 보낸 편지에서 중력에 대한 자신의 관심이 1665년경부터 생겼다고 말했으며, 그것으로 미루어 볼 때 1666년 전후에 중력이론에 관한 그의 중심적인 생각이 정리되었다고 볼 수도 있다.[107] 아마도 그 당시부터 뉴턴은 중력의 본성과 원인 등에 관련된 문제에 골몰하였다. 그러나 그는 중력이론을 20년 이상 지난 후에 발표하였는데, 이는 그 문제에 대한 그의 생각이 상당한 변화를 겪었으며, 만족스럽게 해결하지 못하였기 때문이라고 추측할 수 있다.

뉴턴은 중력이론을 착안한 이후 상당한 기간 동안 중력의 원인을 물질의 외부에서 찾으려 한 것으로 보인다. 메이슨(S. F. Mason)에 의하면 뉴턴은 1666년부터 1679년에 걸쳐, 하늘에서 지구로 또 반대로 흐르는 에테르의 순환을 착상하고 에테르는 내려올 때 무게가 있는 물체를 거느리고 온다는 생각에 바탕을 둔 중력이론을 전개하였다.[108] 1675년 올덴버그(H.Oldenburg)에게 보낸 편지에서 우리는 뉴턴이 중력에 관해 가능한 설명으로 에테르 매체에 대한 모호한 사변을 고려하고 있었음을 알 수 있다.

> "그러나 가설을 전개하기 위해서 거기에는 에테르 매체가 상정되어야 한다. 그것은 공기와 같은 구조를 갖는데, 그것보다 훨씬 희박하고, 엷으며, 보다 탄력이 있는 것이다. … 왜냐하면 전기적인 발산이나 자기적인 발산, 그리고 중력의 원리는 그러한 다양성을 논증하는 것으로 여겨지기 때문이다."[109]

이러한 구절은 케임브리지의 플라톤주의자인 커드워스(R.Cudworth)와 모어(H.More)를 연상케 한다. 상정된 에테르와 중력의 원인에 대한 사변은 1678년 2월 로버트 보일에게 보낸 편지에도 표현되어 있다.

> "나는 한 가지의 추측을 더 내세우려 합니다. 그것은 중력의 원인에 관한 것입니다. 이러한 목적을 위해서 나는 에테르가 그 희박함의 정도에서 무한히 서로 다른 부분들로 이루어진 것이라고 생각할 것입니다."[110]

뉴턴이 중력 현상을 연역하려는 시도는 두 가지의 가정에 기초해 있다. 연속적으로 다양한 희박성을 가진 탄력 있는 에테르 입자의 층이 지구를 감싸고 스며들고 있다는 것과 그것들이 팽창하는 비환원적인 경향을 가진다는 것이다. 이 중 첫 번째 것은 데카르트의 우주론에 기초한 가정으로서 그것은 1644년 이후에 대륙과 영국의 과학자 사회에서 지배적인 학설로 인정받는 것이었다.

1675년 말엽에 뉴턴은 「빛과 색깔에 관한 이론」이라는 논문을 완성하고, 그것을 올덴버그의 요청에 응해서 왕립학회로 보내는데, 이것이 나중에 『광학』의 핵심이 된다. 이 논문에서 뉴턴은 광학적 현상이 '에테르적인 정기(spirit)'의 격렬한 운동에 의해서 산출된 결과라고 설명한다. 에테르 입자는 물리적 과정뿐만 아니라, 근육의 수축과 이완이라는 생리적 현상까지도 설명하는 원리로 지칭된다. 중력 역시 에테르 입자의 메커니즘에 의해서 해석된다. 뉴턴이 중력에 관한 운동학적 이론을 위한 기초로서 에테르 매체의 가능한 존재를 거부하지 않았다는 것을 『프린키피아』 제1판의 「정의 Ⅰ」에서 언급한 내용에서도 볼 수 있다.

> "나는 여기서 매체에 관한 관심을 갖지 않겠다. 만일 그런 것이 있다면 그것은 물체의 부분들 사이의 틈새를 자유롭게 스며들 수 있는 것이다."[111]

뉴턴은 그의 생애 후반부에서 빛에 대한 입자설로 확실히 기울었고, 따라서 모든 것에 스며드는 에테르의 가정이 쓸모없는 것이라고 생각하게 되었는데, 이러한 태도 변화가 그의 중력의 개념에도 어떤 반향을 가져왔을 가능성이 없지 않다. 뉴턴이 중력의 본성 혹은 원인을 물질의 내부에서 찾으려 했다는 것은『광학』의「물음31」에서 발견할 수 있다.

“이러한 모든 것을 생각하게 될 때, 내게는 신이 태초부터 딱딱하고, 부피를 가지며, 단단하고, 불가침투적이며 움직이는 입자들을 가지고 그러한 크기와 모양, 그리고 그 밖의 속성을 가진 물질을 만들었으며 공간에 대한 비율에 따라 그것들을 만든 목적에 기여하도록 하였다고 생각된다. … 더욱이 나에게는 이러한 입자들이 관성력을 가져서 그러한 힘으로부터 자연적으로 나오는 수동적인 운동의 법칙을 수반할 뿐 아니라, 중력과 같은 능동적인 원리에 의해서 움직여지기도 한다는 생각이 든다.”[112]

이런 언명을 두고 우리는 적어도 뉴턴이 때때로 중력을 물질에 내재한 힘으로 생각하는 것에 크게 반대하지 않았다는 것을 인정해야 할 것이다. 나아가 뉴턴이 적어도 실재론의 구성요소라고 인정할 만한 신념을 가지고 있었다고 볼 수 있다. 뉴턴은 중력이 단지 도구에 불과한 개념이 아니라 실제로 존재하는 힘이며, 그것을 설정함으로써 모든 운동 현상이 쉽게 설명될 수 있다고 말한다.『프린키피아』제3판의「일반주석」에서 뉴턴은 자신이 중력의 존재를 믿으며 중력이라는 이론적 개념을 설정함으로써 모든 운동을 설명하는 것이 용이하다는 점을 분명히 말하고 있다.

“지금까지 우리는 중력의 힘에 의해서 하늘과 바다의 현상들을 설명하였다. 그러나 우리는 아직 이 힘의 원인이 무엇인가를 말하지는 못하였다. … 이 철학에서는 특정한 명제들이 현상으로부터 추론되며 그 다음에 귀납에 의해서 일반화된다. 이러한 방법에 따라서 물체의 불가침투성, 물체의 충격력 그리고 운동의 법칙, 중력의 법칙이 발견된 것이다. 그리고 우리에게는 중력이 존재하며, 그것이 우리가 설명한 법칙에 따라서 작용하며, 천체들과 바다의 모든 운동을 설명하는 데 크게 기여한다는 것으로 충분하다."[113]

시간과 공간, 운동의 개념

뉴턴은 『프린키피아』 제1권의 맨 앞부분에 있는 '정의'와 '운동의 법칙' 사이의 「일반주석」에서 운동, 공간, 장소, 시간에 관한 그의 견해를 설명하였다. 이러한 견해는 그의 힘 개념과 중력이론에 대한 운동학적 기초를 제공할 뿐 아니라, 그의 철학 체계와 신학을 통합하는 역할을 한다.

뉴턴은 『프린키피아』 제1권에서 시간, 공간, 운동을 절대적인 것과 상대적인 것, 실재적인 것과 현상적인 것, 수학적인 것과 상식적인 것으로 구분하고 자연철학의 대상으로 절대적 시간, 공간, 운동을 다룰 것을 주장하였다.[114]

그는 먼저 일상생활에서 이러한 양들은 감각적 물체에 대한 관계를 통해서 인식되지만, 상대적이고 현상적이며 통상적인 시간과 공간의 개념과, 절대적이고 참되고 수학적인 양 그 자체로서의 시간과 공간의 개념이 구분될 필요가 있음을 밝힌다. 이 개념들은 다음과 같이 규정된다.

"절대적이고, 참되고, 수학적인 시간은 스스로, 자신의 본성에 따라, 어떤 외적인 것과 관계없이, 한결같이 흐른다. 다른 이름으로 지속이라고 부른다. 상대적이고, 현상적이고, 통상적인 시간은 운동을 수단으로 한 감각적이고 외적인 지속의 척도이다.
절대적이고, 참되고, 수학적인 공간은 그 본성에서 어떤 외적인 것과 관계없이, 유사하고, 움직이지 않도록 유지된다. 상대적인 공간은 절대적인 공간의 어떤 움직일 수 있는 차원 혹은 척도이다.
장소는 물체가 점유하는 공간이며, 그것은 공간이 절대적인가 상대적인가에 따라서 절대적인 장소이거나 상대적인 장소가 될 수 있다.
절대운동은 하나의 절대 장소로부터 다른 장소로 물체가 이동하는 것이다. 상대운동은 하나의 상대적인 장소에서 다른 장소로 이동하는 것이다."[115]

뉴턴에게 '시간'은 절대적인 의미에서 사물들의 지속과 유지를 의미하고, 절대공간이란 감각에 의해서 지각될 수 없는 것으로서 그것과 분리된 다른 어떤 외부적인 것과도 관계하지 않으며 그것 자체로서 존재하고 움직이지 않는 것을 의미한다. '장소'는 어떤 물체가 점유하는 공간의 일부를 말하고, 절대운동이란 한 절대적 장소로부터 다른 절대적 장소로 하나의 물체가 옮겨 가는 것을 의미한다. 반면에 상대적 시간, 공간이란 측정될 수 있고 감각적인 물체를 기준으로 규정된 것이며, 상대적 운동이란 그러한 상대적 시간과 공간으로부터 다른 것으로 움직이는 것이다.[116]

또한 이러한 규정들로부터 다음과 같은 뉴턴의 생각이 분명히 드러난다. 첫째, 공간은 물체로부터 구분되며, 물체의 존재로부터 독립적으로 존재한다. 둘째, 주어진 물체가 운동하는가, 운동의 참된 양은 무엇인가 하는 것은 사실의 문제이다. 셋째, 물체의 참다운 운동은 다른 물체에 상대적인 운동이 아니며, 그것을 통해서 정의될 수 없다.

이러한 개념들에 대한 정의를 토대로 뉴턴은 운동의 세 가지 법칙을 제안한다.

> "법칙 I. 모든 물체는 가해진 힘에 의해서 그 상태를 변화시키지 않는 한, 그 정지 상태 혹은 직선상의 균일한 운동 상태를 계속 유지한다.
>
> 법칙 II. 운동의 변화는 가해진 힘에 비례하며, 그 힘이 가해지는 직선 방향으로 움직인다.
>
> 법칙 III. 모든 작용은 같은 크기의 반작용을 갖는다. 두 물체에서 서로 미치는 상호작용은 방향에서 항상 반대이고, 크기는 같다."[117]

뉴턴은 이 세 가지 운동법칙을 일종의 공리(axiom)로 여긴다. 공리는 자연철학의 수학적 원리이고, 그 수학적 원리는 물체가 어떻게 절대공간과 절대시간 속에서 운동하는가를 기술한다. 뉴턴은 그의 역학이 경험적 의미를 갖게 하기 위해서 역학의 공리들을 경험적 사건들과 연관시켰다. 뉴턴의 공간과 운동의 개념을 이해하기 위해서는 데카르트의 견해와의 비교가 매우 긴요하다. 데카르트에게 공간은 물체와 동일하다. 물체의 본질이 연장이기 때문이다. 따라서 빈 공간은 존재할 수 없다.[118]

뉴턴은 공간을 물체와 구별한다. 또한 시간은 세계 가운데서 실제로 벌어지고 있는 어떤 사건과도 무관하게 지속된다. 이것이 그가 절대공간과 절대시간을 말하는 이유이다. 뉴턴은 그 실재들이 우리가 다양한 방식으로 그것을 측정하는 것들(상대공간과 상대시간)과 구분될 수 있다고 생각하였다. 이러한 생각은 데카르트의 생각과 근본적으로 다르다. 데카르트는 시간과 공간이 실재하는 것임을 부정하였다. 그가 보기에 세계는 필연적으로 물질적으로 충만한 우주(plenum)이다. 따라서 빈 공간은 개념적으로 불가능하다. 그러므로 공간은 플레넘을 구성하는 물체들의 각기 다른 배열들을 비교하기 위해서 사용하는 추상물에 불과하다. 시간에 대해서도 마찬가지다. 시간의 흐름은 어떤 발생과 변화 없이는 생각될 수 없다. 따라서 시간은 세계 가운데서의 변화에 대한 측정에 불과하다.

시간과 공간의 존재론적 지위에 관한 문제는 운동의 진정한 본질과 관련되어 있다. 뉴턴은 물체의 진정한 운동은 절대공간 속에서의 운동을 말한다고 규정하였다. 공간의 실재성을 부정하는 사람들도 어떤 물체의 진정한 운동 상태를 부정할 수는 없었다. 데카르트 역시 운동에 관해서 한 물체가 한 장소에서 다른 장소로 이동하도록 하는 작용으로서 '일상의'(vulgar) 운동 개념과 '고유한'(proper) 운동 개념을 구분한다. 그에 따르면 "고유한 운동은 물질 혹은 물체가 그것과 접촉하고 있고, 정지해 있는 어떤 물체들의 주변에서 다른 것들의 주변으로 옮겨지는 것"이라고 규정한다.

뉴턴은 이러한 운동 개념은 데카르트 자신이 『철학원리』에서 설정한 두 가지 자연의 법칙에서 표현된 운동의 개념과 부합하지 않는다고 비판한다.[119] 데카르트에 의하면, "자연의 제1법칙은 각각의 것은 자신에게 달려 있는 한 항상 동일한 상태를 유지하고자 한다. 따라서 일단 움직여진 것은 항상 운동을 유지하고자 한다. … 제2법칙은 모든 운동은 그 자체로서는 직선운동이다. 그 때문에 원운동을 하는 것은 항상 자신이 그리는 원의 중심으로부터 멀어지고자 한다."[120]

최근 뉴턴의 주석가들은 시간, 공간, 운동 등의 문제를 형이상학적인 문제로 취급하였던 데카르트와 달리, 뉴턴은 이 문제들을 경험적인 문제로 취급하였다고 주장한다.[121]

운동의 제1법칙과 절대공간

공간은 운동의 무대이다. 따라서 공간에 대한 설명은 운동에 관한 과학이론에서 중심적인 역할을 한다. 같은 이유로 뉴턴에게 그의 운동의 제1법칙과 그의 절대공간의 개념은 밀접히 연관되어 있다. 뉴턴에게 운동이란 이 절대공간 안에서의 위치 변화를 의미하기 때문이다. 따라서 뉴턴 물리학에서 절대공간의 역할 없이는 어떤 개념이나 이론도 의미를 갖기 어렵다.

뉴턴의 물리학은 그가 '운동의 법칙'이라고 명명한, 앞서 소개한 일련의 공리들로 집약된다. 우리가 뉴턴 물리학에 관해서 알아야 할 모든 것이 그의 운동의 제1법칙에 함의되어 있다고 해도 과언이 아니다.

> "법칙 I은 한 물체에 어떤 힘도 가해지지 않는다면 그것은 정지 상태를 유지하거나 직선상의 일양적인 운동을 계속 유지한다는 것을 말해 준다."

여기서 "한 물체가 정지 상태에 있다"는 말은 "공간상의 각각의 점들이 시간 속에서 유지된다면, 일정한 시간 동안 절대공간상에서 같은 점을 점유하는 물체는 절대적으로 정지해 있다"[122]는 것을 의미한다. 또한 "직선상의 일양적인 운동을 한다"는 것은, "만일 절대공간상의 점들이 시간 속에서 유지된다면, 움직이는 물체는 절대공간에서 하나의 탄도궤적을 갖는다"[123]는 것을 의미한다. 여기서 어떤 운동이 일양적이기 위해서는 그것이 같은 시간 안에 같은 거리를 가야 한다. 따라서 뉴턴 운동의 제1법칙은 한 물체가 얼마나 멀리 움직였는가에 관한 사실과 그 운동을 완성하기 위해서 얼마만큼의 시간이 걸렸는가에 관한 사실이 전제되어야 한다. 첫째 사실은 한 물체의 공간적 궤적이 측정될 수 있어야 할 것을 요구한다. 두 번째 사실은 시간상의 측정 구조를 요구한다. 따라서 뉴턴의 운동의 제1법칙은 절대공간과 절대시간을 전제한다.

뉴턴은 공간이 기하학적 구조를 갖는다고 믿었고, 절대공간이 3차원의 유클리드 공간의 기하학적 구조를 갖는다고 가정하였다. 이 구조는 물리적 우주와 달리 모든 방향에서 무한하고, 어떤 기하학적 중심도 갖지 않는다. 그 안에서의 어떤 도형도 유클리드 기하학의 공리를 준수한다. 또한 그는 이 무한한 3차원 공간이 모든 시간적 순간에 존재한다고 믿었고, 공간상의 점들이 시간의 흐름 속에서도 유지된다고 믿었다.

뉴턴은 시간이 1차원적이라고 믿었다. 다시 말해 역사 전체를 구성하는 단일한, 질서 잡힌 순간의 연속이 존재한다고 믿은 것이다. 그는 어떤 두 순간 사이에도 절대시간의 일정한 양이 흘러간다고 전제한다. 어떤 시간의 양이 순간 1과 순간 2 사이를 흘러갔고, 또 어떤 양의 시간이 순간 2와 순간 3 사이를 흘러갔다면, 그 간격들이 같은가 다른가를 측정할 수 있다. 따라서 이러한 공간과 시간의 구조를 전제할 때, 일양적 운동은 같은 시간에 같은 공간을 점유하는 운동이라고 할 수 있다. 그 일양적 운동은 직선운동일 수도 있고 회전운동일 수도 있다. 뉴턴은 제1법칙이 의미를 가지기 위해서는 이러한 공간적, 시간적 구조가 명료히 규정되어야 한다고 생각하였다.

이제 이렇게 규정된 단일한 법칙은 다음의 세 가지 의미에서 아리스토텔레스적 패러다임을 대체해 버렸다. 첫째, 뉴턴의 법칙은 모든 사물을 지배한다. 둘째, 뉴턴은 한 물체에 어떤 고유한 자연운동을 부여하지 않는다. 셋째, 운동의 무대는 뉴턴이 절대공간이라고 부르는 실재물이다.

그러면 이 절대공간과 절대시간의 존재에 대해서 뉴턴은 어떤 경험적 증거를 제시하였는가? 우리는 어떤 관찰에 의해서도 한 물체가 절대공간의 동일한 영역에 머물거나, 한 부분에서 다른 부분으로 운동하고 있음을 확인할 수 없다. 우리가 절대공간과 절대시간의 존재를 확인할 수 없다면, 그것을 전제로 한 뉴턴의 제1법칙은 어떻게 경험적으로 검증할 수 있는가? 더욱 심각한 것은 만일 우리가 절대공간을 지각할 수 없다면, 그런 절대운동을 전제로 하는 이론이 어떻게 관찰 가능한 사실을 예측할 수 있는가 하는 것이다.

뉴턴이 인정하듯이 우리가 관찰할 수 있는 것은 서로 다른 물체들에 대해서 상대적인 물체의 위치이다. 마찬가지로 우리는 절대시간의 흐름도 역시 직접 관찰할 수 없고, 단지 물체의 상대적 위치에서의 변화만을 관찰할 수 있을 뿐이다. 뉴턴은 「일반주석」의 나머지 부분에서 이렇게 말한다.

"그러나 공간의 부분들이 보일 수 없기 때문에, 혹은 우리 감관에 의해서 서로 구분될 수 없기 때문에, 그 대신에 우리는 그것에 대한 우리의 감각 가능한 척도를 사용한다."[124]

실제로 우리는 움직이지 않는다고 간주하는 어떤 물체로부터의 사물의 위치와 거리를 통해서 모든 장소를 규정하기 때문에, 또한 그 장소와 관련해서 모든 운동을 측정한다. 그것은 사물들이 어떤 장소에서 다른 장소로 이동하는 것으로 생각하는 것이다. 결국 뉴턴은 등속운동의 경우에는 상대적인 운동과 절대적인 운동을 구분하기 위한 현상적인 기준이 있을 수 없다는 것을 인정하였다.

운동의 제2법칙과 양동이 실험

뉴턴은 절대시간과 절대공간에 대한 그의 믿음을 정당화하기 위해서 상식이나 직관에 호소하지 않았다. 오히려 그는 실험에 호소하였다. 뉴턴은 절대운동의 존재를 개념적 분석이 아니라, 실험실에서 실험으로 증명하였다.

운동의 제1법칙은 우리 주변의 세계를 설명하기에 충분치 않은 구석이 있었다. 그것은 우리가 물체들이 직선상에서 일양적인 운동을 하는 것을 실제로 볼 수 없기 때문이다. 따라서 제1법칙은 한 물체의 운동에 미치는 외부적인 힘의 효과에 대한 설명에 의해서 보완될 필요가 있었다. 그것이 바로 제2법칙의 역할이다.

제2법칙[운동의 변화는 가해진 힘에 비례하며, 그 힘이 가해지는 직선

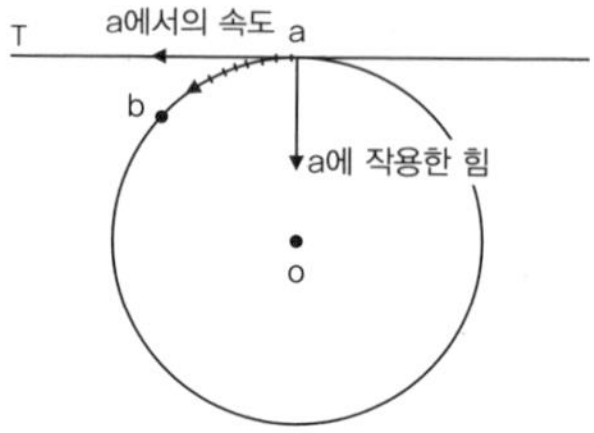

〈그림1〉

방향으로 움직인다]은 개념적으로 제1법칙에 의존한다. 제1법칙에서 '운동 상태'에 대한 정의가 없다면 제2법칙에서 말하는 '운동의 변화'가 의미를 갖기 어렵기 때문이다. 아리스토텔레스와 갈릴레오에 따르면 어떤 일양적인 회전운동은 항시적인 운동이다. 그것들은 어떤 운동의 변화를 나타내지 않는다. 따라서 그것은 어떤 설명도 요구하지 않는다. 그러나 뉴턴에 따르면 일양적인 회전운동을 하는 물체는 운동의 상태를 끊임없이 바꾸는 것이다. 따라서 그것은 어떤 외적인 힘이 작용하는 것이다.

뉴턴의 제2법칙이 어떻게 회전운동에 적용되는지를 생각해 보자. 그림 1[125]은 절대공간에서 하나의 입자가 점 O 주위를 반시계 방향으로 일정하게 회전운동을 하는 궤적을 나타낸다.

정오에 그 입자가 a 지점에 있다고 해 보자. 입자의 속도는 탄젠트 T를 따라서 왼쪽으로 향한다. 운동의 제1법칙에 따르면 만일 정오 이후에 입자에 대해서 아무런 힘이 가해지지 않는다면 그것은 T를 향해 일정한 비율로 운동을 지속한다. 따라서 입자가 회전 궤도를 따라서 b까지 이동하기 위해서는 그 입자를 O를 향해서 아래로 굴절시키는 어떤 힘이 작용해야 한다.

제2법칙에 따르면 입자가 일양적인 회전운동을 하도록 유지하기 위해서는 일정하게 가해진 힘이 있어야 하고, 그 힘은 원의 중심을 정확히 향해야 한다. 이것을 구심력(중심을 향하는 힘)이라고 부른다.

아리스토텔레스가 에테르로 만들어진 달이 자연적으로 우주의 중심인 지구를 궤도운동 한다고 주장한 데 비해서, 뉴턴의 제1법칙과 제2법칙은 달의 행동이 지구로 향하는 힘의 존재를 요구한다. 그 힘은 달이 직선운동을 하지 않도록 막아 주는데, 그 힘이 바로 중력이다. 힘과 절대운동의 변화 사이의 연결이 절대운동을 지지하는 뉴턴에게 가장 강력한 논증의 열쇠를 제공한다. 그것은 나아가 절대운동과 시간에 대한 지지를 담고 있다.

뉴턴은 가속운동의 경우에는 물체에 가해진 힘이 절대운동의 존재를 확인시켜 줄 수 있다고 믿었다. 그는 "참다운 운동과 상대적인 운동이 서로 구별될 수 있게 해 주는 원인은 운동을 산출하기 위해 물체에 가해진 힘이다"[126]라고 말한다. 물체의 절대운동은 직접적으로 관찰 불가능하다고 하여도, 그 물체에 미치는 힘은 관찰 가능하기 때문이다. 그리고 이러한 절대운동의 존재는 그가 제시하는 유명한 '양동이 실험'을 통해서 경험적으로 입증될 수 있다고 주장하였다.[127] 이 실험은 너무나 단순하고 친숙해서 실제로 해 볼 필요조차 없는 것이다. 이 실험의 내용은 다음과 같다. 양동이에 물을 채우고, 천장에서 내려진 밧줄에 매단다. 그 밧줄을 세게 감는다. 양동이를 매달고 있는 밧줄이 잔뜩 꼬였을 때, 그것을 놓는다. 그러면 밧줄이 풀리기 시작하면서, 양동이는 회전하기 시작한다. 그때 그 양동이 속 수면의 변화를 관찰한다. 이 실험에 대해서 뉴턴은 다음과 같이 말한다.

> "수면은 처음에는 용기가 움직이기 시작하기 전과 같이 평면을 이룰 것이다. 그러나 그 후 용기가 점차 그 운동을 물체에 전달함에 따라서 그것이 인지 가능할 정도로 회전하기 시작한다. 그리고 점차 용기의 중심에서 멀어져서 용기의 가장자리로 올라가서 [내가 경험한 바에 따르면] U(오목) 모양을 형성한다. 운동이 빨라지면 빨

라질수록 물은 더 높이 올라가서, 물의 회전이 용기의 회전과 같아지게 되면, 그 안에서 상대적으로 정지하기에 이른다. 이 물의 상승은 그 운동의 축으로부터 멀어지려는 그것의 노력을 보여 준다. 또한 여기서 상대운동과는 완전히 반대 방향의 참되고 절대적인 물의 원운동이 알려지고, 그것은 그 노력에 의해서 측정된다. 처음에 용기 안의 물의 상대운동이 최대일 때, 그것은 축으로부터 멀어지려는 노력을 산출하지 않는다. 그 물은 주변을 향하는 경향을 보이지 않았고, 또 용기의 가장자리를 향한 상승을 보이지 않고, 평면을 유지하였다. 그리고 따라서 그것의 참된 원운동을 아직 시작하지 않았다. 그러나 후에 물의 상대운동이 감소하자 용기의 가장자리를 향한 물의 상승은 축으로부터 멀어지려는 그것의 노력을 증명한다. 또한 이 노력은 물의 참된 원운동이 계속해서 증가하여 그것의 최대량을 획득하기에 이르러, 그때 물은 용기 내에서 상대적으로 정지한 것을 나타낸다.

따라서 이 노력은 주위의 물체들에 대한 물의 이동과는 아무런 관련이 없고, 또한 이러한 이동에 의해서 참된 원운동이 정의될 수도 없다. 어떤 회전체라도 실재적인 원운동은 오직 하나만 존재한다. 그것은 그것의 고유하고 적절한 효과로서, 그 운동의 축으로부터 멀어지려고 노력하는 유일한 힘에 해당하는 것이다. 그러나 동일한 물체에서의 상대운동은, 그것이 외부의 물체들에 대해서 갖는 여러 가지 관계에 따라서 무수히 많지만, 다른 관계와 마찬가지로 그것들이 유일하게 참된 운동에 참여하는 것 이외에는 현실적인 효과를 전혀 갖지 못하는 것이다."[128]

사건	양동이와 물의 상대운동	수면의 모양	물의 절대운동
최초의 정지 상태	없음	평면	없음
양동이의 회전 시작	있음	평면	없음
최대회전 상태	없음	오목	있음
양동이 멈춤	있음	오목	있음
물 멈춤	없음	평면	없음

회전하는 양동이 안에서의 물의 움직임 같은 친숙한 사건이 뉴턴에게는 아리스토텔레스와 데카르트가 옹호하는 운동에 관한 상대론적 설명[129]을 공격하는 근거를 제공한다.

양동이를 움직이도록 하기 전에 즉 실험의 시작 단계에서 물은 양동이에 상대적으로 정지해 있었다. 그리고 수면은 평면이었다. 후에 물과 양동이가 함께 회전하게 되자, 물은 다시 한 번 양동이에 대해서 정지한다. 그러므로 아리스토텔레스와 데카르트에게 이 상태는 실제 물이 정지한 것이다. 그러나 오목해진 수면은 그 두 상황들이 물리적으로 서로 다르다는 것을 나타낸다.

뉴턴에 의하면 이 실험에서 수면의 모양의 변화는 양동이와 물의 상대운동과 관련지을 수 없다는 것이다. 따라서 그 수면의 모양의 변화는 그것에 가해진 어떤 힘이 있음을 보여 준다. 결국 이 힘은 물의 절대운동에서 오는 것이다. 이로써 물의 상대운동과 절대운동은 구분될 수 있다. 또한 수면의 모양에 변화를 일으키는 가속도는 절대공간에 관계된 가속도이다.

뉴턴의 양동이 실험은 그것의 간결성에도 불구하고 물리학 역사상 가장 강력한 실험으로 남아 있다. 양동이 안에서 일어난 물의 행동은 설명을 요구하는 관찰 가능한 사실이다. 물은 양동이 가장자리로 상승하는데, 이것은 그 시스템이 회전하기 때문이다. 그렇다면 우리는 그것이 무엇에 대한 회전인가를 물어야 한다. 그 회전은 직접적인 환경에 대한 운동이 아니다. 뉴턴은 그 운동이 바로 절대공간에 대한 운동이어야 한다고 결론을 내린다. 회전하는 물체는 공간 그 자체 내에서 각기 다른 장소를 지속적으로 점유한다. 이런 방식으로 절대운동은 힘과 연결되고, 그것은 다시 관찰 가능한 결과와 연결된다.

이 장에서 설명한 뉴턴의 양동이 실험과 그에 대한 뉴턴의 해석은 제9장에서 논의될 버클리의 비판의 주요 대상이 된다.

Part 2

뉴턴과 근대철학:
데카르트, 로크, 버클리

제6장

뉴턴과 데카르트

뉴턴의 실험적 방법은 18세기 과학의 발전을 위한 최대의 공헌이었고, 뉴턴의 철학과 데카르트의 철학을 구분하는 징표였다. 당시 뉴턴의 과학은 실험적이고 방법에서 선험적이지 않으며, 그 법칙은 검증 가능하고 발견 가능한 경험적 실재를 대상으로 한 것이라고 생각된 반면에, 데카르트주의는 선험적이고 발견 불가능한 초경험적 실재를 대상으로 하며 실험의 중요성이 무시되고 그 법칙은 부정확하다고 생각되었다.[130]

18세기에는 뉴턴의 과학과 데카르트의 과학을 서로 비교하고 대결시키는 일이 흔히 행해지고 있었다. 그러나 오늘날에는 그러한 일이 거의 행해지지 않는다. 그 이유는 데카르트의 과학은 거의 과거에 속하는 것이 되어 버린 데 반해, 뉴턴의 과학은 비록 많은 부분이 상대성이론과 양자역학에 의해서 극복되었지만, 여전히 살아 있기 때문이다.

그러나 적어도 18세기 전반까지만 해도 사정은 많이 달랐다. 당시 데카르트의 과학은 유럽대륙의 과학적 사고를 지배하면서 강력한 세력을 가지고 있었다. 반면에 뉴턴의 영향은 영국에 국한되는 것이었다. 볼테르는 그 당시 두 철학의 대결 양상을 다음과 같이 요약하고 있다.

> "영국에 도착한 프랑스 사람은 철학에서 커다란 변화가 일고 있음을 발견하게 된다. 그는 무엇인가로 가득 찬 세계를 떠나 왔는데, 그가 도착한 세계는 진공을 포함하는 것이다. 그는 파리에서 미세한 물질의 소용돌이로 이루어진 우주를 보았다. 런던에서는 이것을 볼 수 없다. 파리에서는 바다의 흐름을 일으키는 것이 달의 압력인데 비해, 영국에서 그러한 현상은 달과 바다 사이의 중력의 작용으로 인해 일어난다. 데카르트주의자들에게는 모든 것이 아무도 이해할 수 없는 충격에 의해서 일어나는 데 비해, 뉴턴에게는 그것이 그 원인을 알 수 없는 인력에 의해서 일어난다."[131]

이제 뉴턴의 자연철학과 데카르트의 과학 사이의 이러한 대결양상을 구체적으로 살펴보고, 그것이 제기할 수밖에 없는 철학적인 문제들을 재구성하여 보기로 하자. 이러한 논의는 흄에게 인과와 귀납적 추론의 문제가 제기된 배경을 밝혀 보기 위한 것이다.

데카르트의 기계론

17세기에는 수학적 사고의 조류와 더불어 입자론적 사고가 재등장한다. 입자론이란 세계가 근본적으로 아주 작은 더 이상 나눌 수 없는 입자와 그 입자들의 운동과 배열로 구성된다는 관념을 말한다. 그것은 루크

레티우스, 에피쿠로스, 데모크리토스적 전통에서 온 것이다. 보일은 수학적 구조가 아닌 입자적 짜임새가 사물의 내적 구조를 구성한다고 생각하였다. 갈릴레오가 자연이라는 책이 수학적 글자로 쓰였다고 보는 데 반해, 보일은 그것이 입자적 글자로 쓰였다고 본 것이다. 자연의 수학화와 입자론이라는 두 가지 관념을 토대로 근대인들이 확립한 자연관이 바로 기계론(mechanism, 기계철학mechanical philosophy)이다. 기계론은 자연의 모든 현상을 물질의 운동으로 설명할 수 있다고 주장하는 이론이다.

데카르트는 『철학원리』[132]를 중심으로 전개한 기계론을 통해서 이미 상당한 상처를 받아 허우적대는 아리스토텔레스 패러다임에 마지막 일격을 가하고자 하였다. 데카르트가 제시한 기계론에 따르면, 세계는 살아 있는 존재가 아니라, 거대한 기계이다. 그 가운데의 모든 물리적인 과정은 시계의 움직임과 유사하다. 기계론에서 자연과 인간은 모두 기계이다. 식물과 동물에 대해서도 우리는 그것들이 살아 있다고 말하지만, 실제로는 복잡한 기계일 뿐이다.[133] 데카르트에 의하면 성질의 세계와 생명의 세계인 것처럼 보이는 우리의 주변 세계는 모두 현상(appearance)일 뿐이다. 그 현상 배후에 있는 실재는 운동하는 물질적 입자들뿐이다. 입자들은 우리의 감관을 때려서 감각을 산출한다. 그러나 그 감각작용과 유사한 어떤 것도 우리 외부에 존재하지 않는다. 그러므로 실재는 양적인 것, 크기와 모양, 그리고 운동에 의해서 특성화된 입자일 뿐이다.

데카르트는 물질과 연장을 같은 것으로 보았고, 공간은 어떤 종류의 물질로 가득 차 있으며, 우주는 충만한 공간이라고 생각하였다. 그는 빛이 충만한 공간을 통해서 전달되는 압력이라고 보았다. 이 충만한 우주에는 입자들이 너무나 빽빽하게 차 있기 때문에 그중 어느 하나도 나머지 전체를 움직이지 않고는 움직일 수가 없다. 이런 물질들은 천체의 소용돌이를 형성한다. 그러므로 데카르트는 천체가 회전하는 물질입자들의 소용돌이로 이루어진다고 보았다. 이 소용돌이의 중심에 태양이 있으며, 행성들은 물에 떠 있는 잔가지들처럼 소용돌이를 따라서 태양 주위를 회전한다. 중력 자체는 중심을 향해 밑으로 물건을 빨아들이는 효과를 가진 불가시적인 물질로 된 이러한 소용돌이의 결과였다. 소용돌이를 지배하는 수학적 원리는 너무나 복잡하여, 우주 구조를 묘사하는 데 고도의 정밀성을 기할 수 없다.[134] 이러한 소용돌이이론(Theory of Vortices)은 역사적으로 상당히 중요한 의의를 가진다. 이것은 중력에 관한 최초의 기계적 설명, 즉 중력의 원인을 우주에 퍼져 있는 섬세한 물질의 운동과 압력에서 찾는 것이었다.

데카르트의 기계론에서 운동은 "물질의 한 부분의 이동 혹은 한 물체의 이동"[135]이라고 규정된다. 연장이 물체의 본질이고, 빈 공간이 있을 수 없다는 것을 생각하면, 장소가 있는 곳에는 어디든지 물체들이 있어야 한다. 그러므로 장소로부터 장소로의 이동은 필연적으로 운동하는 물체와 다른 물체들 사이의 관계의 변화를 포함한다. 따라서 데카르트는 운동을 "자신과 닿아 있으면서 정지해 있는 것으로 간주되는 물체들과 이웃함으로부터 다른 물체들과 이웃함으로의 이동"[136]이라고 정의한다.

그러면 그러한 운동의 원인은 무엇인가? "데카르트는 운동의 원인을 일반원인과 특수원인으로 나눈다. 운동의 일반원인은 물체의 모든 운동의 1차 원인으로서 신이고, 특수원인은 특수한 물체의 다양한 운동의 2차 원인으로서 세 가지 운동법칙이다."[137] 이러한 설명에서 데카르트는 아직 작용인으로서 힘의 개념을 상정하지 못하고 있다. 그것은 데카르트가 물체가 오직 수동적인 힘만을 가진다고 상정하기 때문이다. 이런 이유로 데카르트의 기계론은 운동학적 기계론(kinematic mechanism)이라고

불린다.[138]

데카르트의 기계론을 구성하는 여러 이론들은 어떤 방법으로 탐구된 것인가? 데카르트가 그의 처녀작인『방법서설』과 미간행된『규칙』에서 제시한 방법은 바로 '분석의 방법'[139]이다. 데카르트에 의하면 분석은 발견의 방법이다. 그것은 어떤 도메인 안에서 가장 기본적인 원리(공리, 영원한 진리, 공통개념)에 대한 추구이다. 따라서 기하학적 분석에서는 기하학의 가장 일반적인 원리를 발견하고, 형이상학적 분석은 신의 존재와 같은 형이상학의 가장 일반적인 원리를 발견하는 것을 말한다. 그것은 문제된 현상을 설명하기 위한 가설을 제안하는 일에 해당한다. 이러한 발견의 방법으로서 분석에는 직관이라는 정신작용이 동원된다. 직관이란 명료하고 주의 깊은 정신에 의해서 의심할 수 없는 공리적 전제를 발견하는 것이다. 직관에 의해서 파악되는 공리적 전제에는 형이상학적 일반원리, 제1원리, 작용인(efficient cause) 등이 포함되며, 그것은 가설적인 성격의 원인이다. 두 번째로 분석은 증명의 방법이기도 하다. 증명의 방법으로서 분석은 바로 연역을 말한다. 연역이란 직관적으로 알려진 전제들로부터 자연의 광범위한 국면을 추론해 내는 과정을 말한다. 이것은 가설을 입증하는 과정이라고 할 수 있다. 가설의 입증은 두 가지 과정이다. 첫째, 가설이 참임이 자연의 빛에 의해서 인식되어야 한다. 둘째, 가설이 자연의 빛에 의해서 알려진 보다 일반적인 가설 아래 포섭되거나, 그것이 도입된 영역을 통합해야 한다.

여기서 우리는 데카르트의 방법에서 가설 혹은 가설 형성의 역할에 주목할 필요가 있다. 데카르트는『광학』과『기상학』에서 문제된 현상에 대한 적절한 인과적 설명을 제공함으로써 그것이 참임이 증명되는 여러 가지 가설을 도입하였다. 여기서 가설과 증거 사이의 재미있는 관계가 발견된다. 즉 원인으로서의 가설이 문제된 현상을 설명하는 한 그것이 증명되었다고 여겨지고, 그 현상이 원인으로서의 가설에서 연역적으로 도출될 수 있는 한 설명된 것으로 여겨지는 것이다. 이것은 원인과 결과의 상호증명이라고 할 수 있다. 그 가설이 어떤 결과가 반드시 발생한다는 주장을 설명하고 연역적으로 함축하는 한, 우리가 가설로서의 원인의 형식적 진리성을 수락하는 것은 정당화된다. 이것이 데카르트가 생각하는 이중적 정합성이다.

이러한 데카르트의 방법은 파푸스와 같은 고대 그리스의 기하학자들이 사용한 분석과 종합의 방법과 유사하다. 이에 따르면 "분석은 찾아야 할 것을 마치 그것이 이미 발견된 것처럼 여기고, 그것으로부터 그것의 귀결을 통하여 종합에서 발견되어야 할 어떤 것으로 나아가는 방식이다."[140] 다만 차이점은 데카르트가 대수적인 방법을 기하학에 적용하였다는 것이다. 그것은 수학적으로 말하면 미지수를 포함하는 방정식을 발견하기 위해서, 미지수를 대수적으로 조작하고, 그 미지수를 찾기 위해서 그 방정식을 푸는 기법이라고 할 수 있다. 데카르트는 이러한 방법이 기하학적 문제를 해결할 뿐만 아니라, 모든 자연현상을 설명하고 나아가 형이상학적 주제에도 적용될 수 있다고 믿었다. 이런 의미에서 그의 분석의 방법은 곧 보편수학의 방법이다. 데카르트는 메르센느에게 보낸 편지에서 『성찰』에서의 논변들이 기하학적 방법, 즉 분석의 방법에 따라서 개진되었다고 말한 바 있다. 또 1630년경에는 형이상학적 진리들을 '기하학적 증명보다도 더 확실한 방법'으로 증명하는 방법을 발견하였다고 쓰고 있다. 그 방법은 곧 분석의 방법이고, 오늘날의 과학철학적 관점에서 본다면, 가설의 방법(method of hypothesis) 혹은 가설연역법(hypothetico-deductive method)이다.

아리스토텔레스-스콜라주의에서 벗어나려는 데카르트의 노력에도 불구하고, 그의 기계론은 두 가지 아리스토텔레스적 원리에 입각하고 있었다. 그것은 첫째, 진공이 불가능하다는 것이고, 둘째, 물체들이 실제로 접촉할 때에만 비로소 힘이 작용할 수 있다는 것이다. 따라서 인력, 나아가 '떨어진 거리에서의 힘의 작용'(action at a distance)은 있을 수 없다.

데카르트의 기계론은 하나의 패러다임이라고 볼 수 있는 특성을 다분히 가지고 있었다. 데카르트의『철학원리』는 적어도 대륙에서 자연에 대해 탐구활동을 하는 모델이 되었다는 점에서 그러하다. 또한 그것은 견고한 신봉자 집단을 형성하고 있었다는 점에서도 그러하다. 하지만 데카르트의 기계론은 새로운 패러다임이 갖추어야 할 요소를 적어도 네 가지 점에서 결여하였던 것으로 보인다. 첫째, 그것은 그것이 극복하려 하였던 아리스토텔레스-스콜라주의 자연철학이 가지고 있었던 전제 중 일부를 여전히 유지하고 있었다. 둘째, 그 둘 사이에는 개념적 연속성이 있었다. 셋째, 데카르트 기계철학에서의 자연탐구의 방법은 아리스토텔레스-스콜라주의 자연철학의 그것과 크게 구분되지 않는다. 그들은 직관과 연역의 방법,[141] 혹은 가설의 방법을 공유했던 것으로 보인다. 마지막으로 데카르트는 형이상학이 자연철학의 기초가 되어야 한다고 생각하였다. 자연현상에 대한 탐구의 출발점이 될 제1원리를 형이상학이 제공한다고 보았기 때문이다.[142] 따라서 데카르트의 기계론을 자연과학의 새로운 패러다임으로 인정하기에는 부족한 점이 적지 않다. 같은 맥락에서 데카르트의 기계론이 과학혁명을 이룩하였다고 보기도 어렵다.

우리는 17세기의 자연철학에 두 가지 혁명적인 발전이 존재하였다고 생각할 수 있다. 그중 하나는 우리가 지금까지 살펴본 대로 아리스토텔레스-스콜라주의 자연철학으로부터 데카르트의 기계론으로 발전한 것이다. 다른 하나는 이제 우리가 살펴보려고 하는 것으로서 데카르트의 기계론으로부터 뉴턴의 실험철학[143]으로의 발전이다. 근대의 과학혁명은 뉴턴의 실험철학을 통해서 비로소 완성된다. 필자는 이제 데카르트의 자연철학과 뉴턴의 과학을 몇 가지 관점에서 조금 더 구체적으로 비교해 보려고 한다.

과학적 방법과 과학적 지식의 성격

(1) 과학적 방법

우리의 일차적인 관심은 과학적 방법에 대한 뉴턴과 데카르트의 입장이다. 이것은 근본적으로는 과학에 대한 합리주의적 태도와 경험주의적 태도 사이의 차이를 반영한다. 데카르트는 아리스토텔레스에 호소하는 중세적 권위주의를 단호하게 거부하였으나, 그의 과학적 지식의 논리에 관한 개념은 아리스토텔레스의 그것과 근본적으로 유사하였다. 아리스토텔레스는 과학적 추리를 엄격히 삼단논법적이라고 생각하였고, 유일하게 비삼단논법적인 부분은 제1전제를 세우는 일로서 그것은 직관적 귀납에 의한 것이라고 설명하였다. 직관적 귀납은 오늘날 우리가 알고 있는 귀납적 일반화와는 매우 다르다. 그것은 합리적 통찰과 같은 종류의 것이다. 데카르트가 그의 방법에서 직관과 연역을 강조하는 것은 아리스토텔레스의 입장과 상당히 유사하다.

과학적 방법에 대한 데카르트의 입장은 1638년 메르센느 신부에게 보낸 그의 편지에 담긴 갈릴레오에 관한 언급에서 잘 드러난다.

> "나는 그(갈릴레오)가 할 수 있는 한 완전하게 스콜라학파의 실수를 배제하려 하였고 물리적 사실들을 수학의 방법을 통해서 다루려고 시도하였다는 점에서 보통 사람들보다는 훨씬 좋은 철학을 하고 있다고 생각한다. 나는 이 점에서 그에게 전적으로 공감한다. 그리고 그것 이외에는 진리를 발견할 아무런 방법이 없다는 것이 확실하다. 그러나 내가 보기에 갈릴레오는 계속되는 지엽적인 문제들로 크게 곤란을 겪었는데 그것은 그가 각 문제들과 관련된 모든 사실들을 설명하려고 하였기 때문이다. 이것은 그가 사실들을 질서 있게 다루지 못하였고 자연의 제일 원인을 고찰하지 않고 특정한 결과들에 대한 이유만을 추구하였으며 따라서 어떤 토대를 갖지 않고 이론을 세웠음을 보여 준다. 그가 철학하는 방식이 매우 진리에 가까운 것이기 때문에 우리는 그의 결함을 오히려 쉽게 알 수 있다."[144]

데카르트는 갈릴레오가 수학을 사용하였음을 칭찬하고는 있지만, 반면 그의 경험적 접근의 중요성은 완전히 간과하고 있다. 데카르트에게 과학이란 지극히 통제된 상황에서 관찰에 의해 명료하게 정의된 현상을 탐구하고자 하는 노력인 실험적 작업이 아니었다. 그에게 그 순서는 정반대였다. 우리는 의심할 수 없는 전제로부터의 연역에 의해서 자연의 광범위한 국면을 이해한다. 그 자세한 부분들은 처음이 아니라 맨 나중에 온다. 그가 말하는 제1원리는 순수한 이성에 기초하는 것이다.

그러면 데카르트에게 자연현상에 대한 수학적인 탐구는 어떻게 진행되는가? 『규칙』(Regulae)에서 데카르트의 대답은 실제적 과정에서 두 가지 단계, 즉 직관과 연역을 구분하는 것이다. "나는 직관을 명료하고 주의 깊은 정신이 우리에게 부여하는 개념이라고 이해한다. 그것은 너무나 즉각적이고 직접적이어서 우리가 이해하는 것에 대한 어떠한 의심도 허용하지 않는다."[145] 그러한 직관의 예로 그는 우리가 존재하고 생각한다는 사실, 삼각형이 3직선으로 이루어진다는 사실 등에 관한 기본적인 명제를 들었다. 그에게 연역이란 직관적으로 알려진 사실들로부터의 일련의 필연적인 추론의 과정을 말한다. 그 추론의 결론이 갖는 확실성은 직관과 사고 안에서 그것의 필연적 연결에 대한 기억으로부터 주어진다.[146] 그러나 그는 이러한 명제적인 방법만으로는 수학적인 물리학에 도달하기 어렵다는 것을 알고 직관의 발견물로 공리적인 명제 이외에 단순본성(simple natures)의 개념을 추가로 도입하였다.[147] 단순본성이란 연장, 모양, 운동과 같은 물리적 대상의 궁극적인 성질로 그것들의 양적인 결합에 의해서 현상을 산출하는 것을 의미한다. 데카르트는 자신의 과학적 탐구에서 연역적인 추리와 실험의 역할에 대해서 다음과 같이 말하였다.

> "그 다음에는 내가 좀 더 특수한 것들에게로 내려가고자 했을 때, 너무 갖가지 것들이 내 앞에 나타났으므로 나는 결과들로부터 원인으로 거슬러 올라가며 또 많은 특수한 실험을 해 보지 않는다면 지상에 있는 물체들의 형상들, 즉 종들을 하느님이 뜻함으로써 지상에 있을 수 있는 무한히 많은 다른 물체들로부터 가려내는 것이란 인간의 정신으로서는 불가능하며 또한 따라서 그것들을 우리가 이용한다는 것도 불가능하다고 믿었다. 이것 다음에는 전에 내 감각에 나타난 일이 있는 모든 대상으로 내 정신을 돌이켜 다시 훑어보았는데, 내가 발견한 여러 원리를 가지고서 충분히 쉽게 설명할 수 없는 것은 하나도 없었다고 감히 말할 수 있다. 그러나 또한

자연의 힘은 아주 풍부하고 광대하며, 또 이 원리들은 아주 단순하고 일반적인 것이어서 거의 어느 결과나 그것이 원리로부터 갖가지 방식으로 연역될 수 있음을 먼저 내가 알며, 나에게 가장 어려운 점은 보통 그것이 이 방식들 중 어느 방식으로 원리에 의존하는가를 발견하는 것임을 인정하지 않을 수 없다. 왜냐하면 이 점에 대해서 나는 그것을 설명하는 방식 중 어느 하나를 택함으로써 그 결과가 다르게 되는 실험을 찾는 일 이외에 다른 대책을 찾지 못하기 때문이다."[148]

여기서 우리는 데카르트가 실험을 연역적인 방법의 보조수단으로 사용할 가능성을 인정하고 있었음을 볼 수 있다.

과학적 방법이 아리스토텔레스의 것과는 전적으로 다른 논리를 구현하고 있다는 사실을 가장 먼저 파악하고 실험적 방법의 중요성을 일깨워 준 사람은 프란시스 베이컨이다. 데카르트와 날카롭게 대립하면서 베이컨은 합리주의를 거부하고 주의 깊은 관찰과 실험의 방법을 제안하였다.

"진리를 발견하고 그것을 추구해 가는 두 가지의 방법만이 있으며 있을 수 있다. 그 하나는 감각적이고 개별적인 것을 넘어서서 가장 일반적인 공리를 찾으려는 것이다. 안정되고 움직일 수 없는 진리라고 인정된 이러한 원리로부터 판단과 중간적 공리로 나아간다. 이러한 방법이 요즈음 유행하는 것이다. 다른 하나는 감각적이고 개별적인 것으로부터 공리를 이끌어 낸다. 그것은 점진적이고 끊이지 않는 동의를 거쳐 결국에는 가장 일반적인 공리에 도달한다.

이것이야말로 진정한 방식이다. 그러나 그것은 아직도 시도되지 않고 있다."[149]

베이컨은 과학적 지식이 경험으로부터의 귀납적 일반화에 의해서 진행되어야 한다는 것을 알았고, 그는 이러한 새로운 논리-진정한 귀납 원리-를 정식화하려고 하였다. 그는 이러한 방법의 조심스런 적용은 모든 과학적인 물음들에 답을 줄 수 있으리라고 믿었다. 그러나 귀납적 방법에 대한 그의 규정은 매우 초보적인 것이었고 과학적 방법의 복잡성에 비추어 부적합한 것이었다. 그럼에도 불구하고 그는 뉴턴으로 이어지는 실험적 방법의 전통을 성립시킨 인물로 평가될 수 있다.

사실상 수학적 물리학은 관찰적이고 실험적인 측면뿐만 아니라, 추상적이고 형식적인 측면도 갖는다. 그리고 그것들 사이의 관계를 이해하는 것은 쉽지 않다. 근대 초기의 철학자들은 과학의 어느 일면만을 강조하고 다른 일면을 간과하곤 하였다. 데카르트와 라이프니츠 등은 그것의 발전에 자신들도 일조한 수학의 능력에 감명을 받아 합리적 인식론을 발전시킨 나머지, 관찰적이고 실험적인 국면에 대한 설명을 제시하지 못하였다. 베이컨과 로크는 관찰적이고 실험적인 측면에 사로잡혀서 경험적인 지식이론을 발전시켰고, 과학의 추상적이고 형식적인 측면을 정당화하지 못하였다.

뉴턴의 방법은 수학적 물리학의 이 두 가지 측면의 종합을 제시한 것이었다고 할 수 있다. 뉴턴의 실험적 방법은 앞서 자세히 다루었으므로 여기서는 상론하지 않겠다. 다만 데카르트의 입장과 비교될 수 있는 부분을 드러내려 한다. 『프린키피아』 서문의 다음과 같은 뉴턴 자신의 언명은 그의 방법론적인 입장의 요약이라 할 수 있다.

“우리는 이 작업을 철학의 수학적인 원리로서 제시한다. 왜냐하면 철학의 어려움은 다음과 같은 점에 있기 때문이다. 운동의 현상으로부터 자연의 힘을 조사하고, 이러한 힘으로부터 다른 현상을 증명하는 것이다. … 앞의 두 권에서 수학적으로 증명된 명제들에 의해서 제3권에서 나는 천체현상으로부터 천체들을 태양과 행성으로 끌어당기는 중력이라는 힘을 도출해 낸다. 그리고 이러한 힘으로부터 역시 수학적인 그 밖의 명제들에 의해서 행성, 혜성, 달, 그리고 바다의 운동을 연역해 낸다. 나는 역학적인 원리들로부터 같은 종류의 추리를 통해서 나머지 자연의 현상들을 도출할 수 있기를 바란다. … 나는 여기에 제시한 원리들이 이러한 혹은 어떤 더 참다운 철학의 방법에 어떤 빛을 던질 수 있기를 바란다.”[150]

이 언명은 그의 작업의 목표와 방법을 극명하게 드러내 준다. 뉴턴에게 있어서, 과학의 발전은 연역적이고 수학적인 절차와 경험적이고 실험적인 절차가 함께 사용될 때에만 가능하다. 그러나 캠프 스미드가 지적하듯이, 뉴턴에게 수학은 감각적 경험에 의해서 제공되는 문제를 해결하기 위한 도구에 불과하였다.[151] 과학에서 기하학의 역할에 대한 그의 다음과 같은 언명은 이러한 견해를 뒷받침해 준다.

“직선과 원을 기술하는 것은 문제이다. 그러나 기하학의 문제는 아니다. 이러한 문제의 해결은 역학으로부터 요구되는 것으로서, 기하학에서는 그것이 해결되고 나면 그것의 용법이 보이는 것이다. 그리고 외부로부터 주어지는 소수의 원리들로부터 그렇게 많은 것들이 산출되는 것은 기하학의 영광이다. 따라서 기하학은 역학적인 실천에 기초를 두고 있으며, 측정기술을 정확하게 제공하고 증명하는 보편역학의 일부일 뿐이다."[152]

우리가 제3장에서 검토한 맥락에서 생각하면 위의 두 가지 절차는 각각 '현상으로부터의 연역'과 '귀납에 의한 일반화'에 해당한다.

(2) 과학적 지식의 성격

이러한 방법론상의 차이와 관련해서 생성되는 뉴턴과 데카르트의 중요한 차이점은 자연현상에 관한 확실한 지식의 가능성에 관한 것이다. 데카르트적 과학의 중요한 특징 중의 하나는 확실성에 대한 요구라고 할 수 있다. 데카르트는 과학적 주장이 확실성을 가질 것을 요구하였다. 이 점에서도 그는 아리스토텔레스적인 전통에서 벗어나지 못하였다고 할 수 있을 것이다. 아리스토텔레스적인 전통에서 과학적 지식의 확실성은 직관에 의해서 발견되는 제1원리의 확실성과 그 원리에 기초한 증명적 추리의 확실성에 의해서 보장된다. 이러한 관점은 데카르트의 그것과 크게 다르지 않다. 앞서 설명한 수학적 방법에 의해서, 기하학에 버금가는 확실성을 가진 지식이 자연과학에서도 성립할 수 있다는 것이다. 『원리』(Principles)에서 데카르트는 이렇게 말한다.

"또한 확실히, 만일 우리가 가장 명증하다고 볼 수 있는 원리들만을 사용한다면, 우리가 수학적인 연역을 통해서만 추론한다면, 그리고 이러한 추리들이 모든 자연현상에 정확하게 일치한다면, 이러한 사물들의 원인의 발견이 기만적인 것으로 생각한다면, 우리가 신을 우롱하는(wronging) 것이라고 나는 생각한다."[153]

여기서 데카르트는 사물의 원인에 대한 증명적으로 확실한 논증이 가능하다는 것을 말하고 있다. 반면에 뉴턴은 자연에 관한 이해가 절대적이고 확실한 지식의 지위에 도달할 수 있다는 당시 사람들의 생각에서 벗어났다. 뉴턴에게 선험적인 확실성이란 존재하지 않는다. 자연과학이 절대적으로 확실한 지식을 가질 수 있다는 가능성을 포기한 점에서 뉴턴은 당시 그의 경쟁자 중의 한 사람인 호이겐스와 입장을 같이 하였다. 호이겐스는『빛에 관한 연구』(1690)에서 뉴턴과 매우 유사한 결론에 도달하고 있다. 그는 빛의 물리학에 관해 말하면서 다음과 같이 쓰고 있다.

> "그것은 기하학에서 얻을 수 있는 것과 같은 높은 정도의 확실성을 지니지 못하는 증명이다. 또한 그것은 기하학자들이 사용하는 것과는 다른 방법을 사용한다. 즉 기하학은 잘 확립되어 있고, 논란의 가능성이 없는 원리들에 의해서 여러 명제들을 증명하는 데 비해서, 여기서는 원리들이 그것으로부터 도출 가능한 추론에 의해서 테스트된다. 그것의 주제가 갖는 본성이 다른 방법을 허용하지 않는다. 그러나 이러한 방법을 통해서 확실성에는 미치지 못하지만 개연적 지식을 얻을 수는 있다. 이것은 가정된 원리의 귀결이 관찰된 현상과 완전하게 일치하고 그러한 검증사례가 많으며, 무엇보다도 그러한 가설을 통해서 새로운 현상을 예측하고 그의 기대가 실현되는 것을 발견하게 되는 경우이다."[154]

이와 유사한 입장에서 뉴턴은 자신의 방법이 확실성을 가진 지식을 획득하지 못할 가능성을 다음과 같이 인정하였다.

"이 철학에서 개별적인 명제가 현상으로부터 추론되며, 그 다음에 귀납에 의해서 일반화된다. 이것이 우리가 중력에 관한 법칙을 발견하게 된 방식이다."[155]

"또한 실험과 관찰로부터 귀납에 의해 논증하는 것은 일반적 결론에 대한 증명이 되지는 못하지만, 사물들의 본성이 허용하는 최선의 논증 방식이며, 귀납이 얼마나 일반적인 것인가에 따라서 보다 강해진다고 할 수 있다."[156]

뉴턴의 이러한 언명들은 귀납적 방법을 통해서 얻어지는 자연에 관한 지식이 증명적 지식이 될 수 없고, 다만 경험에 의해서 정당화될 수밖에 없다는 것을 말해 주고 있다.

원인의 개념과 인과적 설명

뉴턴의 과학과 데카르트의 과학은 그것들이 설명하고자 하는 원인의 개념에서도 중요한 차이를 보인다. 이러한 차이는 인과적 설명의 개념에서 양자의 차이와도 연관된다. 데카르트에게 물리적 현상을 설명하는 것은 ① 작용인을 구체적으로 밝히는 것, ② 가정된 원인으로부터 어떤 '필연적인' 방식으로 그 현상이 결과로 나타나는 메커니즘을 기술하는 것이다.[157] 이것이 데카르트적인 과학의 형이상학적인 가정과 결합된다면 과학적 설명에 대한 데카르트의 입장이 보다 명료하게 이해된다. 예컨대, 데카르트는 모든 물리적 현상이 운동과 미세하고도 지각불가능한 물질적 입자의 상호작용에 의해서 설명될 수 있다는 것을 가정하였다.

다음에 제시한 『방법서설』(Discourse)의 유명한 구절은 데카르트적인 과학에서 원인과 결과의 개념을 이해하는 데 도움을 준다.

> "내가 따르는 순서는 다음과 같다. 첫째로, 나는 세계 안에 있는 혹은 있을 수 있는 모든 원리들, 제1원인들을 일반적으로 찾으려 하였고, 이렇게 하기 위해서는 다만 세계를 창조한 하느님만을 고찰하며 또 그 원리들을 우리의 마음속에 본래부터 있는 진리의 씨앗으로부터만 끌어내었다."[158]

이러한 일반적 원리 혹은 제1원인은 자신의 존재에 대한 증명, 신의 존재에 대한 증명, 명석판명함의 기준에 대한 정당화, 몸과 마음이 독립적인 실체라는 것에 대한 증명, 물질적 실체의 본질이 연장이라는 것, 물질적 사물들이 존재한다는 것의 증명 등에서 동원된다. 결국 데카르트에게 제1원인은 형이상학적 원리를 의미한다. 다음의 구절에서는 결과의 개념을 알 수 있다.

> "이것 다음에, 나는 이 원인들로부터 끌어낼 수 있는 최초의 그리고 정상적인 결과가 무엇인가를 살펴보았다. 이 일을 통하여 나는 하늘, 별, 지구, 그리고 지구 위에 있는 물, 공기, 불, 광물 및 모든 것 중 가장 흔하고 가장 단순한, 따라서 가장 알기 쉬운 다른 것들을 발견하였다고 생각한다."[159]

이러한 과정을 통해서 데카르트의 과학적 절차는 차츰 개별적인 것들에까지 내려온다. 여기서 우리는 과학적인 절차가 형이상학적인 일반원리 혹은 제1원인으로부터 그 연역적 귀결로서 결과로 진행된다는 것을 알 수 있다. 이러한 원인으로부터 결과로의 추론을 데카르트는 선험적(a priori)이라고 불렀다.[160]

『원리』 제3장에서도 이러한 원인과 결과의 개념이 유지된다. 그의 주장은 다음과 같다.

> "우리가 지금까지[원리 1과 2] 밝힌 원리는 너무나 광범위하고 산출력이 있어서 그것들의 귀결은 가시적인 세계의 관찰 가능한 내용보다 훨씬 많다. … 원인들에 대한 조사를 위해서 나는 자연의 주요한 현상에 대한 간략한 설명을 제공한다. 우리는 이것을 어떤 것을 증명하기 위한 기반으로 사용해서는 안 된다. 왜냐하면 우리의 목표는 원인으로부터 결과에 대한 설명을 연역하는 것이지, 결과로부터 원인에 대한 설명을 연역하는 것이 아니기 때문이다."[161]

여기서 우리가 알 수 있는 것은 첫째, 데카르트에게 원인의 개념에는 작용인, 형이상학적 일반원리, 제1원리 등이 포함되며, 그것은 가설적인 성격의 원인이라는 것이다. 둘째, 인과적 설명은 그러한 제1원인으로부터 개별적인 현상들을 연역적으로 도출해 내는 것을 의미한다는 것이다. 즉 일반적 원리들과 세계에 존재하는 것들의 제1원인을 발견한 다음, 그것으로부터 여러 가지 결과를 연역한다. 그렇게 함으로써 우리는 신의 힘과 법칙 아래서 기계적으로 움직이는 자연에 대한 묘사를 가질 수 있다는 것이다. 귀납과 실험이 필요한 것은 연역에 의해서 개체들에 관한 언명들이 도출되고 난 다음이다. “이러한 데카르트의 접근방식에서는 하나의 물리적 설명은 주어진 현상에 대한 가설적인 원인을 기술하는 것과 더불어 가정된 원인으로부터 필연적으로 관찰된 결과들이 도출되도록 하는 메커니즘을 기술해야 한다. 그 원인이 관찰 불가능한 경우에는 그것이 작용하는 메커니즘 또한 관찰 불가능하고, 따라서 이러한 가설들은 필연적으로 가설적인 것이 된다.”[162] 한마디로 데카르트가 추구한 원인은 역학적 혹은 물리학적인 원인이 아니라, 형이상학적인 원인이라고 할 수 있다.

한편 뉴턴은 「규칙 1」에서 우리는 자연계에서 일어나는 사물의 ‘현상을 설명하기에 ‘진실하고도 충분한’ 원인’을 추구해야 한다고 말하고, 그 이외의 것을 자연계의 원인이라고 인정해서는 안 된다고 주장하였다. 여기서 뉴턴이 말하는 ‘현상을 설명하기에 충분하고도 진실한 원인’이란 무엇인가? 뉴턴에게 그 원인은 어떤 주어진 결과로서의 현상을 설명하기에 충분한 물리적 원인이다. 그리고 그러한 힘이나 운동의 물리적인 원인은 수학적으로 기술될 수 있다. 그는 달의 궤도운동, 지구상에 있는 물체의 낙하운동, 바다의 조수현상 등의 원인으로 중력이라는 힘을 제시하고 중력의 속성을 설명한다. 그러나 중력의 원인이 무엇인가를 추구하지 않는다. 즉 원인에 대한 수학적인 설명은 그 원인의 기원과 본성 등에 의존하지 않는다. 따라서 뉴턴은 행성들에 작용하는 힘이 어떤 종류의 것인가를 묻지 않았다. 그가 물은 것은 그 힘의 수학적 속성이 무엇인가 하는 것이었다. 뉴턴의 수학적 논증은 행성이나 위성들의 궤도운동에서 이러한 물체들이 물리적인 힘에 의해서 작용을 받는다는 것을 보여 주기 위한 것이 아니다. 뉴턴이 보이려고 하던 것은 단지 힘의 개념적인 틀과 관성의 법칙 아래서 혜성들이나 위성들에 미치는 힘은 그것들

의 주행성의 중심을 향하는 것이고, 거리의 제곱에 반비례한다는 것이다.[163]

달리 말해서 행성운동에 관한 케플러의 면적의 법칙이 만족되기 위해서는 거리의 역제곱으로 작용하는 힘이 작용해야 한다는 것이다. 이것은 케플러의 입장과는 상반되는 것이다. 케플러는 행성의 궤도운동에 대한 설명에서 먼저 힘의 본성에서 출발하였다. 그는 지구상의 자력과 유비되는 천상의 인력을 받아들이고, 그것의 귀결을 추구하였다. 따라서 그는 원인으로부터 결과로 진행한 셈이다. 이와는 달리 뉴턴의 자연철학은 결과로부터 원인으로, 개별적인 사실들로부터 일반적인 사실로 진행한다. 뉴턴의 목표는 궁극적으로 수학적 원인의 분석에서 원인(힘)의 물리적 속성으로 나아가는 것으로서, 그가 말하는 '현상을 설명하기에 진실하고도 충분한 원인'을 찾아 나가는 것이었다.

그는 자신의 논증 과정을 "우리는 복합적인 것으로부터 그 구성요소로 진행할 수 있으며, 운동으로부터 운동을 산출하는 힘으로, 또한 일반적으로는 결과로부터 그것의 원인으로 그리고 개별적인 원인으로부터 일반적인 원인으로 진행하여 가장 일반적인 결론에 이를 때까지 논증을 진행한다"[164]고 설명하였다. 뉴턴은 현상에 대한 수학적인 기술(면적의 법칙 등)을 만족시키는 수학적인 원리를 찾고 그것을 수학적인 속성으로 갖는 힘의 존재를 확립한다. 그리고 여러 현상들에서 측정된 힘들이 수학적으로 일치하는 것을 확인함으로써 그것들이 같은 종류의 힘이라는 것을 제시한다. 보편중력의 물리적 본성과 원인에 대한 뉴턴의 탐구는 이러한 힘의 수학적 속성에 의해서 인도되었다. 그 힘은 거리의 제곱에 반비례하도록 변하는 것으로서, 중력을 발하는 물체의 질량에 비례하는 것이다. 그러나 뉴턴은 이러한 중력의 원인들이 현상으로부터 연역될 수 있는 다른 원인에 의해서 설명될 수 없다고 생각하였다. 결국 뉴턴에게 원인이란 수학적 속성을 가진 현상적(물리적) 원인을 의미한다고 할 수 있다.

형이상학적 문제

뉴턴 시대에『프린키피아』의 과학에 대한 일차적인 논쟁은 관성의 법칙이 모든 행성들의 곡선운동이 어떤 일정한 힘을 요구하는가나 행성에 대한 힘이 거리의 제곱에 따라 감소하는가에 관한 것이 아니었다. 뉴턴의 시스템에 대한 중요한 반박은 어떻게 하나의 물체가 수백만 마일이나 떨어진 거리에 있는 다른 물체를 '끌어당길 수' 있는가 하는 것이었다. 왜냐하면 당시의 기계철학에서는 소위 떨어진 거리에 있는 물체들 사이의 작용은 인정될 수 없는 것이었기 때문이다.

뉴턴과 동시대 사람인 호이겐스와 라이프니츠는 이 문제와 관련하여 뉴턴의 시스템을 비판하고 데카르트의 입장을 옹호하였다. 반면에 코츠와 클라크를 비롯한 뉴턴의 추종자들은 데카르트주의자들의 오해를 지적하고 뉴턴의 입장을 옹호한다. 특히 클라크와 라이프니츠 사이의 논쟁[165]은 데카르트의 과학과 뉴턴의 과학 사이의 차이점을 잘 드러내 준다.

데카르트주의자들에 의하면 뉴턴의 인력 개념은 그들로서는 인정할 수 없는 '물체의 원격작용'을 인정하는 것으로서, 그것은 물질의 신비한 성질, 심하게 말해서 마술이나 기적을 인정하는 것과 다름없는 것이었다. 그들은 뉴턴이 자신들이 미신적이라 하여 몰아낸 두 가지 관념들을 다시 등장시켰다고 하여 그를 비과학적이라고 비판하였다. 즉 그 두 가지 일이란 진공이라는 관념과 서로 접촉하지 않는 물체들 사이에 공간을 가로질러 작용할 수 있는 힘이라는 관념이었다. 뉴턴이 물리학에 신비한 성질을 도입했다는 비난은 클라크에게 보낸 라이프니츠의 세 번째 서신(1716)에서 처음 등장한다.

"만일 신이 하나의 고정된 물체가 그 밖의 다른 어떤 존재의 작용을 필요로 하지 않고 어떤 고정된 중심의 주위에 있는 에테르를 움직이도록 원인을 주었다고 그가 말한다면, 나는 기적 없이는 그러한 일이 일어날 수 없다고 말하겠다. 왜냐하면 그것은 물체의 본성에 의해서 설명될 수 없기 때문이다. 낙하물체는 자연적으로 탄젠트의 커브로부터 멀어지기 때문이다. 그러므로 나는 소위 물체의 인력이란 기적적인 사실이라고 주장한다. 왜냐하면 그것은 물체의 본성에 의해서 설명될 수 없기 때문이다. … 또한 물체가 떨어진 거리에서 매개하는 수단 없이 서로 끌어당긴다는 것은 초자연적인 사실이다."[166]

따라서 라이프니츠는 초자연적인 것은 자연과학에서 배제되어야 한다는 격률을 다음과 같이 결론지었다.

"이것은 소위 인력이라는 것과 피조물들의 자연적인 힘에 의해서는 설명될 수 없는 그 밖의 다른 작용들을 전복시킨다. 그러한 작용들을 주장하는 사람들은 그러한 종류의 작용이 기적에 의해서 일어난다고 상정함에 틀림없다. 아니면 그들은 스콜라주의의 신비한 성질들과 같은 불합리한 것에 호소하는 것이다. 그러한 사람들은 힘이라는 허울 좋은 이름으로 신비한 성질에 대한 호소를 부활시키려는 것이다. 그러나 그것은 우리를 다시 암흑의 왕국으로 후퇴시킨다."[167]

이에 대한 답장에서 뉴턴의 추종자인 클라크는 라이프니츠가 뉴턴의 힘 개념을 잘못 이해하였음을 말하려고 하였다. 그에 의하면 뉴턴의 힘 개념은 방법론적인 개념이고, 중력의 법칙은 관찰된 물체의 운동에 대한 분석을 표현하기 위한 기술적인 힘(descriptive force)이다. 그것은 떨어진 거리에서 작용하는 실재물로서 힘의 존재를 함의하고 있지 않다. 따라서 클라크는 관찰된 자연적 사실들과 불일치하는 형이상학적 원리로서 소위 인력이라는 것이 과학으로부터 배제되어야 한다는 데 동의한다. 그러나 클라크에 의하면 뉴턴은 인력이라는 말로 그러한 형이상학적 원리를 의미하지 않았다는 것이다. 클라크는 이렇게 말하였다.

"그러한 용어로 우리는 사물들 사이의 작용을 일으키는 원인을 표현하려는 것이 아니라, 단지 그 결과 혹은 현상 그 자체, 그리고 경험을 통해서 발견된 그 경향성의 비율에 관한 법칙을 의미하려는 것이다. 그것의 원인이 무엇이든 상관없다."[168]

뉴턴의 자연철학이 갖는 목표 가운데 하나는 데카르트가 공식화해 놓은 소용돌이설의 불가능함을 증명하려는 것이었다. 그의 증명에 의하면 수학적으로 소용돌이는 데카르트가 가정한 방식으로 움직이지 않는다. 즉 소용돌이 속에 사로잡힌 행성은 행성운동에 관한 케플러의 관측과 일치하게 움직이지 않으며, 더욱이 그 이론이 주장하듯이 혜성이 전체계를 직선으로 가로질러 하나의 소용돌이에서 다른 소용돌이로 옮겨가는 것은 불가능하다는 것이다. 코츠는 데카르트주의 철학자들이 소용돌이이론을 가지고 천체현상을 설명할 수 있다고 하더라도 그 소용돌이가 물리적 사실로서 실재한다는 것을 증명할 수 없는 한 그들은 천체운동의 진정한 원인을 발견했다고 말할 수 없다고 반박한다.[169] 한편 그는 중력이 신비한 성질일 수 없다는 것을 다음과 같이 말한다.

> "어떤 존재가 신비하고, 증명된 것이 아니라 단지 상상된 것일 뿐이라면 정말로 신비한 원인(occult cause)이다. 그러나 관찰에 의해서 그 실재적 존재가 명백히 증명되는 것은 신비한 원인이 아니다. 따라서 중력은 어떤 의미로도 천체운동의 신비한 원인이라고 불릴 수 없다. 왜냐하면 그러한 힘이 존재한다는 것은 현상으로부터 명백하기 때문이다."[170]

그러나 당시에 물리현상을 설명한다는 것은 일반적으로 그것에 기계론적 원인(작용인)을 부여하는 것을 의미하였다. 현상을 기계론적으로 설명한다는 것은 그것을 운동의 법칙과 관계있는 물질의 기본적 성질 혹은 본래적 성질에 의해서 설명한다는 것을 뜻한다. 그런데 문제는 어떤 사람들은 물질의 성질이 자명한 것이라고 생각한 반면에, 어떤 사람들은 그것이 실험에 의해서 확정되어야 할 것으로 생각하는 데 있었다. 즉 데카르트주의자들이 연장만을 물질의 성질로 인정한 반면에, 뉴턴의 영향을 받은 영국의 과학자들과 철학자들은 질량이라고 해석된 충전성

(solidity)을 거기에 덧붙였다. 라이프니츠는 물리학의 목적을 위해서 연장과 같은 당시에 유행하던 데카르트적인 물질의 속성을 받아들였기 때문에 중력이나 인력을 물질의 기본적 속성으로 인정할 수 없었다. 또한 그는 기하학적인 물리학으로 취급될 수 있는 우주의 국면에만 물리적 실재를 부여하는 것이 정당한 절차라고 가정하였기 때문에, 그가 중력현상에 관한 설명도 물질과 운동에만 의거해야 한다고 결론지은 것은 정당한 것으로 평가될 수도 있다. 그 자신의 설명은 데카르트이론의 변형으로서 소용돌이 개념에 기초한 기술이었다.

반면에 『프린키피아』 제3권에서 뉴턴은 다음과 같은 규칙을 말하였다. 즉 실험된 모든 물체에서 발견되는 성질은 물체들에게 일반적으로 속하는 것으로 간주해야 한다는 규칙이다(규칙 3). 그리고 이러한 방법론적 원리에 대한 주석에서 그는 그러한 성질로 불가침투성을 인정하는 것보다는 중력을 포함하는 것이 안전하다고 말하였다. 그것에 대해 뉴턴은 불가침투성이 적어도 천체에서는 실험적으로 검증될 수 없다는 이유를 제시하였다. 그러나 여기서 뉴턴은 중요한 언명을 추가한다. "나는 중력이 물질에 본질적이라고 주장하는 것은 아니다. 물체의 고유력이라고 할 때 나는 물체의 관성 이외에 어떤 것도 의미하지 않는다. 이것은 변하지 않는 것이다. 물체의 중력은 지구로부터 멀어질수록 감소한다."[171] 이 말은 중력이 물체의 성질이라고 하더라도 그것은 관찰과 실험에 의해서 알려진 성질이지 데카르트가 말하는 바와 같은 어떤 물체의 본질로서의 성질이 아님을 분명히 하려는 것이다.[172]

당시 기계론자들에 의하면, 만일 중력이나 그밖에 다른 자연적 질서가 자연적 근거에서 설명되어야 한다면 그것은 기계론적으로, 즉 운동하는 물질의 입자에 의해서 설명되어야 한다. 예를 들어, 라이프니츠는 데카르트의 원리가 바람직한 기계론적 설명을 보장한다고 생각하였기 때문에, 그의 설명 역시 데카르트의 원리에서 벗어나려 하지 않았다. 하지만 뉴턴은 데카르트적인 도식을 실험적 사실과 일치하지 않는다는 이유로 거부하였다. 뉴턴은 중력이 물질에 근본적이라는 것을 부정하였고, 물질 상호 간에 보편적 중력은 현상으로부터 귀납적으로 도출된 것이기 때문에 연장(extention)보다도 확실한 것이라고 주장하였다. 또한 그는 어떤 가설을 받아들이기 위해서 귀납논증이 포기되는 일이 있어서는 안 된다는 것을 주장하였다(규칙 4). 여기서 말하는 가설은 말할 것도 없이 데카르트의 가설이다.[173]

다음 장에서는 이상에서 살펴 본 뉴턴과 데카르트 사이의 차이가 근대철학에 대해서 어떤 철학적 과제를 남기게 되었는지를 검토하겠다.

제7장

뉴턴 과학의 철학적 문제들

뉴턴의 『프린키피아』는 기존의 패러다임이 붕괴되는 데 마지막 결정타를 날렸다. 또 이미 새롭게 형성되고 있는 새로운 패러다임의 승리를 확고히 하여, 패러다임의 교체를 의미하는 과학혁명을 완성하는 데 기여하였다. 그 책은 세계와 우주를 바라보는 우리의 관점을 완전히 바꾸어 놓았다. 그러면 뉴턴의 실험철학이 패러다임의 자격을 갖추었다고 보는 것은 어떤 의미에서인가? 나는 뉴턴의 실험철학이 패러다임의 중요한 요소들을 적어도 몇 가지 확보하고 있음을 지적하겠다.

뉴턴 패러다임의 중핵적 요소

첫째, 뉴턴의 실험철학은 패러다임에서 중핵적 부분인 이론과 법칙을 갖고 있다. 뉴턴의 실험철학은 유클리드의 기하학과 미적분으로 구성된 수학, 힘과 질량 개념을 토대로 한 세 가지 운동 법칙, 그리고 보편 자연법칙인 만유인력의 법칙으로 이루어졌다. 여기서 뉴턴의 이론을 구성하는 수학과 역학, 그리고 중력 물리학이 동일한 지위를 갖는 것은 아니다. 이에 대해 과학철학자 프리드먼은 다음과 같이 말한다.

> "뉴턴이 종합한 요소들은 실제로 아주 비대칭적인 방식으로 기능한다. 미적분과 같은 수학이 없었더라면, 운동의 법칙은 경험 현상을 기술하기는커녕 정식화되거나 표현될 수도 없었다."[174]

> "뉴턴이론의 수학적인 부분은 언어 또는 개념틀의 요소로서, 이론의 나머지 부분은 그 안에서 정식화된다."[175]

> "뉴턴 역학과 중력 물리학 사이에도 유사한 관계가 성립한다. 뉴턴 역학이 없었더라면 만유인력의 법칙은 경험 현상을 설명하기는커녕, 경험적 의미조차 가지지 않을 것이다."[176]

그러므로 역학은 언어나 개념틀의 필수적인 부분이며, 그 안에서만 중력이 경험적인 의미를 지닌다.

둘째, 우리가 앞서 살펴본 대로 뉴턴의 실험철학은 분석과 종합이라는 강력한 귀납적 방법을 가지고 있다. 17세기가 진행되면서 케플러, 보일, 호이겐스, 데카르트 등 새로운 과학이 제공할 수 있는 지식이 어떤 종류의 것인지를 반성하는 사람들은 자연현상의 탐구에서 가설이 중요한 역할을 해야 한다는 사실을 인식해 가고 있었다. 그러나 뉴턴은 『프린키피아』에서 역학이 가설에 호소하지 않고도 진행될 수 있음을 보여 줌으로써, 그러한 방법론적 경향을 일거에 제거하였다. 뉴턴의 실험적 방법은 크게 두 부분으로 구성되어 있었다. 즉 그의 방법은 ① 현상으로부터 개별적인(특수한) 명제를 추론하는 과정과 ② 귀납에 의해 그것을 일반화하는 과정이다. 이러한 두 과정은 뉴턴의 『프린키피아』 제3권에 담긴 보편중력에 대한 논증에서 가장 뚜렷하게 나타난다. 또한 그 논증은 추리규칙들이 적용되는 방식을 보여 준다. '가설 없는 과학'은 이후 18세기 자연과학의 중요한 방법론적 모델이 되었다.

셋째, 뉴턴의 실험철학은 당시의 기계철학에 대한 강력한 대안을 제공하였다. "뉴턴은 다른 기계철학자들과 마찬가지로 자연을 운동하는 물질적 입자의 체계라고 보았다."[177] 하지만 뉴턴은 그것과는 다른 인력과 반발력이라는 힘을 추가함으로써, 입자와 입자로 구성된 물체가 다른 입자와 물체에 대해서 떨어진 거리에서도 작용할 수 있음을 주장하였다. 뉴턴이 만유인력에 의해서 우주체계를 구성하고자 하였을 때, 호이겐스와 라이프니츠 등 대륙의 데카르트 기계론 신봉자들이 이를 문제 삼았다. 따라서 뉴턴의 『프린키피아』에 담긴 자연철학을 둘러싸고 벌어졌던 논쟁의 일차적 주제는 행성들이 곡선운동을 하기 위해서는 어떤 힘이 필요한가 혹은 행성에 대한 힘이 과연 거리의 제곱에 따라서 감소하는가 하는 경험적인 문제가 아니었다. 그것은 중력이라는 힘의 본성과 원인, 나아가 힘의 실재성에 관한 형이상학적인 문제였다. 그러나 뉴턴은 중력의 문제를 경험과학의 문제로 파악하였다. 뉴턴에게 형이상학의 문제는 경험과학의 성과를 바탕으로 논의되어야만 하였다. 이러한 입장은 형이상학을 경험과학의 토대로 여기는 기계론의 입장에서 벗어난 것이라 할 수 있다.

넷째, 뉴턴의 실험철학은 이러한 경험과학을 뒷받침하는 새로운 개념체계를 가지고 있었다. '힘', '인력', '중력', '운동', '시간', '공간' 등으로 구성된 개념적인 틀을 기반으로 역학의 체계와 물리학적 법칙이 성립한다. 앞서 보았듯이, 특히 힘의 개념은 뉴턴이 보편중력의 법칙을 확립함으로써 지상의 역학과 천상의 역학을 종합하는 수학적 연역을 전개하기 위한 공리적 기초를 이룬다. 또한 그의 힘 개념은 그의 시간 및 공간의 개념과도 밀접한 관계를 가진다. 이러한 뉴턴의 개념체계와 아리스토텔레스 자연학의 패러다임의 개념체계 사이에는 공약불가능성이 존재한다. 또한 그 개념체계는 데카르트 기계론의 개념체계와도 양립하기 어렵다.

다섯째, 뉴턴은 추리규칙을 통해서 자연과학이 추구해야 할 '원인' 개념을 규정하고, 자연과학이 추구해야 할 설명의 방식, 그리고 지식의 개념을 제시한다. 뉴턴이 추구한 원인은 '진실되고 충분한 원인'으로서, 그것은 아리스토텔레스의 목적인과 다를 뿐 아니라, 기계론자들이 추구한 작용인과도 다르다.[178] 오히려 그것은 수학적으로 표현되는 형상인에 가깝다. 자연과학이 추구해야 할 설명은 이제 목적론적 설명일 수 없다. 그것은 또한 가설주의자들이 추구하는 귀추적인 설명도 아니다. 뉴턴은 오늘날 과학자들이 추구하는 연역-법칙적 설명모델(D-N 모델)을 확립하였다. 뉴턴의 실험철학은 과학적 지식이 증명가능성과 확실성을 추구해야 한다는 기계론적인 지식 개념을 포기하였다. 반면에 귀납적 지식이 자연의 본성이 허용하는 가장 좋은 논증이며, 우리는 높은 개연성에 만족해야 한다고 주장하였다.

뉴턴의 자연철학은 데카르트의 기계철학과 오랜 대립과 갈등을 겪은 후에야 비로소 유럽에서 보편적인 인정을 받을 수 있었다. 그러한 대결을 통해서 데카르트와 뉴턴은 각각 다른 입장을 대변하는 상징이 되고 말았다. 뉴턴은 진보적이고 성공적인 근대과학의 이상적인 상징으로 떠올랐는데, 이때 근대과학이란 엄격하게 실험적인 성격의 것으로서 경험적이고 관찰적인 데이터에 대한 엄밀한 수학적 표현에 기초하는 것이었다.[179] 반면에 데카르트는 경험, 정확성, 측정을 무시하고 그것을 물질의 구조와 행동에 대해 증명할 수 없는 가설로 대치하는 형이상학에 과학을 종속시키는 진부한 시도를 상징하는 인물로 전락하고 말았다. 간단히 말하면 뉴턴은 진리를 표상하는 데 비해, 데카르트는 주관적 오류를 표상하는 인물이 되어 버렸던 것이다.[180]

당시 처음으로 두 전문 집단으로 나누어진 철학자들과 물리학자들의 상상력에 뉴턴의『프린키피아』가 미친 영향은 너무나 지대한 것이어서, 그의 업적이 자연과학 나아가 모든 학문의 패러다임이 되는 것은 당연하였다. 또한『프린키피아』와『광학』의 여러 페이지에 흩어져 있는 뉴턴의 방법에 관한 진술도 그에 상응하는 권위를 갖게 되었다. 그러므로 과학방법론의 긴 역사에서 18세기는 뉴턴의 세기라고 간주될 수 있다.

이제 뉴턴의 역학은 자연에 대한 탐구의 모델이 되었고, 그 후 200년 동안, 적어도 상대성이론과 양자역학이 등장하기 전까지, 자연과학을 위한 틀을 제공하였다.『프린키피아』가 그 시대에 영향을 준 것은 과학에 관한 철학에 대해서가 아니라, 일차적으로 과학 그 자체에 대해서였다. 뉴턴주의 추론 및 설명 방식은 점점 더 많은 자연현상으로 확대되었다. 과학을 한다는 것은 뉴턴주의에 의해서 우주를 이해하는 과정으로 여겨졌다. 과학자들은 뉴턴의 과학을 패러다임으로 받아들이면서, 이제 그것과 세계 사이의 간격을 좁히고, 그것이 제공하는 퍼즐들을 풀어나가는 정상과학을 전개하였다. 18세기, 19세기에 걸쳐서 화학, 광학, 열역학, 전자기학에서 주목할 만한 진전이 이루어졌다. 오일러(L. Euler), 달랑

베르(d'Alembert), 라그랑제(Lagrange), 라플라스(Laplas) 등 과학사에서 가장 뛰어난 인물들이 뉴턴의 업적을 모델로 과학적 업적을 이루어 냈다.

남겨진 철학적 문제들

한편 데카르트적 기계론과 뉴턴의 실험철학의 대결, 데카르트주의자들과 뉴턴주의자들의 논쟁은 다음과 같은 근본적인 철학적 문제들을 제기하였다. 그 문제들은 적어도 18세기 이후 서양철학의 중심적 주제를 이루었다.

(1) 인과 개념의 문제

뉴턴의 실험철학은 새로운 원인의 개념을 제시하였다. 그것은 데카르트의 기계철학에서 제시하는 원인의 개념과 상당한 차이를 보여 주었다. 데카르트 철학에서 원인의 개념에는 작용인, 형이상학적 일반원리, 제1원리 등이 포함되며, 가설적인 성격의 원인이었다. 또한 데카르트에게 인과적 설명은 제1원인으로부터 개별적인 현상들을 연역적으로 도출해 내는 것을 의미한다. 반면에 뉴턴은 「규칙 1」에서 자연계의 사물 현상을 설명하기에 '진실하고도 충분한' 원인을 추구해야 한다고 말하며, 그 이외의 것을 자연계의 원인이라고 인정해서는 안 된다고 주장하였다. 그리고 그는 달의 궤도운동, 지구상에서 물체의 낙하운동, 바다의 조수현상 등의 원인으로 중력이라는 힘을 제시하고 그것의 수학적 속성을 설명하였다. 그러나 그는 중력의 원인이 무엇인가를 추구하지 않았다. 즉 원인에 대한 수학적인 설명은 그 원인의 기원과 본성 등에 의존하지 않는다고 생각하였다. 따라서 뉴턴은 행성들에 작용하는 힘이 어떤 종류의 것인가를 묻지 않았다. 그가 물은 것은 그 힘의 수학적 속성이 무엇인가 하는 것이었다. 뉴턴이 말하는 '현상을 설명하기에 충분하고도 진실한 원인'이란 무엇인가? '원인', '인과관계'의 개념이 근세철학의 주된 논의 대상이 된 것은 뉴턴 과학에서 새로운 '원인' 개념이 등장한 것과 무관하지 않을 것이다. 원인의 개념과 인과관계에 대한 새로운 이해는 로크, 버클리를 거쳐서 흄에 이르러서야 완성된다.

(2) 지식 개념의 변화

전통적으로 지식이란 불가회의성, 확실성, 명증성을 가져야 한다고 생각되었다. 데카르트 과학의 중요한 특징 중의 하나 역시 확실성에 대한 추구라고 할 수 있다. 이 점에서도 그는 아리스토텔레스적인 전통에서 벗어나지 못하였다고 할 수 있다. 반면에 뉴턴은 자연에 관한 이해가 절대적이고 확실한 지식의 지위에 도달할 수 있다는 당시 사람들의 관념에서 벗어났다. 뉴턴에게 선험적인 확실성이란 존재하지 않는다. 그에 의하면 "실험과 관찰로부터 귀납에 의해 논증하는 것은 일반적 결론에 대한 증명이 되지는 못하지만, 사물들의 본성이 허용하는 최선의 논증방식이며, 그 귀납이 얼마나 일반적인 것인가에 따라서 보다 강해진다." 뉴턴의 이 언명은 귀납적 방법을 통해서 얻어지는 자연에 관한 지식이 증명적 지식이 될 수 없고, 다만 경험에 의해서 정당화될 수밖에 없다는 것을 말해 주고 있다. 따라서 근대철학자들은 이러한 지식 개념의 변화를 인식론적으로 정당화해야 할 과제를 안게 되었다.

로크는 전통적 지식의 개념에서 벗어나지는 못하였지만, 지식과 판단을 구분하였다. 그는 지식이 관념들 사이의 관계에 관한 참되고 불가오류적인 직관에 기초하는 것인데 비해, 물리적 세계에 대한 앎은 지식의 정도에 미치지 못하는 판단에 속하는 것이라고 생각하였다. 로크는 우리가 물리적 세계에 관해서 상당히 높은 정도의 개연성과 정보를 가질 수 있다는 것을 분명히 인정하고 있다. 흄은 지식과 개연적 지식의 차이를 개연성의 차이, 믿음의 정도 차이로 완화하였다. 흄에서 이른바 확률적 지식이 지식의 범주 안에 포함되기에 이른다. 한편 칸트는 뉴턴 과학의 명제들을 선천적 종합판단으로 파악하고, 그러한 인식의 가능근거를 탐구하였다. 그의 철학은 우리의 경험적 인식의 가능성에 대한 초월적 분석(transcendental analysis)을 통해서 뉴턴 과학을 정당화하기 위한 과학철학을 시도한 것으로 해석된다.

(3) 개연적 추리에 대한 관심

뉴턴이 자신의 실험철학의 방법이 귀납이라고 말한 이후에 철학자들은 귀납적 방법을 경험적 사실의 문제를 다루는 최선의 추리 방법이라고 생각하였다. 흄이 개연적 추리에 적극적인 관심을 가졌던 이유는 무엇보다도 뉴턴의 영향이라고 할 수 있다. 흄 자신도 모든 경험과학이 연역보다는 개연적 추리를 사용하는 귀납적 방법에 의존한다고 생각하였다. 뉴턴의 말대로 귀납에 의한 논증이 증명적인 것이 되지 못한다면, 다시 말해 만약 개연적 추리에서 관념들 사이의 관계가 필연적인 것이 아니며 그 추론이 확실하지 않다면, 개연적 추리에서 관념들과 추론들은 서로 어떻게 연결되는가 하는 물음이 제기된다. 여기에는 두 가지 물음이 포함된다. 첫 번째 물음은 어떻게 우리는 우리가 실제로 가질 수 있는 감각 인상을 넘어서는 추리를 할 수 있는가, 또 그러한 추리의 심적 기초는 무엇인가에 관한 것이다. 두 번째 물음은 어떤 개연적 추리가 다른 것보다 강하다는 것은 어떤 의미에서인가 하는 것이다. 즉 어떤 개연적 추리가 다른 것보다 낫다고 판단할 근거가 무엇인가 하는 것이다. 예컨대 어떻게 우리는 실험적 과학에 의해 제시된 개연적 추리의 결론이 종교적 사변이나 광기에 의해서 제시된 것보다 낫다고 판단할 수 있는가? 이러한 논의를 통하여 흄은 증명적 추리가 사실에 관한 지식을 산출할 수 없으며, 개연적 추리의 방법이 과학에 관한 합리주의적 모델을 대신해야 함을 주장하였다. 하지만 흄이 제기한 귀납적 추리를 정당화하는 문제는 해결되지 않은 철학의 스캔들로 남았다.

(4) 과학과 형이상학의 구분

중력은 기계적인가, 혹은 어떤 물질에서 유래하는가? 만일 그것이 비-기계적이라면, 그것은 신비한 성질인가? 만일 그것이 기계적이라면 물질의 내재적 성질에서 오는가 아니면 물질의 외부에서 오는가? 그것은 자연 가운데 존재하는 물질적 대상인가 아니면 현상을 구하기 위한 도구적 구성물인가? 중력의 원인과 그 본성에 관한 이러한 물음들에 대한 해답을 시도하면서 18세기의 철학자들은 자연과학과 형이상학의 관계를 재설정하기 위한 논의에 착수하였다.

중력의 원인에 대한 논의에서 라이프니츠와 같은 철학자들은 과학적 정식화로서 중력의 원리와 형이상학적 실재로서 중력을 명확히 구분하지 못하였다. 나아가 방법론적 원리와 형이상학적 원리를 일관성 있게 구분하지 못하였다. 뉴턴 자신도 중력의 궁극적 성질이나 원인을 실험철학의 영역에서 축출하였지만, 그것을 완전히 회피할 수는 없었다. 그것은 뉴턴 역시 물리학과 형이상학 사이를 구분 짓는 일이 쉽지 않았기 때문이다.[181] 여기서 과학과 형이상학을 구분 짓는 문제가 제기된다. 과학적 원리와 형이상학적인 원리는 어떻게 다른가? 이 문제는 영국 경험론자인 버클리와 흄, 그리고 칸트에 의해 본격적으로 논의된다.

버클리는 중력의 개념을 둘러싼 논쟁이 자연과학이 하는 일과 형이상학이 하는 일을 구분하지 못하는 데서 비롯된다고 생각하였다. 그는 중력의 원인에 대한 물음이 중력 개념에 대한 형이상학적 논변이나 중력 현상에 대한 과학적 연구를 통해서 해결될 성질의 것이 아니라고 보았다. 버클리에 의하면 중력에 관한 문제는 과학에서 추구될 인과관계, 과학적 명제들의 의미, 과학적 설명에서 사용되는 이론적 개념들의 용법을 새롭게 해석함으로써만 해결을 볼 수 있다. 뉴턴의 힘 개념에 대한 버클리의 도구주의적 해석은 이러한 목표를 가지고 제시된 것이다. 그의 도구주의적 입장에서는 하나의 자연현상을 설명하는 과학이론은 여럿 있을 수 있으며, 그 이론들의 진리성은 자연과의 대조에 의해서 판별될 수 있는 것이 아니다. 과학적 설명을 위해 동원되는 '힘', '인력', '중력' 등은 개념적 도식의 구성물에 불과하며, 형이상학적 인과관계와 혼동되어서는 안 된다. 이러한 버클리의 도구주의적 입장은 오시안더와 벨라르미노를 거쳐서 전해지는 '현상을 구하려는 전통'[182]에 속하는 것이었다.

(5) 정신과학의 추구

뉴턴의 궁극적 승리는 기하학에 기초한 데카르트의 정교한 연역체계에 대해 뉴턴의 실험적 방법이 우월함을 입증해 주는 것이었다. 이는 과학에서 실험적 방법을 압도적으로 인정하게 했을 뿐 아니라, 철학적 탐구의 모델을 수학으로부터 뉴턴적인 역학으로 대치하려는 시도를 가져왔다. 뉴턴 자신이 그러한 작업의 가능성을 다음과 같이 말한 바 있다.

"만일 자연철학이 그 모든 부분에서 이 방법을 추구함으로써 훨씬 완벽해질 수 있다면, 같은 식으로 정신 철학의 영역을 넓혀 갈 수 있을 것이다."[183]

고전적 경험론은 실험적 방법을 다른 주제에 적용하기 위한 시도였다고 볼 수 있다. 뉴턴의 새로운 과학을 받아들이는 사람들이 외적 세계에 관한 사실들보다도 더욱 간절히 질서가 요구되었던 정신적 주제(moral subjects)에 과학의 방법과 원리를 적용해 보고자 하였던 것은 자연스럽고도 거의 필연적인 것이었다. 그러나 인간 정신의 중요한 능력과 작용에 관한 적절한 설명 없이는 물질적 세계에 관한 새로운 설명을 다른 주제들, 즉 도덕적 행위, 미학적 원리, 역사, 사회, 정치생활의 법칙, 정념과 상상력의 '내적 작용' 등 인류의 주된 관심사가 되는 문제들과 적절히 관련지을 수 없었다. 이제 자연과학에 상응할 만한 정신과학이 창조되어야만 하였다.

흄의 철학은 그러한 길을 택한 대표적인 사례일 것이다. 흄은 '정신과학의 뉴턴'이 되고자 하였다. 그런데 흄이 실험적 방법을 다른 주제들에 적용하기 위해서는 그 방법의 인식론적, 형이상학적 기초를 먼저 논의하지 않으면 안 되었다.[184] 이러한 과제를 중심으로 18세기의 철학자들, 특히 로크와 버클리의 철학은 자연과 정신의 의미, 그리고 그것을 이해하기 위한 방법 등에 대한 새로운 논의에 착수하게 되었다. 그들은 적어도 원인의 개념, 방법의 문제에 관련해서 흄이 다루는 문제들에 대한 기초를 마련해 주었다고 할 수 있다.

제8장

뉴턴과 로크

이 장에서 우리는 인과이론과 과학적 추리의 방법에 관한 로크의 견해를 검토하고 이를 뉴턴의 견해와 비교하려 한다.[185] 이러한 작업은 두 가지 목표를 가진다. 첫째, 로크가 그의 인식론에서 당시의 과학, 특히 뉴턴 과학에 함의된 물질적 세계에서의 인과관계 개념과 과학적 추리 방법을 얼마나 소화하고 반영하였는가를 검토하려는 것이다. 둘째, 흄이 로크의 인과적 힘의 개념을 공격하는 배경을 이해하고, 뉴턴이 두 철학자들에 미친 영향에 어떤 차이점이 있는지 살펴보려는 것이다.

로크의 인과이론과 인과적 힘의 개념

로크의 인과이론은 힘의 개념을 중심으로 전개되는데, 그는 힘의 개념을 제1성질과 제2성질을 구분하는 것과 관련하여 도입하였다. 주지하듯이 이러한 제1성질과 제2성질의 구분은 로크의 독창적인 생각이 아니다. 이 구분의 근대적인 형태를 제시한 것은 갈릴레오였다. 17세기의 자연과학은 대상들을 비환원적인 질적인 차이에 의해 기술하려는 중세적인 노력을 포기하고 양적으로 측정할 수 있는 대상의 속성에 집중하였다. 갈릴레오는 여기서 한걸음 더 나아가, "오직 물질의 측정 가능한 역학적 속성들만이 실재적이다"라는 형이상학적 진술을 제시하였다. 갈릴레오는 모양, 크기, 위치를 갖지 않거나 어떤 정해진 방식으로 정지해 있거나 운동하고 있지 않는 물체는 지각할 수 없는 반면에 맛, 냄새, 또는 빛깔이 결여된 것은 지각할 수 있다고 말함으로써 앞 속성의 실재성과 뒤 속성의 비실재성을 주장하였다. 그는 이 후자의 속성들은 주관적인 환상에 불과하고, 전자의 속성들만이 객관적이고, 실재적이며 물체에 속하는 것이라고 결론지었다.[186]

로크의 인과이론은 이 이론(제1성질과 제2성질의 구분)이 다음과 같은 세 가지 이론과 결합된 것이라고 할 수 있다. ① 물질은 궁극적으로 미세한 입자들로 이루어지며 물질들 사이의 질적인 차이는 기본입자들의 크기, 모양, 운동, 배열 등에 의해서 결정된다. 그러한 기본입자들의 조직과 혼합에 의해서 물질의 내적 구조가 형성된다.(입자설) ②공간적인 운동과 충격이 물질적인 세계에서 유일한 작인이며, 따라서 모든 설명은 이러한 것들에 의한 것이어야 한다.(운동이론) ③ 인간의 정신은 정신을 담는 육체와는 그 종류가 전적으로 다른 것이다.(심신이원론)[187]

이러한 이론들이 결합하여 로크의 지각이론을 구성한다. 즉 물질적 대상으로부터 발산되는 지각될 수 없는 미세한 입자들이 인간의 감각기관을 때려서 신경체계에 인과적인 연쇄반응을 일으키는데, 그것은 궁극적으로 정신 안에 관념이라는 다른 종류의 실재물을 만들어 낸다. 정신 안에 관념이 산출되는 과정에 대해서 로크는 이렇게 말하였다.

"다음으로 고려되어야 할 일은 어떻게 물체들이 관념을 우리 안에서 산출하는가 하는 것이다. 이는 명백히 충격(impulse)에 의해서다. 충격은 우리가 생각할 수 있는 물체들의 유일한 작용 방식이다. … 단독적으로는 지각될 수 없는 어떤 물체들이 외부 대상들에서 나와 눈으로 들어오고, 이로써 어떤 운동을 두뇌에 전달하여 우리가 우리 안에 외부 대상들에 대해 갖고 있는 이 관념들을 산출한다."[188]

물질의 성질과 힘

로크에서 힘의 개념은 물질의 성질과 단순관념에 대한 설명에서 처음 등장한다. 먼저 로크는 우리의 정신 가운데 어떤 관념을 산출하는 대상에 속하는 물체의 성질을 힘이라고 불렀다.

"마음이 자신 안에서 지각하는 것은 무엇이든지 간에, 또는 지각, 생각, 또는 지성의 직접적인 대상이 되는 것은 무엇이든 간에 나는 그것을 관념이라고 부른다. 그리고 우리 마음속에 관념을 산출하는 힘을 나는 그 안에 있는 주체의 성질이라고 부른다. 그리하여 눈뭉치는 우리 안에 흰, 차가움과 둥긂의 관념을 산출하는 힘들을 가지고 있고, 나는 이 관념들을 우리 안에 산출하는 힘들을, 그것들이 눈뭉치 안에 있으므로, 성질들이라고 부른다."[189]

여기서 우리는 로크에게 힘은 일차적으로 물체의 성질을 의미하고 있음을 알 수 있다. 그런데 로크는 물체의 성질을 제1성질과 제2성질 두 가지로 구분한다. 로크에 의하면 제1성질은 "물체가 어떤 상태에 놓이든 물체들과 전혀 분리될 수 없는 성질들이다. 이 성질들은 물체가 겪는 변양과 변화에서도 아무리 물체에 힘이 가해진다고 해도 그 물체가 항상 유지하는 성질이다."[190] 로크는 이러한 성질을 '본래적' 성질이라고 부르는데 그것에는 충전성, 연장, 모양, 운동, 정지 등이 속한다. 제2성질에 대해서 로크는 이렇게 말하였다.

> "사실상 물체들 자체에는 없는 것이지만 우리 안에 물체들의 제1성질들, 즉 물체의 감각되지 않는 부분들의 부피, 모양, 구조, 운동에 의해 우리들 안에 다양한 감각을 산출하는 힘으로 있는 성질들이 있다. 색깔, 소리, 맛 등이 바로 이러한 성질들이며 나는 이것들을 제2성질이라고 부른다."[191]

그렇다면 물질의 성질로서 힘은 제1성질과 제2성질 중 어느 것을 지시하는가? 아니면 제1성질과 제2성질은 각기 다른 종류의 힘인가? 아니면 힘은 제3의 성질이나 성향인가? 다음의 구절에서 그 대답의 일부가 제시될 수 있을 것이다.

> "물체들의 제1성질의 관념은 이 성질과 유사하며, 이 성질들의 견본은 실제로 물체들 안에 있는 것이지만, 제2성질들에 의해서 우

리 안에 산출되는 관념들은 제2성질들과는 전혀 닮지 않았다. 제2성질들의 경우, 물체들 그 자체 안에 있어서 우리의 관념과 닮은 것이란 없다. 이 성질들은 단지 우리 안에 그러한 감각들을 산출하는 힘, 우리가 이 성질에 의거하여 형용사를 갖다 붙이는 물체들 안에 있는 단적인 힘일 뿐이다. 관념에서 달콤함, 파란색 또는 따뜻함은 우리가 달콤하다거나 파랗다거나 따뜻하다고 형용하는 물체들 자체에서는 감각 지각되지 않는 부분들의 어떤 크기, 모양, 그리고 운동에 지나지 않는다."[192]

여기서 로크는 힘이 물질에 내재하는 것이라고 말하고 있다. 로크에게 물질에 내재하는 성질은 제1성질 뿐이다. 그러므로 힘은 제1성질을 가리킨다고 해야 한다. 그러나 한편 그는 반복해서 제2성질도 힘임을 강조하였다. 그는 "모든 제2성질은 앞서 살펴본 대로 단순한 힘들에 지나지 않는다. 아편의 색깔과 맛은 그 최면력이나 진통력과 마찬가지로 제1성질에 의존하는 단순한 힘에 지나지 않는다."[193]고 말하였다.

그러나 로크는『인간지성론』제2권 23장 9절의 실체에 대한 복합관념에 관한 설명에서는 힘이 제1성질이나 제2성질과 구별되는 것처럼 말한다. 그는 물질적 실체라는 복합관념을 만드는 관념은 세 가지 종류라고 말하면서 제1성질과 제2성질을 그 두 가지로 든다. 그리고 세 번째 종류로 드는 것이 힘의 관념이다. 이에 대해서 로크는 이렇게 말한다.

"셋째, 우리가 어떤 실체 안에서라도 고려하는 것으로서, 제1성질에 변화를 주거나 변화를 받아들이는 성향(aptness)이다. 그렇게 변화된 실체는 우리 안에 이전에 산출했던 것과는 다른 관념을 산출하는데, 이것들은 능동적 힘과 수동적 힘으로 불린다."[194]

이렇게 보면 로크에게 힘이 정확히 무엇을 의미하는 것인지는 그다지 명확하지 않다. 로크는 힘이 물질에 내재한 성질이라 하여 제1성질을 의미하는 것처럼 말하다가, 제1성질이 우리에게 미쳐서 생기는 제2성질이 곧 힘이고, 그것이 곧 물질이 갖는 성향인 것처럼 말하기도 한다. 때로는 힘이 제1성질과 제2성질과 구별되는 성향인 것으로 말한다. 또 그는 제3의 성질이라고 할 수 있는 어떤 것이 있는 것처럼 말하기도 한다.[195] 이런 연유로 로크가 말하는 힘이 정확히 무엇을 의미하는 것인지에 대해서 주석가들 사이에서도 일치를 보지 못하고 있는 듯하다.[196]

다만 우리가 알 수 있는 것은 힘이 인과적, 관계적 개념으로 사용되고 있다는 사실이다. 즉 로크에게 힘이란 그것을 가짐으로써 사물이 원인이 될 수 있게 하는 (혹은 수동적인 경우에는 결과가 될 수 있게 하는) 것이라 할 수 있다. 다시 말해 힘이란 사물의 내적인 구조로부터 발생하는 것으로서 어떤 물질의 감각적 성질들을 변화시키는 성질 혹은 성향이다. 예를 들어 왕수는 금을 녹여 없앨 수 있는 힘을 가지고 있고, 금은 왕수에 녹아 없어질 힘을 가지고 있다. 또한 태양은 밀납을 희게 할 힘을 가지고, 밀납은 태양에 의해서 희게 될 힘을 가지고 있다.

또한 로크에게서 힘이 인과적 개념으로 사용된다는 사실은 다음과 같은 그의 진술에서도 확인된다.

"우리는 우리 감각을 통하는 물체들의 작용에 대한 관찰로부터는 능동적인 힘에 대해 매우 불완전하고 불분명한 관념을 얻는데, 이는 물체들이 그 자체로서는 우리에게 운동이든 생각이든 그 어떤 행동을 시작하는 힘에 대한 어떤 관념도 제공하지 못하기 때문이다. 그러나 만약 물체들이 서로 가하는 것으로 관찰되는 충격으로부터 누군가가 뚜렷한 힘 관념을 얻는다고 생각한다면, 이는 내 목적에 잘 부합할 것이다. 감각은 마음이 힘 관념을 얻는 방법들 중 한 가지다."[197]

결국 우리가 주목해야 할 것은 로크에게 물체들 사이의 인과적 상황은 물체들이 가지고 있는 능동적인 혹은 수동적인 힘에 의해서 야기된다는 것이다.

능동적 힘의 개념

그러나 이로써 힘의 개념에 대한 로크의 논의가 완결되는 것은 아니다. 왜냐하면 로크는 그가 본격적으로 힘의 개념을 다루는『인간지성론』제2권 21장에서 새로운 논의를 추가하고 있기 때문이다. 그는 거기서 다시 우리 정신이 사물들의 변화 가운데서 얻게 되는 힘의 관념에는 어떤 변화를 일으킬 수 있는 것과 어떤 변화를 받을 수 있는 것, 두 가지가 있다고 말하고, 전자를 능동적인(active) 힘, 후자를 수동적인(passive) 힘이라고 불렀다. 그리고 나서 그는 자연적 실체들에 대한 복합관념의 큰 부분을 차지하는 능동적인 힘은 진정한 의미의 능동적인 힘으로 볼 수 없다고 말한다. 달리 말해 물체의 운동은 명석하고 판명한 능동적인 힘의 관념을 제공할 수 없다는 것이다. 이에 대해 로크는 이렇게 말한다.

"우리는 거의 모든 종류의 감각적 사물들에 의해 수동적 힘에 대한 관념을 풍부하게 공급받는다. … 그렇지만 우리가 주의 깊게 고찰해 보건대, 물체들이 우리의 감관을 통해 우리가 우리 자신의 마음의 작용에 대한 반성에서 얻는 것과 같은 그렇게 뚜렷하고 구별되는 능동적 힘의 관념을 우리에게 주는 것은 아니다. 모든 힘은 행동과 관련되어 있고, 우리가 그것에 대해 관념을 지니고 있는 행동은 생각과 운동이라는 두 가지 종류다. 이제 우리가 이 행동들을 산출하는 힘에 대한 가장 뚜렷한 관념들을 어디서부터 얻는지 생각해 보자. ① 물체들은 생각에 관한 관념을 우리에게 전혀 제공하지 못한다. 이 관념은 우리가 생각을 갖고 있다는 반성에서만 온다. ②우리는 어떤 물체에서도 운동의 시작 관념을 가질 수 없다. 정지하고 있는 물체는 운동하는 능동적 힘의 관념을 우리에게 제공하지 못한다. 또 물체가 움직이게 되었을 때, 이 운동은 물체 안에 있는 행동이라기보다는 수동적인 상태다. "[198]

이렇게 생각하는 이유를 그는 다음과 같이 말한다.

"당구공이 큐의 타격대로 움직일 때, 이는 공의 어떤 행동이 아니라 단지 수동적인 상태이기 때문이다. 또 이 공이 충격으로 도중에 있는 다른 공을 움직이게 할 때, 이는 그 공이 다른 공으로부터 받아들인 운동을 전달하여 다른 공이 받아들인 만큼의 운동을 잃어버리는 것에 불과하다. … 우리가 관찰하는 것은 이 물체가 어떤 운동을 전달만 할 뿐 산출하지는 않는다는 것이다. 이때에 우리가 갖게 되는 힘 관념은 행동의 산출에는 못 미치고 단지 수동적인 상태의 지속에만 미치는 힘에 대한 매우 불분명한 관념이기 때문이다."[199]

여기서 로크가 말하고자 하는 것은 물체의 운동에서 우리가 발견할 수 있는 것은 운동의 전이 현상일 뿐이며, 능동적인 힘에 관해서는 분명한 관념을 가질 수 없다는 것이다. 이제 로크는 능동적인 힘을 우리의 정신과 신의 작용에서 찾고자 한다. 그리고 그는 "우리는 우리 자신 안에서 우리 마음의 여러 행동과 우리 육체의 운동을 시작하거나 억제하거나, 지속하거나 중지하는 힘을 발견하며, 이 힘은 단지 이러저러한 특정 행동을 하라거나 하지 말라는 것을 지시하거나 명령하는 마음의 생각 또는 선호에 의해 행사된다"[200]고 말한다. 로크는 이러한 정신의 힘을 '의지'(will)라고 부르고 이러한 힘을 실제로 사용하는 것을 '의지작용'(willing)이라고 부른다. 그는 나아가 완전한 능동적 힘이 신에게만 속하는 것이라고 주장하였다.[201]

이러한 주장은 힘을 물체의 성질 혹은 성향으로 보고, 그것을 수동적인 것과 능동적인 것으로 나누었던 앞서의 주장과 상반되는 것처럼 보인다. 결국 로크는 물질적인 운동이나 변화에서는 인과적 힘을 발견할 수 없다는 것인가? 아니면 그는 감각을 통해서는 인과적 과정에 대한 관념을 가질 수 없다는 것인가? 이에 대답하기 위해서 우리는 『인간지성론』 제2권 26장의 '원인과 결과 그리고 다른 관계들에 관하여'를 참조할 필요가 있다고 생각한다. 왜냐하면 앞서 우리는 로크에게 힘의 관념이 물체들 사이의 인과적 관계를 설명하기 위한 것이라고 생각하였기 때문이다.

원인과 결과의 관념

로크는 먼저 '원인과 결과의 관념'이 어떻게 발생하는가를 설명한다. 그에 의하면 우리의 감관은 사물의 지속적인 변화를 경험하고, 어떤 성질 혹은 실체가 다른 존재들의 작용에 의해서 새롭게 존재하게 되거나 변하는 것을 관찰하게 되는데, "물체들 상호 간의 작용 가운데서 우리의 감관이 발견할 수 있는 것으로부터 원인과 결과의 개념(notion)을 갖게 된다."[202] 로크는 "원인이란 단순관념이든 실체든 양태든 어떤 다른 사물을 존재하기 시작하도록 만드는 것이고, 결과란 그 시작이 다른 어떤 사물에서 비롯된 것이다"[203]라고 말한다.

이어서 그는 원인 혹은 '사물들의 기원'을 두 가지 종류로 구분한다. 그중 첫 번째는 '창조'(creation)인데, 그것은 "사물이 그것의 어떤 부분도 전에 존재하지 않았던 것으로 완전히 새롭게 만들어졌을 때, 예컨대 전에는 전혀 존재하지 않았던 새로운 물질의 입자가 자연계에 존재하기 시작했을 때"[204]를 가리키는 말이다.

두 번째 종류의 인과관계는 이미 존재하는 입자들과 그 입자들로 이루어진 사물들이 다음의 세 가지 방식으로 변화하는 것이다. 그 첫째는 '발생'(generation)인데, 입자들이 유기체적인 통합성을 가지도록 새롭게 재배열되는 것이다. 둘째는 입자들이 제1성질이 변하는 범위에서만 재배치되는 것이다. 이를 '제작'(making)이라고 부른다. 셋째는 '변경'(alteration)으로서 제2성질에 변화가 오도록 입자들이 재배열되는 것이다.

이상과 같은 인과관계에 대한 구분을 고려할 때 우리는 앞서 해결되지 않았던 능동적 힘의 문제를 이렇게 생각해 볼 수 있다. 즉 로크에게

‘능동적’ 힘이라는 개념은 두 가지 의미를 가질 수 있다는 것이다. 그중 하나는 ‘창조’라는 인과관계를 가능하게 할 정도의 능동적인 힘이다. 그러한 의미에서라면 물체에서 능동적인 힘은 배제될 수밖에 없다. 그것은 오직 신과 정신만이 가질 수 있는 힘이다. 다른 하나인 ‘능동적인 힘’은 그 밖에 의미의 인과관계, 즉 발생, 제작, 변경에서 작용할 수 있는 능동적인 힘이다. 여기서는 물체가 수동적인 힘뿐만 아니라 능동적인 힘을 발휘할 수 있고 우리는 능동적인 힘에 대한 관념을 가질 수 있다. 로크가 물체에 능동적인 힘을 부여한 것은 이러한 맥락에서이다.

그러면 앞에서 본 당구공의 예를 통해서 운동전이(運動轉移, motion transfer)에서 능동적 힘에 대한 분명치 않은 관념만을 얻게 된다는 것은 어떻게 해석되어야 할까? 그것에 대해서는 이렇게 말할 수 있다. 즉, 그 경우에 능동적 힘과 수동적 힘 사이의 구분은 물체와 정신의 개념을 명료히 하기 위해 사용된 것이며 로크는 운동전이의 역량(capacity)이 능동적인 힘의 매우 부적절한 예임을 주장하는 것이다.

만일 이러한 해석이 옳다면, 로크의 인과적 힘의 개념에 대한 지금까지의 논의는 다음과 같이 집약될 수 있을 것이다.

① 로크에 의하면 인과관계는 감관을 통해서 한 물체가 다른 물체에 작용하는 것을 관찰하거나 우리의 정신이 육체에 운동을 발하는 의지적 행위에 대한 반성을 통해서 갖게 되는 관념이다.

② 인과관계는 신, 정신, 물체가 가진 능동적인 힘과 수동적인 힘이 작용함으로써 일어난다.

③ 이전에는 존재하지 않던 물체가 새롭게 창조되거나 운동을 산출한다는 의미의 인과관계에서 물체의 능동적인 힘이 발견되기 어려웠으

므로 그것에 대해서 우리는 분명치 않은 관념을 가질 뿐이다.

④그러나 물체들이 상호작용함으로써 생기는 제1성질, 제2성질의 변화, 입자들의 재배열 등의 인과관계에서는 물체의 능동적인 힘과 수동적인 힘에 대한 관념을 가질 수 있다.

⑤ 결국 로크에게 물체와 물체, 혹은 정신과 물체 사이의 인과관계에 대한 관념은 인과적인 힘의 작용을 경험함으로써 주어지는 것이다.

뉴턴의 인과 개념과의 비교

이러한 인과적인 힘에 대한 로크의 생각은 아리스토텔레스로부터 비롯된 스콜라적인 사고에서 크게 벗어나지 못한 것이었다. 왜냐하면 그는 우리들 자신이나 외부적 물체 가운데서 힘의 관념을 가질 수 있거나, 발견할 수 있다고 생각하였기 때문이다. 물론 로크가 사물들이 어떤 신비한 힘을 가지고 있다고 말한 것은 아니다. 또한 그는 아리스토텔레스가 말하는 형상인이나 본질을 발견할 수 있다고 말하지도 않았다. 그러나 그는 물체들 사이의 인과관계가 물체들이 스스로 가지고 있는 작용인으로부터 비롯된다는 것을 인정하였다. 이러한 그의 생각은 뉴턴이 생각하는 원인의 개념이나 인과관계의 개념과는 다른 것이었다.

첫째, 로크는 물체들 사이의 인과적인 작용이 '충격'에 의해서만 일어날 수 있다고 생각하였다. 반면에 뉴턴의 중력과 같은 힘은 충격에 의해서 작용하는 힘이 아니다. 물론 로크는 스틸링플리트에게 보낸 편지에서 『인성지성론』에서 서술한 자신의 생각에 문제가 있었음을 다음과 같이 고백하였다.

"내가 '물체가 오직 충격에 의해서만 작용한다[II.viii.ii]'고 말한 것이 사실입니다. 그 책을 쓸 무렵에는, 그렇게 생각하였으며, 물체들의 작용에 관해 다른 방식으로 생각할 수 없었습니다. 그러나 이제 사려 깊은 뉴턴 씨의 무엇과도 비길 수 없는 저서에 힘입어, 나는 나의 좁은 생각으로 신의 능력을 이와 같이 한정한다는 것이 지나치게 무모한 추정이라는 것을 알게 되었습니다. 나로서는 감지할 수 없는 방식으로 물질에 미치는 물질의 중력은 신이 원하기만 한다면 육체에 관한 우리의 관념으로부터 도출될 수 있는 것, 물질에 대해서 우리가 아는 것에 의해서 설명될 수 있는 것을 넘어서는 힘과 작용방식을 물체에다 부여할 수 있다는 것에 대한 증명이 될 뿐만 아니라, 신이 실제로 그렇게 하였다는 것을 부인할 수 없는 어디까지나 흔히 볼 수 있는 사례이기 때문입니다."[205]

그러나 알렉산더가 입증해 주는 바와 같이 로크는 『인간지성론』의 후속판에서도 물질적인 인과관계나 힘의 관념에 관한 논의를 거의 변경하지 않았다.[206] 그것은 그가 뉴턴의 중력 개념을 충분히 이해하지 못하였거나, 초기의 신념을 바꾸지 않았다는 것을 뜻한다.

둘째, 로크는 당시의 사람들 특히 보일이나 뉴턴이 가졌던 입자이론에 기초해서 그의 지각이론이나 인과이론을 전개하였다. 특히 그의 제1성질, 제2성질에 관한 이론은 뉴턴의 이론과 매우 유사하다. 그러나 그가 물질에 내재하는 인과적인 힘을 인정하는 반면에 뉴턴의 입장은 그렇지 않았다.

뉴턴은 그의 규칙 3에서 "우리의 실험범위 안에 있는 모든 물체들에 속한다고 확인되고 증강하거나 감소하지 않는 성질들은 우리 경험 밖의 모든 물체들도 공유하는 보편적인 성질들이라고 간주되어야 한다"고 말하였는데 이것은 물질의 제1성질과 제2성질을 구분하는 기준이기도 하다. 그는 규칙 3에 대한 논의에서 "우리의 실험범위 안에 있는 모든 물체들에 속한다고 확인되고 증강하거나 감소하지 않는 성질들은 연장, 충전성, 불가침투성, 운동성, 관성과 같은 성질로서 그 성질들은 일반적으로 일차 성질에 포함되는 것이다"라고 말하였다. 그러나 그것이 운동의 원인이 되는 인과적인 힘이라든가, 그것들로부터 운동의 힘이 나온다고 말하지는 않았다. 달리 말해서 뉴턴은 물체의 고유한 본성을 이루는 것이 무엇인가 혹은 그것들의 작용을 설명하는 원인이 무엇인가에 대해서는 관심이 없었다. 다음과 같은『광학』에서의 언명에서도 뉴턴이 입자론자였음은 분명하다.

> "이러한 모든 것들을 고찰하고 나니, 나에게는 신이 태초에 물질들을 딱딱하고, 견고하고, 불가침투적이고, 움직일 수 있는 입자들로 만들었으며, 그 입자들은 일정한 크기와 모양을 가지는 것으로서 그러한 다른 성질들을 가지며 그러한 정도로 공간을 점유하고, 신이 그것을 만든 목적에 이바지한다는 것이 상당히 그럴 듯하게 보인다. 이러한 기본적인 입자들은 딱딱해서, 그것들로 이루어진 침투성이 많은 물체들 보다 견고하고, 닳거나 부분들로 더 쪼개지는 일이 결코 없다. 어떤 통상적인 힘도 신이 태초의 창조에서 만든 것을 쪼갤 수 없다."[207]

그러나 뉴턴은 물질이 가지는 수동적 능력을 인정할 뿐이었고, 물질에 능동적인 힘이 내재한다는 것을 부정하였다. 그는 '신비한 성질'을 지속적으로 반박하였고, '명백한 성질'만을 인정해야 한다고 주장하였다. 그가 말하는 명백한 성질이란 실험의 범위 내에서 확인할 수 있는 성질이다. 그는 또한 물체의 운동과 작용의 원인이 물체 안에서 찾아질 수 있다고는 주장하지 않았다. 오히려 운동의 현상에서 운동의 원리를 찾아내고 그 원리로부터 사물의 성질과 작용이 설명되어야 한다는 것이다. 그에게 그러한 원리의 궁극적인 원인이 무엇인가는 문제되지 않았다. 다음과 같은 구절에서 그의 입장을 확인할 수 있다.

"내가 생각하기는 이러한 입자들은 관성력을 가지고 있을 뿐 아니라 그러한 힘으로부터 자연적으로 나타나는 수동적인 운동의 법칙을 수반한다. 또한 그것들은 어떤 능동적인 힘에 의해 움직여지며, 그것은 물체의 작용과 결합의 원인이 된다. 나는 이러한 원리들이 사물의 특수한 형상에서 나타난다고 상정되는 신비한 성질이 아니라, 일반적인 자연의 법칙이고 그것에 의해서 사물들이 그 스스로 형성된다고 생각한다. 그것의 원인은 아직 발견되지 않았지만, 그것이 참임은 현상을 통해서 내게 알려진다. 왜냐하면 그것은 명백한 성질이며, 그 원인들만이 신비한 것이기 때문이다. 그리고 아리스토텔레스주의자들은 명백한 성질이 아니라, 그들이 물체들 속에 감추어져 있다고 상정하는 성질들 또는 명백한 성질의 알려지지 않은 원인을 신비한 성질이라고 부른다. 그러한 것으로 중력의 원인, 자기력의 원인, 전기적 인력의 원인, 작용(fermentation)의 원인이 있는데, 이러한 힘이나 작용이 우리에게 알려지지 않은 성질로부터 온다고 상상한다면 그것은 발견될 수도 명백한 것이 될 수도 없다. 그러한 신비한 성질은 자연철학의 진보를 가로막는다. … 그러므로 나는 위에서 언급한 운동의 원리들을 매우 일반적인 범위의 것으로서 주저 없이 제안하고, 그것들의 원인은 발견되지 않은 채로 남겨 두기로 한다."[208]

이 구절에서 뉴턴이 말하고자 하는 바는 운동의 원인을 물질의 성질에서 찾는 것이 아니라, 운동의 원리가 현상에서 조사되어야 한다는 것이다. 앞서 인용된 「일반주석」의 다음과 같은 언명도 운동의 원인이 물질 그 자체에서 찾아질 수 있는 것이 아니라 운동의 원리로부터 추론되어야 할 것임을 말해 준다.

"철학이 짊어져야 할 어려움은 이런 것이다. 운동의 현상에서 자연의 힘을 조사하는 것이다. 그리고 그러한 힘으로부터 다른 현상을 증명하는 것이다."

이러한 진술에서 뉴턴은 과학적 설명에 대해 관찰로부터 일반적 법칙을 유도하고 이러한 법칙에 기초하여 그 밖에 관찰 가능한 현상을 예측하는 것으로 제한하고자 하였음을 말하려고 한 것으로 보인다.

결국 이러한 논의를 통하여 우리는 로크가 생각하는 물질의 능동적인 힘으로서 인과적 힘의 개념은 뉴턴이 생각하는 원인의 개념, 힘의 개념, 인과관계의 개념 어느 것도 반영하고 있지 못하다는 것을 알 수 있다.

필자는 이러한 로크의 인과이론이 바로 흄의 비판 대상이 되는 것이라고 생각한다. 사실 로크는 물체들의 운동에서 우리가 관찰할 수 있는 것은 운동 전이현상뿐으로 거기서는 능동적인 힘이 발견되지 않는다고 말함으로써, 물체들의 운동에 대한 관찰을 통해서는 인과적 힘에 관한 인상을 가질 수 없다고 주장하는 흄의 주장을 선취할 수도 있었다.[209] 그러나 로크는 물질의 성질에 관한 고찰을 통해서 물질의 능동적 힘에 대한 경험을 가질 수 있다는 것을 인정함으로써 뉴턴의 인과 개념에서 멀어졌을 뿐 아니라, 흄의 비판 대상이 되고 말았다고 할 수 있다. 흄에서는 물질들 사이의 인과관계뿐만 아니라 모든 경우의 인과관계에서 인과적 힘이 능동적인 것이거나 수동적인 것에 상관없이 모두 부정된다.

로크의 과학적 추리의 방법

(1) 지식과 판단

우리는 앞서 로크가 물체의 인과적 작용을 경험할 수 있음을 인정하였다고 결론지었다. 만약 로크가 물체의 능동적이고 수동적인 힘에 대한 관념을 가질 수 있음을 인정하였다면 그는 물체들 사이의 인과관계에 대한 지식을 얻을 수 있음도 역시 인정하였어야 한다. 왜냐하면 그에게 지식이란 "관념들 사이의 결합과 일치 혹은 불일치와 모순에 대한 지각일 뿐이기"[210] 때문이다. 그러나 그는 물체에 관한 과학적 지식은 있을 수 없다고 말하였다. 그렇다면 그는 앞서의 인과이론을 부정하는 것인가? 그는 인과적 과정에 대한 지식은 불가능하다고 말하는 것인가? 여기에 대답하기 위해서 우리는 그의 입자이론을 상기해 볼 필요가 있다.

로크는 물질이 감각될 수 없는 미세한 입자들로 구성되어 있고 그것이 물질의 작용적인 부분(active part)이라고 말한다. 따라서 우리가 물질의 자연적인 작용의 대부분이 의존하는 그 제1성질에 대한 분명한 관념을 갖지 못하는 한 우리는 물질에 대해서 알 수가 없다. 물체들 사이의 인과관계를 아는 것은 인과적 힘에 대한 관념을 얻는 것이고 그것은 곧 물질 입자들의 재배열, 제1성질과 제2성질의 변화를 아는 것이다. 물질 입자들의 배열 상태 혹은 조직, 물질의 제1성질에 대한 관념을 가질 수 없다면 물질들 사이의 인과관계를 알 수 없는 것은 당연하다. 그러면 제1성질에 대한 관념을 가질 수 없는 이유는 무엇인가? 그것은 한마디로 물질을 구성하는 입자의 미세함 때문이다. 이에 대해서 로크는 이렇게 말한다.

> "우주 내 다양한 등급의 물체 중 많은 부분이, 아니 거의 대부분이 멀리 떨어져 있는 까닭에 인식되지 못한다면, 미세함으로 인해 우리가 발견할 수 없는 것들도 있다. 이 감지할 수 없는 미립자(Corpuscle)들이야말로 물질 작용을 담당하고 있는 부분이자 자연의 거대한 도구로서 물질의 모든 제2성질뿐 아니라 물질의 자연적 작용의 대부분이 의존하는 것이다. 따라서 이 미립자의 제1성질에 대해 정확하고도 구별되는 관념을 갖지 못하는 한, 우리는 우리가 물체에 대해 알고자 하는 바에 대해 불치의 무지 상태에 계속 처해 있게 될 것이다. 만약 우리가 어떤 두 물체의 미세한 구성부분들의 모양, 크기, 조직, 운동을 발견할 수 있다면, 우리는 우리가 사각형이나 삼각형의 속성들에 대해 지금 아는 것과 마찬가지로 실험을 통하지 않고도 물체들 간의 여러 가지 작용에 대해 알게 될 것이란 점

을 나는 믿어 의심치 않는다."[211]

또한 로크는 우리가 그러한 물질의 미세한 부분들을 발견할 수 없는 것은 인간의 감각능력의 한계 때문이라고 생각하였다. 즉 우리가 '현미경 눈(microscopical eyes)'[212]을 갖지 못했기 때문이라는 것이다. 이러한 그의 말은 만일 우리가 보다 예민한 감각기관을 가지고 있다면 인과적 과정에 대한 지식을 가질 수 있을 것임을 함의하는 것이다.[213] 물체들의 미세한 구성요소에 대해서 알 수 있다면 물체들 사이의 인과적 작용에 관한 지식을 가질 수 있을 것이라는 생각은 다음과 같은 언명에서 분명히 보인다.

"만약 우리가 시계 제조공이 시계가 작동하는 역학 성질들에 대해 알고 있듯이, 또 문지름으로써 톱니바퀴의 모양을 바꾸게 되는 줄의 역학적 성질들에 대해서 알고 있듯이 그렇게 대황, 독미나리, 아편, 그리고 사람의 입자들의 역학 성질들에 대해 알고 있다면, 우리는 마치 시계 제조공이 시계의 평형바퀴에 조그만 종잇조각이 얹혀 있으면 종이가 제거되기 전에는 시계가 움직이지 못하며 시계의 작은 부분을 줄로 문질러도 기계는 움직이지 못해 시계가 더 이상 가지 않는다는 것을 알 수 있듯이, 그렇게 우리는 대황이 변을 잘 통하게 하고, 독미나리가 죽음을 가져오며, 아편은 잠을 불러올 것이라고 미리 말할 수 있게 될 것이다. 그리고 그렇게 되면 마치 대장장이가 왜 자물쇠가 어떤 열쇠로는 열리며 다른 열쇠로는 열리지 않는지를 이해하는 것이 어렵지 않은 일이듯이, 은은 질산에 녹고 금은 왕수에 녹으며 반대의 경우는 생길 수 없음을 아는 것은 어렵지 않은 일이 될 것이다.

그러나 우리는 물체의 미세 입자들을 발견하고 그 입자들의 역학 성질에 대한 관념을 가질 만큼 충분히 예민한 감관을 갖고 있지 못하므로, 물체의 속성들과 작용방식에 대해 무지 상태에 있을 수밖에 없다."[214]

우리가 앞서 검토한 인과적 힘의 개념과 관련해서는 이렇게 말한다. "물체의 능동적인 힘과 수동적인 힘 그리고 이 힘이 작용하는 방식은 물체의 부분들의 어떤 구조와 운동에서 성립하는 것이지만, 우리는 결코 이 조직과 운동을 발견할 수 없으므로…"[215]

그런 이유 때문에 로크는 "우리가 자연 물체[정신적 존재자들은 말할 것도 없고]에 관한 완전한 학문을 가질 수 없다고 생각하며, 이런 것을 추구하는 일은 노력 낭비라고 결론 짓겠다"[216]라고 말한다. 그는 "실험철학이 아무리 멀리까지 진보한다고 해도 우리는 여전히 과학에 도달할 수 없다"[217]라고도 말한다. 또한 그는 역학이 "확실성과 증명을 가질 수 있는 척하지 말아야 한다"[218]라고 하면서 물체에 관한 과학적 지식은 성립할 수 없다고 단언하였다. 그러면 일부 주석가들이 주장하는 대로 이러한 로크의 언명들은 과학에 대한 로크의 부정적이거나 회의적인 입장을 반영하는 것일까?

로크에서 '과학'의 개념은 그다지 명료하지 않다. 로크는 때때로 '과학'이라는 말로 뉴턴이 아직 알려지지 않은 새로운 사실을 발견한 경우와 같은 자연 혹은 실재에 관한 경험적이고 이론적인 탐구를 의미한다. 그러나 더 많은 경우에 그는 '과학'이 논리학이나 수학에서만 발견할 수 있는 증명 가능한 지식을 의미하는 것으로 사용한다. 로크가 "우리는 자연적인 실재에 대해서 혹은 물체들의 여러 가지 종류들에 관하여 과학적 지식을 가질 수 없다"라고 말할 때에 '과학'이 의미하는 바는 후자이다. '과학' 개념에 대한 이러한 모호성의 결과, 로크에서 과학과 비과학 사이의 경계구획은 엄격하게 설정될 수 없었다.

이와 관련하여 우리가 주목해야 할 것은 『인간지성론』에서 로크가 '지식'과 '판단'을 구분하고 있다는 사실이다. 그에게 지식이란 관념들 사이의 관계에 관한 참되고 불가오류적인 직관에 기초하고 있는 것이다. 그것은 논리학이나 수학적 지식을 의미한다. 로크가 '과학'이란 용어를 사용할 때 그것은 보통 이러한 의미의 지식을 가리킨다. 반면에 그러한 의미에서 물리적 세계에 대한 앎은 지식의 정도에 미치지 못한다. 따라서 자연철학은 '과학적인' 것이 될 수 없다. 그러나 로크는 우리가 물리적 세계에 관해서 상당히 높은 정도의 개연성과 정보를 가진 것을 말할 수 있다는 것을 분명히 인정하고 있다. 다만 그러한 언명들은 지식에 속하는 것이 아니라 판단에 속하는 것이다.

로크는 판단의 능력에 대해서 이렇게 말한다. "뚜렷하고 확실한 지식을 얻는 일이 불가능한 경우, 그 결핍을 보충하기 위해서 신이 사람에게 준 능력이 바로 판단이다. 그것에 의하여 마음은 증거에서 증명적인 명증성을 지각함이 없이, 관념이 일치하거나 불일치하는 것으로, 또는 마찬가지지만 어떤 명제를 참이거나 거짓으로 여기게 된다."[219]

"최고의 개연성은 확실성에 이르지 못하고, 확실성 없이 참된 지식은 있을 수 없기 때문"[220]에, 이러한 판단을 통해서 물리학자들은 매우 가망성(likeliness) 있는 명제를 만들 수 있을 뿐이다.

그러므로 지식이 이미 명석하고 판명하게 참이라고 지각된 명제들이라고 한다면, 판단은 단지 개연적이고 추측적인 언명만을 말한다. "판단은 지각함이 없이 어떤 것을 그렇다고 상정하는 것이다."[221]

(2) 인과적 판단의 방법

『인간지성론』에서 과학적 지식에 관해 로크가 진술한 내용은 이러한 구분을 염두에 두고 해석되어야 한다. 이러한 구분에 기초한다면 결국 물체들 사이의 인과적 작용에 대한 우리의 앎은 인과적 판단에 불과한 것이 된다. 그러면 우리가 인과적 판단을 내리는 방법, 즉 물체들에 관한 개연성에 도달하는 방법은 무엇인가? 이것은 곧 로크에게 과학적 추리의 방법이 무엇인가를 묻는 것이다. 그러나 과학적 추리의 방법에 대한 로크의 입장도 그다지 명료한 것이 아니다. 로크의 방법론에 대한 해석에서 현재 두 가지의 입장이 대립되고 있다. 요스트, 욜튼 등의 주석가들은 로크를 자연사가(自然史家)라고 해석한다.[222] 반면에 만델바움, 라우던 등은 로크가 가설의 방법(method of hypothesis)을 주창한 사람이라고 주장한다.[223]

먼저 요스트-욜튼의 해석에 의하면 로크는 베이컨, 시든햄, 그리고 일부 왕립학회의 구성원 등이 주장하는 자연사적 방법의 옹호자라고 할 수 있다. 자연사적 방법이란 세계 속에서 공존하는 것으로 지각되는 '감각적 성질의 집합'만을 관찰하고 경험하여 그것을 토대로 대상의 자연사를 기술하는 것을 말한다. 따라서 이러한 입장의 자연사가들은 순수히 관찰가능한 대상과 사건에 대한 귀납적–기술적 과학을 강조한다. 그들에게 관찰 가능한 것의 성질이나 원인을 설명하거나 발견하기 위해서 관찰 불가능한 대상에 호소하는 것은 소용없는 일이고 비과학적인 일이다. 이러한 해석에서는 로크가 반가설주의자, 또 관찰 가능한 세계를 관찰 불가능한 입자들의 운동과 결합으로 설명하려는 입자이론의 반대자

로 생각된다.[224]

『인간지성론』의 방법론에 대한 분석을 통해서 요스트는 다음과 같이 결론 내린다. 즉, 로크는 원자론적 철학의 과학적 가치에 관해서 회의적이었을 뿐만 아니라, 그는 방법론적인 근거에서 관찰 불가능한 사건이나 대상에 관한 가설을 채용하는 모든 과학적 이론에 대해 반대한다. 그는 이 주제에 관한 로크의 견해를 비관찰적 사건에 대한 가설의 사용을 강조하였던 보일이나 데카르트와 같은 17세기 원자론자들의 견해와 비교한다. 그는 로크의 반가설주의가 당시 입자론을 동반한 가설의 방법론과의 결별을 의미한다고 해석한다.

욜튼에 의하면, 로크는 입자들이 현미경을 통해서 관찰 가능한 것이 된다고 말하는 점에서는 다른 현미경학자들의 견해에 동의하면서도 어떤 대상의 실재적 본질(real essence)을 이해하기 위해서는 입자들에 대한 관찰 이상의 것이 필요하다고 생각한다. 즉 각 입자의 결합력과 각 대상을 포함한 그룹의 결합력에 대한 이해할 만한 설명이 요구된다는 것이다.[225]그런데 욜튼이 생각하기에 이러한 결합에 대한 이해를 가질 수 없기 때문에 우리는 실재적 본질에 대한 지식을 가질 수 없고, 따라서 물질에 대한 인식에서 본질로부터 연역하는 방법을 따를 수 없다는 것이 로크의 입장이라는 것이다.[226] 결국 로크에서 공존하는 성질들을 발견하기 위한 방법은 현상에 대한 충분한 관찰과 현상의 역사를 수집하고 도표로 정리하는 방법이다. 욜튼에 따르면, 로크는 이 방법을 실재적 본질로부터의 연역이라는 방법과 대비시켰다.[227]

한편 만델바움-라우던의 해석은 로크와 보일 그리고 데카르트 사이의 연관성에 주목한다. 그리고 로크의 문제가 관찰적인 성질에 관한 기술적(記述的) 과학보다는 비관찰적인 것에 대한 기계철학에 우월성을 부여하는 전통에서 온 것으로 본다. 그들은 로크가 가설에 반대하지 않았으며, 관찰 불가능한 사건에 대한 가설을 사용하는 입자론자들에 대해서 적대적이지 않았다고 본다. 더 나아가 그들은 로크의 가설의 방법, 그리고 그의 가설주의를 정당화하는 그의 인식론적 논증은 당대의 입자론자들의 방법론적 입장으로부터 왔거나 적어도 그것의 변형이라고 주장한다. 만델바움은 "내가 내리고 싶은 결론은 … 로크는 그의 전 활동을 통하여 원자론자였다. 그는 입자철학 혹은 실험적 철학[혹은 적어도 과학적 전제]의 진리와 과학적 유용성을 받아들였다"[228]라고 말한다.

라우던은 로크가 입자론자들로부터 전해 받았다고 생각되는 방법론적 관념들을 다음과 같이 집약한다.

①과학적 이론의 잠정적인 성격에 관한 주장

②자연을 그 내적 구조를 직접적으로 분석하거나 관찰할 수 없는 시계와 같은 것으로 보는 견해

③가설은 관찰된 물체의 행동과의 유추에 기초해서 구성되어야 한다는 견해

④관찰 불가능한 미세한 현상에 관한 가설은 그것들이 설명하려는 대상과는 다른 그 밖의 자연현상에 관한 법칙과 양립할 수 있어야 한다는 주장

그들에 의하면 로크는 인간의 감관 범위를 넘어서는 '추측하고, 개연적으로 예상할 수밖에 없는' 사물들에 대해서는 사변을 제시해야 함을 인정하였고, 실제로 그는 물질의 궁극적인 구성요소를 설명하기 위해 '입자가설'을 내세웠다는 것이다.

그러면 가설의 방법에 관한 로크의 설명을 검토해 보자.[229] 로크는 판단을 통해서 개연적인 진술이 획득될 수 있다고 주장한 다음, 개연적인 진술에는 두 가지 종류가 있다는 것을 논증하기 시작한다. ① 엄밀한 관찰이 가능한 현상을 다루는 진술과 ② 비관찰적인 현상을 다루는 사변이 그것이다. 로크는 두 번째 종류의 개연적 진술, 즉 비관찰적인 것에 대한 사변에 주의를 기울인다. 그는 그러한 사변을 다시 두 가지 종류로 나눈다. ① 순수히 정신적인 존재에 관한 추측(천사,악마) ② 생성, 자기현상, 열과 같은 자연현상의 관찰 불가능한 원인에 대한 가설.[230] 여기서 두 번째 종류의 가설이 우리가 관심을 가지는 것이다.

이 두 번째 종류의 가설에 대한 로크의 생각은, 우리의 감각을 넘어서는 것이어서 단지 짐작할 수 있고, 개연적인 추측만이 가능한 범위에 있는 것에 대해서, 가설은 인간의 지성을 지도하기 위해서 불가결하다는 것이다. 이에 대해 로크는 이렇게 말한다.

> "개연성은 우리의 지식의 결함을 보충하고, 지식이 인도할 수 없는 곳에서 우리를 인도하는 것이다. 따라서 개연성은 항상 확실성을 갖지 않고 단지 진리로 받아들이게 하는 어떤 유인만 가진 명제와 관련된다."[231]

로크가 생각한 대로 우리가 열의 궁극적인 원인을 이해하려 한다고 가정해 보자. 우리는 열의 원인에 대해서 명료한 지각을 가지지 못하기 때문에, 그것에 관해서 무엇인가를 안다고 할 수가 없다. 우리가 할 수 있는 것은 열의 본성과 원인에 대한 개연적인 진술을 제시하는 것뿐이다. 로크는 열에 관한 잠정적인 설명이 관찰 불가능한 입자의 행동에 관한 개념에 의해서 표현될 것이라고 생각했기 때문에, 그는 열을 산출하는 원자의 행동에 대해서 직접적으로 어떤 것을 말할 수 있는 것이 없다고 주장하였다.

그러면 어떻게 우리는 유용한 가설을 정식화할 수 있는가? 로크의 대답은 간단하다. 그것은 우리가 지각하는 물체들에 대한 유추(analogy)를 통해서 현미경으로도 보이지 않는(submicroscopic) 입자에 관해서 생각함으로써 우리는 지각의 대상이 되는 커다란 물체의 축소된 형태로서 최소의 입자들을 그려 볼 수 있다. "감관이 발견할 수 없는 사물들의 경우, 유추는 훌륭한 개연성의 규칙이다."[232]

> "따라서 두 가지 물체를 서로 격렬하게 문지르는 것만으로 열을 산출하고, 매우 자주 불 자체를 산출하는 것을 관찰함으로써, 우리는 우리가 열과 불이라고 부르는 것이 불에 타는 물질의 지각할 수 없는 미세한 부분들의 격렬한 요동에 있다고 생각할 이유를 갖는다."[233]

말하자면 우리는 현미경으로도 관찰되지 않는 사건의 본성에 대해서 생각할 때, 유추와 모델에 의존한다. 왜냐하면 그것들에 대한 우리의 추리는 직접적으로 검증될 수 없고, 우리가 그것을 개연적이라고 믿는 것은 그것이 "우리 마음속에서 확립되어 있는 진리와 다소 일치하기 때문이고, 또한 그러한 추측이 최소한 우리의 지식과 관찰의 나머지 부분과 양립할 수 있기 때문이다."[234] 따라서 로크는 "유추는 이러한[관찰 불가능한 사건들에 관련된] 문제에서 우리가 갖는 유일하게 도움이 되는 것이며, 우리는 유추로부터 개연성의 모든 근거를 이끌어 낸다"[235]라고 말한다.

그러므로 우리는 유추가 우리가 보거나 아는 사물에 기초해서 우리가 보지 못하고 알지 못하는 사물들과 원인들에 관한 가능한 이론을 형성하는 것을 돕는다고 생각할 수 있다. 로크는 관찰 불가능한 사건들에 대한 이러한 유추에 기초한 가설을 인정하기 어려운 것으로 여기지 않았다. 오히려 그는 유추적 가설을 구성하는 것이 과학이 가지고 있는 가장 생산적이고 이론적으로 산출력 있는 방법이라고 주장한다.

> "합리적인 실험을 가장 잘 지도하는 이러한 종류의 개연성과 가설의 성립은 또한 그것의 쓰임새와 영향력을 갖는다. 유추로부터의 조심스러운 추리는 그렇지 않으면 은폐될지도 모르는 진리와 유용한 산물의 발견으로 종종 우리를 이끈다."[236]

실제로 로크는 지각에 대한 설명 등에서 물질에 대한 입자가설을 사용한다. 파르(J. Farr)가 조사한 바에 따르면 로크에서 가설은 과학적 탐구를 위해서만 사용되는 것이라고 보기 어렵다. 로크는 물리학, 지질학, 자연종교, 정치학 등의 다양한 영역에서 가설을 사용하고 있기 때문이다.[237]

로크는 과학적 설명이 입자적 사건에 대한 가설에 기초해야 한다고 믿었지만, 그는 과학자들이 가설을 사용하는 데 신중해야 한다고 말하였다. 그에 의하면 가설은 '원리'라고 불려서는 안 된다. 왜냐하면 그러한 명칭을 통해서 우리들은 가설의 실제적인 내용보다 더 큰 신뢰성을 부여할 수 있기 때문이다. 더욱이 우리는 그 가설이 설명하려고 고안된 현상을 조심스럽게 검토하지 않고는 그 가설을 수락해서는 안 된다. 그리고 그 가설이 효과적으로 현상을 구해 내는 경우에만 그것을 수락해야 한다. 이에 대해 로크는 다음과 같이 말한다.

> "그러나 내가 의미하는 바는 다음과 같다. 즉 개체들을 매우 잘 검토하여 우리의 가설에 의해 설명하려고 하는 사물에 대해 여러 실험을 행하고, 가설이 실험과 일치하는가, 또 우리의 원리가 우리를 전적으로 이끌어가서 하나의 자연현상에 적합하고 그것을 설명하는 것처럼 보이듯이 다른 현상과 비정합적이지 않은가를 알 때까지 어떤 가설을 너무 성급하게 채용하지 말아야 한다는 것이다."[238]

이제 이러한 논의를 통해서 볼 때, "로크의 방법은 가설을 채용하지만 그것들은 관찰 가능한 성질들 사이의 상호관계에 대한 가설이고, 관찰 불가능한 현상을 지시하는 것이 아니다"[239]라는 요스트의 주장은 근거를 잃고 만다. 또한 로크가 "우리가 초미립자적 메커니즘에 관해서 무엇인가를 추리한다고 생각하지만, 그것은 우리가 발견에 이르도록 하기에 충분하지 않다"[240]라는 요스트의 주장도 유지되기 어렵다. 따라서 우리는 로크가 가설에 반대하지 않았으며 관찰 불가능한 사건에 대해 가설을 사용하는 입자론자들에 적대적이지 않았다고 결론지어야 한다. 로크에서 가설의 방법은 우리의 감관 범위를 넘어서는 사물, 행동, 사건, 현상에 대한 인과적 판단을 인도하는 방법으로 인정된다.

우리가 그 두 방법 중 어느 것이 로크의 방법인가를 결정하기는 어렵다. 실제로 로크의 『인간지성론』은 위의 두 가지 입장을 각각 뒷받침하는 언명들을 담고 있기 때문이다.[241] 따라서 이 책 전체의 주제로 돌아가서 로크의 방법이 자연사적 방법이든 가설의 방법이든 간에, 과연 뉴턴의 실험적 방법을 이해하고 따른 것인가 하는 문제를 논의하도록 하자.

(3) 뉴턴의 실험적 방법과의 비교

로크가 자연사적 방법을 말하였다면 그것은 뉴턴의 방법인가? 이에 대해서 욜튼은 로크의 방법과 뉴턴이 중력을 유도하는 데 사용한 방법 사이의 근본적인 차이는 계산의 정확성에서 찾아져야 한다고 말한다. 그는 과학에 대한 이러한 방법과 로크가 그의 인식론에서 분석한 방법과는 현저한 차이가 있음을 다음과 같이 말한다.

> "뉴턴이 일상적 대상들의 행동에 대한 관찰로부터 시작하였다고 하더라도, 넓은 일반성을 가진 가설의 사용, 그의 수적인 일치와 유도 등은 로크가 칭찬하는 단순한 관찰과 자료의 기록과는 다른 과학에 대한 방법이다."[242]

그러한 욜튼의 평가는 그 상당한 부분이 옳다. 뉴턴은 현상으로부터 출발하지만 그것을 기술하는 데 그치는 것이 아니다. 오히려 그것을 토대로 증거와 밀접히 관련된 특수한 원리를 도출하고 그것을 귀납에 의해서 일반화하는 것이다. 뉴턴이 "운동 현상으로부터 자연의 힘을 조사하고 그 힘으로부터 다른 현상을 증명한다"라고 할 때, 그가 의미하는 바는 사물의 관찰 가능한 성질을 조사함으로써 자연의 힘을 조사하겠다는 것이 아니라, 운동의 현상으로부터 그 현상의 수학적 원인을 추론하겠다는 것이다. 따라서 자연사적 방법은 뉴턴의 실험적 방법과는 상당한 차이를 갖는다.

그러면 로크가 말하는 가설의 방법은 뉴턴의 방법과 유사성을 갖는가? 우리가 앞서 고찰하였듯이 적어도 『프린키피아』 이후의 뉴턴은 자신의 방법이 가설 연역적이지 않다는 것을 누차 강조하고 어떤 형태의 가설이든 사용하는 것을 반대하였다. 특히 뉴턴의 규칙 4는 가설을 만드는 일에 대한 경고를 담고 있다. 또한 뉴턴이 입자가설을 수락하는 이유도 그가 가설의 방법에 동의하기 때문이 아니다. 그의 규칙 3은 입자이론이 가설의 위치에서 벗어나기 위해서는 그것이 현상에 대한 관찰로부터 유도되어야 한다는 것을 말해 준다. 더욱이 그것이 진리로 받아들여지기 위해서는 귀납에 의해서 일반화될 수 있어야 한다는 것이다. 그러므로 로크의 가설의 방법이 뉴턴의 실험적 방법과 유사하기 위해서는 경험 내의 데이터를 사용하여 지금까지 경험되지 않았거나 경험할 수 없는 데이터에 대한 추론을 정당화하는 규칙을 수반해야 한다. 이렇게 볼 때 로크의 가설의 방법도 뉴턴의 실험적 방법과는 유사한 것이 아님을 알 수 있다. 『교육론』에 나오는 로크의 다음과 같은 언명은 그가 뉴턴의 방법과 자신의 방법론의 차이를 어느 정도 이해하고 있었다는 것을 말해 준다. "사실을 정당화하는 원리에 입각하여 자연의 일부에 적용된 수학은 이해할 수 없는 우주의 왕국에 관한 지식을 우리에게 전달해 준다."[243]

이러한 논의를 통해서 우리는 로크가 데카르트의 과학을 물리치고 물질적 세계에 관한 새로운 인식을 가져온 뉴턴의 과학이 제기하는 인식론적, 방법론적 문제를 충분히 이해하지 못하였고, 뉴턴의 과학을 받아들일 때, 나머지 세계에 대한 인식이 어떻게 변화되어야 하는가를 만족스럽게 설명할 수 없었음을 알게 되었다. 이제 다음 장에서는 뉴턴의 자연철학을 비판적인 관점에서 분석한 바 있는 버클리의 입장을 검토해 보기로 하겠다.

제9장

뉴턴과 버클리

이 장에서는 버클리가 뉴턴 물리학에 대해서 어떤 관심을 가졌으며 그것을 어떻게 비판하고 있는가를 살펴보려고 한다. 버클리의 과학방법론을 검토함으로써 우리는 흄의 인과 개념과 비교될 수 있는 새로운 의미의 인과 개념이 버클리에게서 등장하는 것을 보게 될 것이다. 버클리는 두 가지의 원인 개념을 구분하고, 그것을 통해 과학과 형이상학 사이에 경계를 구획함으로써, 한편으론 정신에 관한 지식을 실증주의적 비판으로부터 방어하고 다른 한편으로는 형이상학적 개념이 침투하는 것으로부터 뉴턴 역학을 보호하려 하였다.[244] 버클리의 이러한 생각은 흄의 인과이론과 과학방법론의 기초가 된다.

뉴턴의 중력이론에 대한 버클리의 비판

"과학철학자로서 버클리가 가진 관념의 핵심은 뉴턴의 동역학에 대한 비판에 있다."[245] 버클리가 주로 비판하는 것은 뉴턴의 절대시간과 절대공간의 개념, 운동 개념, 힘 개념 등이다.[246]

버클리가 비판하는 핵심 내용은 한마디로 뉴턴이 말하는 절대적 시간, 공간, 운동이란 있을 수 없다는 것이다. 그것은 "존재하는 것은 지각되는 것이다"라는 그의 원리에서 당연한 것이었다. 또 그 원리에 기초한 그의 추상관념이론에 의해서도 그러한 것들은 인정될 수 없었다. 버클리에 의하면 그러한 관념들은 추상관념에 불과하다. 실제로 존재하는 시간은 우리에게 지각되고 알려질 수 있는 구체적이고 개별적인 것들뿐이라는 것이다. 따라서 시간, 공간, 운동은 오직 상대적인 것으로서만 존재할 수 있다. 버클리는 말하기를 "세계 안에서 가장 분명한 것들, 우리가 가장 친숙하게 알고 있고 완벽하게 알고 있는 사실들이 추상적인 방식으로 다루어지거나 생각되면, 이상하게도 어렵고, 이해할 수 없는 것이 되어 버린다. 시간, 장소, 그리고 운동은 개별적이고 구체적인 것으로 다루어질 때는 우리 모두가 아는 것이다. 그러나 형이상학자들의 손을 거쳐 가면 그것들은 일상적인 감각을 가진 사람들이 파악하기에는 너무나 추상적이고 미세한 것이 된다."[247] 이러한 비판을 조금 더 구체적으로 살펴보자.

먼저 절대시간의 관념에 대한 버클리의 비판은 이러하다. 버클리에 의하면 우리가 우리의 마음속에서 관념의 계기로부터 추상하여, 일정하게 흘러가고 모든 존재가 거기에 참여하는 것으로서의 시간이라는 단순

관념을 구성하려고 시도한다면, 우리는 해결할 수 없는 난점에 휘말리고 말 것이다. 우리가 그러한 시간의 개념을 가질 수 없기 때문이다.[248] 따라서 우리의 마음속 관념의 계기로서 시간의 관념으로부터 추상된 절대시간이란 존재하지 않는다. 우리가 가질 수 있는 시간의 관념은 각 사람의 마음속에서 관념의 수 혹은 계기하는 행동에 의해서 측정할 수 있는 시간뿐이다.[249]

버클리는 공간과 운동은 관계적(relational)이라고 주장하였다. 버클리에서 공간의 개념은 두 가지의 이질적인 공간인 시각적 공간과 촉각적 공간이 공동으로 작용하는 것에 대한 우리의 경험으로부터 도출된 구성물이다. 그는 이러한 공간의 본래적으로 관계적인 성질 때문에 촉각적인 경험에 의해서 시각의 대상이 보강되기 전까지는 시각적 공간은 깊이를 가질 수 없다고 주장한다.[250]

뉴턴의 양동이 실험에 대해서 버클리는 이렇게 말하였다. "원심력(centrifugal force)이 상대적인 회전운동에 속한 것이 전혀 아니라는 결론이 어떻게 그것을 증명한다는 실험으로부터 도출될 수 있는지 나는 모르겠다. … 왜냐하면 나는 물이 물통 안에서 최대로 상대적인 회전운동을 한다고 하는 시점에서 물통 안의 물은 전혀 운동하지 않는다고 생각하기 때문이다."[251] 버클리가 이렇게 말하는 근거는 무엇인가? 그는 그 이유를 이렇게 말하고 있다.

"나에게는 운동이 한 사물이 다른 것과 관계하는 것을 포함한다고 생각되지만 그 관계의 각 항이 운동이라고 명명되어야 한다고는 생각되지 않는다. 사람들이 그 자체로서는 사고하지 않는 어떤 것을 생각할 수 있듯이, 어떤 물체는 그 자체로서는 운동하지 않는 다른 물체를 향해 움직이거나 그 물체로부터 멀어지거나 할 수 있다."[252]

이 말의 의미는 무엇인가? 그것은 다음과 같은 그의 물음을 통해서 이해될 수 있다. 즉, "그러므로 나는 그의 운동 개념에서 그가 거리를 걸을 때 지나치는 돌덩이가 그의 발의 움직임에 따라 거리가 변한다고 해서 그것이 움직인다고 할 수 있는가를 묻겠다."[253] 우리는 아마도 돌은 움직이지 않는다고 말할 것이다. 버클리가 양동이 안의 물이 움직이지 않는다고 말하는 것도 같은 이유에서이다. 여기서 버클리가 말하고자 하는 바는 운동에 대한 참다운 기술은 상대적이라는 것이다. 『운동론』에서 그는 다음과 같이 말한다.

"더욱이 상대적 공간의 다양성 때문에 같은 물체에 대한 여러 가지 운동이 있을 수 있다. 그러므로 어떤 한 관점에서 보면 움직인다고 말할 수 있고, 다른 관점에서 보면 정지해 있다고 할 수 있다. 진정한 운동과 진정한 정지를 결정하여 이러한 모호성을 제거하기 위해서는 절대공간 대신에 정지해 있다고 여겨지는 어떤 항성을 사용하는 것으로 충분하다. 이러한 상대적 공간에 의해서 정의된 운동과 정지는 절대운동이나 정지보다도 편리하게 사용될 수 있다. 그 절대운동은 어떤 측면에서도 상대운동과 구분될 수 없다."[254]

이러한 논의를 통해서 그는 힘과 운동 사이의 연결을 부정하였다. 즉 그는 절대운동과 상대운동을 구별하는 기준으로서의 물체에 가해진 힘의 존재를 부정한 것이다.[255] 이와 관련해서 버클리에서 힘의 개념이 어떻게 논의되는지 살펴보자.

먼저 뉴턴은 힘을 "하나의 물체가 정지하고 있든지 혹은 직선을 등속도로 운동하고 있든지 간에 그것의 상태를 변화시키기 위해서 그것에 가해지는 작용"[256]이라고 정의하였다. 이러한 정의에는 그의 운동의 제1법칙과 제2법칙이 함의되어 있다. 그가 말하는 힘에는 중력, 인력 등이 포함된다.

그러나 이러한 힘의 개념 역시 버클리가 수락할 수 없는 것이었다. 왜냐하면 '가해진 작용'이라 함은 운동의 변화를 결과로서 갖는 작용인을 말하는데 그에게 신이나 정신 이외에는 작용인이라고 할 수 있는 것이 없기 때문이다. 『운동론』에서 버클리는 이렇게 말한다. "우리가 물체라는 이름을 부여하는 것에 대해서 알 수 있는 것은 그것이 운동의 원리 혹은 작용인을 그 자신 속에 포함하고 있지 않다는 것이 전부이다."[257] 그가 비생명적인 대상에 대해서 작용인을 부여하지 않는 이유는 우리가 그것에 대한 감각적 관념을 가질 수 없기 때문이다. "우리가 무거운 물체를 떠받칠 때, 우리는 우리 안에서 노력, 피로, 불편함을 느낀다. 우리는 또한 무거운 물체가 지구의 중심을 향해서 가속운동을 하며 떨어지는 것을 지각한다. 그것이 우리의 감관이 말해 주는 것의 전부이다."[258] 또 『원리』에서는 이렇게 말한다.

> "이러한 것이 역시 인력에 대해서도 설명된다. 다른 사례들에서와 마찬가지로, 이 사례에서도 나는 결과 그 자체 이외에 어떤 것이 의미되는(signified) 것을 지각할 수 없다. 왜냐하면 그것이 산출되는 방식 혹은 작용, 혹은 그것을 산출하는 원인에 대해서 이러한 것들은 말해 주는 바가 없기 때문이다."[259]

그러면 버클리는 물질적 대상에 적용되는 힘의 개념을 어떻게 해석하고자 하는가?[260] 이 문제는 어떻게 버클리는 힘의 존재를 부정하면서도 뉴턴의 동역학의 타당성을 인정할 수 있는가 하는 문제, 혹은 어떤 의미에서 버클리는 뉴턴의 법칙들을 경험적인 일반화라고 받아들이면서도 '힘'을 수학적인 허구라고 간주하는 것인가 하는 문제, 더 나아가 어떻게 버클리는 형이상학과 과학을 구분하는가 하는 문제와 관련된다. 이 문제는 다음 절의 논의를 통해서 해결될 수 있을 것이다.

버클리의 인과이론

이 절에서 우리는 버클리가 두 가지의 원인 개념을 구분하고 이를 토대로 과학과 형이상학을 구분하였다는 것을 논증하려고 한다. 이러한 구분을 토대로 버클리는 과학이 관념들에 관한 지식인 반면에 형이상학은 정신에 관한 지식이며, 따라서 그것들은 동등하게 참일 수 있고 그것들 사이에 모순이 있어야 할 이유가 없으며, 이러한 구분을 토대로 해야만 뉴턴 물리학이 수락될 수 있다고 주장하였다.

(1) 실재적 원인과 기호로서의 원인 사이의 구분

버클리 철학의 중심적인 테제 가운데 한 가지는 오직 정신(mind 혹은 spirit)만이 원인이라고 불릴 수 있다는 주장이다.[261] 버클리에 의하면 "물리적 혹은 물질적 원인이란 것은 존재하지 않는다. 정신이 자연 가운데 모든 현상의 직접적 원인이다."[262] 이러한 주장을 위한 버클리의 논증은 다음과 같이 요약될 수 있다.

①존재하는 것은 관념과 정신(인간의 마음과 최고의 정신으로서의 신)뿐이다.

②우리는 우리의 관념들에서 어떤 힘이나 작용력을 지각하지 못한다.

③따라서 관념은 어떤 것의 원인일 수 없다.

④이러한 관념들에는 원인이 있어야 한다. 그것들은 다른 관념이거나 물질적 대상일 수 없다(물질적 대상은 존재하지 않는다).

⑤따라서 관념의 원인은 비물질적인 정신이다.

만일 버클리가 이러한 원인 개념만을 고집한다면 그는 물리적인 원인을 인정할 수 없을 것이다. 그러나 버클리는 위와 같은 정신적인 원인 이외에도 물리적인 원인의 존재를 인정하고 있다. 하지만 이러한 물리적인 원인은 원인이라고 불리기는 하되, 정신적인 원인이 가지는 인과적 힘 혹은 작용력을 갖지 못한다. 이러한 생각은 버클리의 철학적 발전을 보여 주는 그의『철학적 주석』에서부터 잘 나타나 있다.

> N 우리는 인과적인 원인과 물리적인 원인의 두 종류를 조심스럽게 구분해야 한다. 855
>
> N 그러한 원인들은 계기(occasion)라고 불리는 것이 보다 적절하지만, 우리들은 그것들을 원인이라고 부를 수도 있다. 그러나 그 때 원인이란 아무 것도 할 수 없는 것을 의미하는 것이어야 한다. 856[263]

또한 그가 사무엘 존슨에게 보낸 편지에서도 그러한 그의 입장은 명백하다. 그 편지에서 그는 이렇게 말하고 있다.

> "원인은 여러 가지 의미에서 생각될 수 있다. 나는 적절한 작용적 원인은 정신밖에 없다고 생각한다. 어떤 작용도 의지가 있지 않으면 일어날 수 없다. 그러나 이러한 생각이 계기적인 원인[사실은 기호에 불과한]을 인정하는 데 장애가 되지 않는다. 그리고 최상의 물리학, 즉 기계철학에는 그 이상 요구할 것이 없다."[264]

이제 두 가지의 원인 개념 사이에 이러한 구분이 의미하는 바가 무엇인지 더욱 자세히 살펴보자. 과학적 설명에 관한 자신의 입장을 담은 버클리의 다음과 같은 언명에서 우리는 그러한 논의를 위한 실마리를 찾을 수 있다.

> "사물이 기계론적으로 설명되었다고 말할 수 있는 것은 그것이 가장 간결하고도 보편적인 원리로 환원되고, 또한 정확한 추리에 의해서 그것이 그러한 법칙들과 일치되고 그것과 연결된다는 것이 밝혀지는 경우일 것이다. 왜냐하면 일단 자연의 법칙이 발견되고 나면, 개개의 현상들이 그러한 법칙과 항상 일치한다는 사실, 즉 현상들이 그러한 원리에 필연적으로 따른다는 사실을 밝히는 것은 철학자들의 과제이기 때문이다. 그것은 현상에 대한 설명과 해결이고, 현상의 원인(cause), 즉 그러한 현상이 발생하는 이유(reason)를 부여하는 일이다."[265]

이 구절은 버클리의 과학철학을 이해하기 위한 여러 가지 실마리를 제공하는데, 그중 하나는 '원인'의 개념에 관한 것이다. 위 언명 속의 '원인'이란 무엇을 의미하는가? 먼저 그것이 작용적(efficient)이거나 산출적인(productive) 원인을 의미하지 않는다는 것이 분명하다. 왜냐하면 앞서 보았듯이 버클리에게서는 오직 정신만이 관념의 실재적 원인(real cause)이 될 수 있기 때문이다. 따라서 여기서 언급한 '원인'의 의미를 이해하기 위해서 우리는 버클리가 작용적 원인과 구분될 수 있는 또 다른 원인의 개념을 염두에 두고 있었다고 생각해야 한다.

『원리』 65절에서 우리는 이러한 가정을 뒷받침할 만한 언명을 발견할 수 있다. 그곳에서 버클리는 다음과 같이 말한다.

> "관념들 사이의 결합(connexion)은 원인과 결과라는 관계를 함축하지 않는다. 그것은 오직 표식(mark) 혹은 기호(sign)와 그것에 의해서 의미되는 것(thing signified) 사이의 관계를 나타낼 뿐이다. 내가 보는 불은 내가 그것에 다가갈 때 느끼는 아픔의 원인이 아니다. 그것은 내게 미리 주의를 주는 표식이다. 마찬가지로, 내가 듣는 소음은 순환하는 물체의 이러저러한 운동이나 충돌의 결과(effect)가 아니라, 그것에 대한 기호이다."[266]

이 절에서 우리는 버클리가 '기호' 혹은 '표식'이라고 보다 적절히 불릴 수 있는 또 다른 종류의 원인 개념을 제시하고 있음을 알 수 있다. 버클리에 의하면 우리가 보통 원인이라고 간주하는 것, 즉 불과 같은 것은 실재적인 원인이 아니다. 그것은 보편적 언어의 저자인 신에 의해 발화된 기호들일 뿐이다. 그 저자 자신만이 진정한 작용인일 수 있다. 따라서 실제로 버클리에게는 두 가지의 원인 개념이 있는 셈이다. 그 하나는 작용인으로서의 원인이고, 다른 하나는 기호로서의 원인이다. 때때로 버클리는 이러한 두 종류의 원인을 각각 실재적 원인과 물질적 원인(corporeal cause)이라고 부른다.

버클리에서 원인에 관한 이 두 가지 개념은 과학과 형이상학 사이의 구획을 위해서 사용된다.『운동론』71절에서 버클리는 다음과 같이 말한다.

> "물리학(physics)에서는 겉으로 보이는 결과에 도달할 뿐인 감각과 경험이 지배한다. 반면에 역학(mechanics)에서는 수학자들의 추상적 개념이 받아들여진다. 제1철학 혹은 형이상학은 비물질적인 사물, 원인, 진리, 사물의 존재에 관해서 관심을 갖는다. 물리학자는 일련의 감각적 사물들 혹은 그것들의 계기를 연구하고 어떤 법칙에 의해서 그것들이 서로 연관되며, 무엇이 원인으로서 선행하고, 무엇이 결과로서 따라오는지를 연구한다."[267]

위의 절에서 언급되고 있는 '원인'이라는 말은 형이상학에 대해서 사용될 경우와 물리학에 대해서 사용될 경우에 각각 다른 의미를 갖는다고 보아야 한다. 즉 전자의 '원인'은 실재적이고 작용적인 원인을 지시하며 형이상학의 주된 관심인 반면에, 후자의 '원인'은 기호 혹은 표식으로서의 물질적 원인을 지시하는 것으로서 물리학적 맥락에서 주로 사용되는 개념이다. 이 절 바로 다음의 언명에서, 버클리는 물체, 모양, 운동, 힘 등과 같이 과학에서 원인이라고 불릴 수 있는 것은 후자의 원인에 속하는 것으로 간주되어야 함을 강조하였다. 그는 다음과 같이 말한다.

> "또한 이 방법에서 우리는 운동에서 한 물체는 다른 물체의 운동의

원인이 되고, 그 운동을 산출하고, 그 운동에 힘을 가해 준다. 이러한 의미에서 이 두 번째의 물질적 원인들이 이해되어야 하고, 그것은 그러한 운동에 내재한 힘이나, 능동적 동력, 실재적 원인의 실제적 소재에 관한 설명이라고 간주되어서는 안 된다. 나아가서, 물체, 모양, 운동뿐만 아니라 동역학적 과학의 제1의 공리들까지도, 원인 혹은 동역학적 원리라고 불릴 수 있고, 그것은 그러한 현상들의 원인이라고 간주될 수 있다."[268]

이러한 관점에서, 버클리는 만약 우리가 과학에서 추구하는 원인을 이런 의미로 한정하지 않고 미립자와 같은 대상이나 속성들을 물체의 작용인으로 보게 되면 과학에 대한 커다란 오해를 낳을 수 있다고 주장하였다. 버클리에 따르면 두 가지의 원인 개념을 혼동하고 있는 결정적인 사례가 바로 입자설(corpuscularian doctrine)이다. 이 점에 대한 버클리의 주장은 다음 절에서 살펴볼 수 있다.

"조금만 주의를 기울여 보게 되면, 우리는 어떤 것이 관념이라는 사실은 그 속에 수동성과 무력성을 내포하고 있고, 또 그런 만큼 어떤 관념이 다른 것을 행하거나, 보다 엄격히 말해서, 어떤 것의 원인일 수 없다는 것을 알 수 있다. 어떤 관념들도 어떤 능동적 존재의 유사물이거나 유형이 될 수 없다. … 따라서 연장, 모양, 운동은 우리 감각의 원인이 될 수 없다는 것이 분명히 도출된다. 그러므로 감각이 입자의 모양, 수, 운동, 크기로부터 유래하는 힘의 결과라고 말하는 것은 확실히 거짓일 것이다."[269]

여기서 버클리가 비판하는 입자설이란 한마디로 말해서 사물이 그 자체 가운데 그 사물 속성의 원인을 지니고 있고, 그 원인이란 다름 아닌 물체가 포함하는 내적 본질로서 미세한 입자들의 모양, 수, 운동, 크기라는 주장이다. 그런데 버클리에 의하면 오직 정신만이 그러한 작용인이 될 수 있기 때문에, 입자의 구조 등을 사물의 감각적 성질의 원인으로 보는 것은 잘못이다. 『원리』 102절에서 버클리는 오직 정신만이 작용인이 될 수 있음을 다음과 같이 강조한다.

> "어떤 이들은 현상을 신비한 성질에 의해서 설명하는 체하였다. 그러나 요즈음 대부분의 사람들은 그것들은 역학적 원인, 즉 모양, 운동, 무게 그리고 비감각적 입자의 성질과 같은 것에 의해서 설명하고자 한다. 하지만, 사실상 정신 이외에는 어떠한 작인(agent) 혹은 작용인도 존재하지 않는다."[270]

북달(G. Buchdahl)에 의하면, 바로 이것이 버클리가 입자설을 배격하는 가장 강력한 동기였다.[271] 말년의 저작인 『사이리스』(Siris)에서도 버클리는 보일과 로크의 입자설을 그것이 작용인을 추구하였다는 이유로 맹렬히 비판하였다. 버클리에 의하면 물질적 세계의 원리와 구조를 설명하는 물리학이나 역학은 작용인을 추구할 수도 없고 추구해서도 안 된다. 버클리에 의하면 "작용인을 확립하는 일은 사실상 물리학이나 역학의 과제가 아니다. 물리학이나 역학의 과제는 단지 충격이나 인력에 관한 규칙, 한마디로 운동의 법칙을 확립하는 데 있고, 확립된 법칙으로부터 특정한 현상의 작용인이 아니라 그 현상에 대한 해답을 부여하는 데 있다."[272]

버클리가 뉴턴의 '힘', '중력'과 같은 개념을 비판하는 것은 그것이 물질의 작용인에 대한 추구를 고무할 수 있다고 보았기 때문이다. 이러한 버클리의 생각이 물리학 자체에 대한 통찰에 전적으로 유래하는 것은 아니다. 그보다도 그것은 오히려 그의 경험론적 입장에 충실하려는 노력의 소산이라고 할 수 있다.

두 가지의 원인 개념에 관한 버클리의 이러한 구분은 철학사적으로도 대단한 중요성을 갖는다. 버클리에 이르기까지 원인과 결과란 가장 높은 수준의 지식인 제1철학 혹은 형이상학의 영역(domain)에만 속하는 것으로 여겨져 왔다. 그러나 버클리는 '기호로서의 원인'이라는 새로운 원인 개념을 설정함으로써 자연과학이 자기 나름의 원인을 추구할 수 있는 근거를 마련하였다고 할 수 있다. 푸코(Michel Foucault)는 이러한 기호로서 원인의 중요성을 다음과 같이 파악한다.

> "말브랑쉐와 버클리에서 신에 의해서 조작되는 기호는 두 가지 종류의 지식을 교묘하고도 사려 깊게 겹쳐 놓은 것이다. 이제 더 이상 지식에는 신성함이 포함되지 않는다. … 단지 간결하고 압축적인 지식이 있을 뿐이다. … 그 자체의 공간 안에 기호를 갖게 된 지식은 이제 개연성을 조절할 수 있게 된다. 하나의 인상과 다른 인상 사이의 관계는 기호와 기호화되는 것 사이의 관계이다. 달리 말해서 하나의 관계는 계기의 관계와 마찬가지로 최소의 개연성으로부터 최고의 확실성으로 진보한다. … 절대적이고 자신보다도 오래된 기호들에 대해서 닥치는 대로 예언하던 지식이 개연적인 것에 관한 지식과 더불어 단계적으로 쌓아 올리는 기호의 네트워크에 의해 대치되었다. 흄이 가능해진 것이다."[273]

흄이 가졌던 인과 개념은 버클리의 입장에서 한 걸음 더 나아가서 형이상학에서의 작용인과 자연과학에서의 기호로서 원인을 동일시한 것이라고 볼 수 있다. 또한 푸코가 지적하듯이 버클리의 기호로서의 원인 개념이 있음으로써 개연적 추리 혹은 귀납적 추론에 대한 흄의 논의가 가능하게 되었다고 할 수 있다.

(2) 두 가지의 원리 개념

이 두 가지의 원인 개념 사이의 구분과 관련하여 버클리는 각각 이것에 대응하는 두 가지의 원리 개념을 구분하였다. 『운동론』 41절은 버클리가 두 종류의 원리를 대비하고 있음을 명백하게 보여 준다. 그중 하나는 '역학적인' 것이고, 다른 하나는 '형이상학적인' 것이다. 버클리는 다음과 같이 말한다.

> "역학적 원리와 운동이나 자연의 보편적 법칙은 지난 세기의 행복한 발견이고, 기하학의 도움으로 다루어지고 응용되었는데 그것은 철학에 괄목할 만한 영향을 끼쳤다. 그러나 운동과 물체의 존재 혹은 물질적 속성의 형이상학적 원리와 실재적 작용인은 그것이 역학이나 실험 이전에 먼저 알려져서 물리학의 한계를 설정하고 그럼으로써 거기에 도입된 여러 난점들과 문제들을 해소하는 데 도움을 주는 것을 제외하고는 어떤 방식으로도 역학이나 실험에 속하지 않으며 그것을 해명하는 데 도움이 되지 않는다."[274]

이 구절에서 버클리는 만일 어떤 사람이 이 두 종류의 원리들을 혼동하고 운동의 원리를 정신으로부터 도출하거나 형이상학적 원리를 실험으로부터 도출하려 한다면, 여러 난점과 문제에 봉착하게 될 것임을 지적하고 있다고 볼 수 있다. 버클리는 이 점에 대해서 다음과 같이 언급한다.

"운동의 원리를 정신으로부터 도출하는 사람들은 정신을 물질적 사물이나 비물질적 사물로 볼 것이다. 아무리 경미한 것일지라도, 그것을 물질적 사물로 보면, 난점이 재차 발생한다. 만일 그것을 비물질적 사물이라고 한다면, 그것이 설령 참이라고 하더라도, 그것이 물리학에 속하는 것은 적절하지 못하다. 그러나 만일 누군가가 자연철학을 실험과 역학의 한계를 넘어서서 확장하여 비물질적이고 비연장적인 사물에 관한 지식까지도 포괄하려고 한다면, '자연철학'이라는 용어에 대한 그러한 광의의 해석은 영혼, 정신 혹은 생기론적 원리에 대한 논의도 허용하게 될 것이다. 그러나 우리 모두 이미 잘 받아들이고 있는 용법을 좇아서 각각의 학문 영역을 설정하는 것이 보다 편리하다. 따라서 자연철학자는 전적으로 실험, 운동의 법칙, 역학적 원리, 그것으로부터의 연역적 추리에만 관심을 가져야 한다."[275]

여기서 우리는 버클리가 두 가지 종류의 원리들을 구분한 것이 자연철학(과학)과 형이상학 사이의 경계를 구획하는 기준으로서 사용되고 있음을 알 수 있다.

(3) 관찰 불가능한 실재의 두 개념

버클리가 두 가지의 원인 개념과 관련하여 도입하는 또 한 가지의 구분은 실체(substance)로서의 관찰 불가능한 실재(unobservable entities)와 관념으로서의 관찰 불가능한 실재 사이의 구분이다. 여기서 전자는 우리가 관념으로는 표상할 수 없는 실재인 정신을 의미하며, 후자는 현재의 경험으로는 그것에 대한 관념을 가질 수 없는 미세한 실재(micro-entities) 등을 말한다. “그 중요한 예로서는 지구의 운동, 내적인 기관과 조직(tissue), 즉 식물과 동물의 구조, 그리고 너무나 작아서 최고의 현미경으로도 식별하기 어려운 미세한 유기체의 세계 전체 등이 있다.”[276] 그러면 이와 같은 관찰 불가능한 실재들의 존재를 어떻게 받아들일 수 있는가? 버클리는 다음과 같이 대답한다.

> “지구가 운동하는가 그렇지 않은가에 관한 물음은 실제로는 다음과 같은 물음과 다르지 않다. 즉 천문학자들에 의해 관찰된 것으로부터 만일 우리가 그러그러한 환경에 위치한다면, 또한 지구와 태양 양쪽으로부터 그러그러한 위치와 거리에 위치한다면, 우리는 지구가 행성의 합창 속에서 운동하고 있음을 지각할 수 있는가 하는 물음이다. … 또한 이러한 사실은 자연에 관해서 확립된 규칙들에 의해 현상으로부터 합당하게 수집된 것이다.”[277]

이 점에 대해서 우리는 북달의 주장에 동의할 수 있다. 북달에 의하면, “여기서 버클리는 물리적 실재의 가정이, 문제된 실재나 과정이 지각가능성의 조건(the condition of perceptibility)의 일부인 경우에 완전히 가능하다는 견해로 나아가고 있다”[278]

이러한 논의로부터 우리는 버클리가 두 종류의 관찰 불가능한 실재가 있을 수 있다고 상정하고 있음을 알 수 있다. 그중 하나는 우리가 그것에 대해서 개념을 가지는 바의 정신이요, 다른 하나는 지각 불가능한 관념이다. 두 종류의 비관찰적 실재들은 각각 형이상학과 과학의 대상이다. 이러한 구분을 적용시켜서, 버클리는 이러한 구분을 간과한 점이 입자설의 가장 중요한 결함이라고 지적하였다. 왜냐하면 입자설에서는 입자들을 지각 가능한 관념으로서가 아니라 '입자적 실체' 혹은 '물질'이라는 의미에서 해석하기 때문이다.

과학적 설명과 추리의 방법

(1) 과학적 설명과 목적론적 설명

버클리가 과학적 설명에 관한 입장을 제시하고자 한다면, 그의 제안은 그가 앞서 제시한 구분들을 만족시켜야 할 것이다. 즉, 그가 정식화한 과학적 설명의 모델은 실재적 작용인, 형이상학적 원리, 그리고 실체로서의 관찰 불가능한 실재 등을 포함하지 말아야 한다. 오히려 그것은 기호로서의 물질적 원인, 물리적 원리, 그리고 관념으로서의 관찰 불가능한 실재에 기초한 설명의 모델이어야 한다.

버클리의 첫째 제안은 그의 과학적 설명의 모델이 앞의 첫 번째 구분을 만족시킨다는 사실을 보여 준다. 즉, 과학적 설명은 역능적 혹은 산출적 원인을 발견하려는 시도가 아니다. 그것은 관념들 사이의 관계를 나타내는(signifying) 것이다. 그는 다음과 같이 쓰고 있다.

"현상을 설명하는 것은, 왜 그러그러한 경우에 우리가 그러그러한 관념을 갖게 되는가를 보여 주는 것일 뿐이다. 그러나 어떻게 물질이 정신에 작용하고 그 안에 관념을 산출하는가 하는 것은 어느 철학자도 설명하는 체할 수 없는 것이다. 따라서 이것은 자연철학에서 물질이라는 것이 쓸모없는 것임에 대한 명백한 증거이다."[279]

버클리의 두 번째 제안은 과학적 설명이 형이상학적 원리가 아니라 물리학적 원리 혹은 자연의 법칙들에 의존한다는 것이다. 버클리의 이러한 입장은 그의『운동론』에서 다음과 같이 분명히 언명된다.

"어떤 사물이 그것이 가장 단순하면서도 보편적인 원리로 환원되고 그것들이 서로 일치하고 연관된다는 것을 정확한 추리에 의해 보여 줄 수 있을 때, 그것은 역학적으로 설명되었다고 말할 수 있다."[280]

마지막으로 과학적 설명이 실체로서의 관찰 불가능한 실재를 포함하지 말아야 한다는 주장은 어떤 실체도 지시하지 않는 이론적 실재에 관한 버클리의 주장에 의해서 뒷받침된다. 버클리는 다음과 같이 말한다.

"힘, 중력, 인력 그리고 이런 류의 용어들은 운동과 운동하는 물체들에 관한 추리와 계산에는 유용하지만, 그것은 운동 그 자체의 단순한 본질의 이해를 위한 것이거나 여러 가지 구별되는 속성들을 표시하기 위한 것은 아니다. 인력에 대해 말하자면, 그것은 물리적 속성으로서가 아니라, 단지 수학적 가설로서 뉴턴에 의해 도입된 것임이 확실하다."[281]

그러나 버클리는 이와 같은 과학적 설명과 구별되어야 할 다른 종류의 설명이 있다고 생각하였다. 그것은 목적론적(teleological)이라고 부를 수 있는 종류의 설명이다. 목적론적 설명이란 어떤 주체가 가진 목적이나 의도 등에 근거한 설명을 말한다. 따라서 자연의 경로에 관한 목적론적 설명은 그러한 경로가 어떻게 이러한 목적을 성취하는 데 기여하는가를 보여 주는 것이 될 것이다. 버클리의 경우에 이 목적이란 물론 신의 목적이다.[282]

덴시(J. Dancy)는 이 두 가지 설명 양식에 대해서 "과학적 설명은 개별적인 사건에 관한 물음들에 대해 주어지고, 반면에 목적론적 설명은 감각세계의 존재에 관한 물음에 대답하고자 하는 것이다"[283]라고 말한다.

버클리에게 목적론적 설명이란 모든 사물들이 어떻게 최고의 참다운 존재인 신에게 의존하는가를 보이는 것이고 그것은 형이상학이나 신학이 추구하는 설명을 의미한다. 따라서 우리는 버클리에게 과학과 형이상학은 그것들이 각각 채택하는 설명 양식에 의해서도 구분되고 있다고 해석할 수 있다.

(2) 과학적 추리의 방법과 규칙

『운동론』 제37절에서 버클리가 말하는 바와 같이, 자연철학자들이 목표로 하는 일은 현상에 대한 설명과 해결이고, 그것은 현상의 원인, 즉 그러한 현상이 발생하는 이유를 부여하는 일이다. 물론 여기서 말하는 원인이란 작용인이 아니라 기호로서의 원인이다. 그러므로 버클리에서 현상의 원인을 부여한다는 것은 "어떤 작용인을 확립하는 것이 아니라, 충돌 혹은 인력에 관한 법칙들, 한마디로 운동의 법칙들을 확립하고, 확립된 법칙들로부터 특정한 현상에 대한 작용적인 원인이 아닌 해결을 제시하는 것이다."[284] 그러면 그러한 절차를 위한 구체적인 방법은 무엇인가?

버클리에 의하면 그것은 두 가지의 단계로 이루어진다. 첫 번째 단계는 관찰과 실험을 통해서 감각과 경험에 주어진 현상들을 연결시킬 수 있는 법칙을 확립하는 절차이다. 이 단계에 대해서 버클리는 "물리학자는 일련의 감각적 사물들 혹은 그것의 계기를 연구하고 어떤 법칙에 의해서 그것들이 서로 연관되며, 무엇이 원인으로서 선행하고, 무엇이 결과로서 따라오는지를 연구한다"[285]라고 말한다. 그에 의하면, 이 단계는 다시 두 과정으로 세분될 수 있는데, ① 인과적으로 계기하는 사건들에 대한 관찰을 포섭할(comprise) 일반적 개념을 착상하는 과정과 ② 그것을 토대로 개별적인 언명들을 포괄할 수학적 가설을 확립하는 과정이 그것이다.[286] 우리는 버클리가 이 단계에 대한 설명에 덧붙여 "이것은 기하학자들이 잘 알고 있다"라고 한 점에 미루어 그가 이 단계에서 수학이 중요함을 인식하였다고 말할 수 있다. 이러한 절차로부터 확립되는 "운동의 법칙들은 원리들이라고 불릴 수 있는데, 그것은 일반적인 역학적 공리와 현상에 대한 특정한 설명들이 유도되기 때문이다."[287]

이제 그 다음 단계 역시 두 과정으로 세분되는데, ① 이러한 일반법칙 혹은 일반명제를 일차적인 원리로 하여 그보다 덜 일반적인 원리들을 연역하는 과정과, ② 그것으로부터 개별적인 현상에 대한 설명이 연역되는 절차이다. ① 의 절차에 대해서 버클리는 다음과 같이 말한다.

> "역학에서도 개념들, 즉 운동에 대한 정의 그리고 일반명제가 전제되고 그 다음으로 수학적 방법에 의해서 보다 개별적인 사실에 가까운 그리고 덜 일반적인 명제가 연역된다."[288]

이 절차를 운동현상에 적용하여 말한다면, 그것은 "원천 그리고 일차적 원리로서의 그러한 법칙들로부터 운동의 전달에 관한 규칙이 유도되는"[289] 과정이다. ② 의 절차에 대해서는 다음과 같이 말한다.

> "마치 기하학적 정리를 적용함으로써 특정한 물체들의 크기가 측정되듯이, 역학의 보편적 정리에 의해서 세계 시스템의 어떤 부분의 운동이나 그것에 의존하는 현상들이 알려지고 확정될 수 있다."[290]

이러한 절차는 발견된 자연의 법칙이 각 현상과 항구적인 일치를 갖는가를 밝히는 일이고 현상이 그러한 법칙을 따르는가를 확인하는 절차이다.

과학적 탐구의 절차에 대한 버클리의 설명에서 우리가 특히 주목해야 할 것은 그가 이 과학적 탐구 절차에서 지켜야 할 규칙들을 제시하고 있다는 점이다. 이러한 규칙들은 운동의 진정한 본성을 결정하기 위한 규칙 혹은 물리학에서 제시된 정리들을 이해하기 위한 규칙으로서 제시된 것이다. 우리는 그 규칙들이 운동현상을 이해하는 규칙으로서만이 아니라 모든 자연현상에 대한 탐구에서 지켜져야 할 방법론적 규칙이라고 보아야 한다. 왜냐하면 버클리는 "이러한 규칙을 따른다면 자연의 비밀을 해명하는 기계철학의 모든 유명한 정리들이 이해되고, 세계의 시스템이 인간의 계산으로 환원될 수 있으며, 운동에 대한 연구가 수많은 세목(minutae), 난점, 그리고 추상관념으로부터 자유로워질 것이다"[291]라고 말하기 때문이다. 그가 제시하는 규칙은 다음과 같다.

①물체의 본성들로부터 수학적 가설들을 구별해야 한다.

②추상된 것과 그렇지 않은 것을 구별해야 한다.

③운동의 현상은 감각 가능한 것이거나 적어도 상상할 수 있는 것, 그리고 상대적인 측정이 가능한 것이어야 한다.[292]

이제 이러한 과학적 추리의 방법에 대한 버클리의 분석은 다음과 같이 집약될 수 있다.

①버클리에서 과학적 추리의 방법의 목표는 현상에 대한 설명을 제공하는 것이다. 그것은 현상에 작용적 원인을 부여하려는 것이 아니라, 개별적 현상들을 법칙포섭적으로 설명하려는 것이다.

②버클리는 과학적 절차를 크게 두 부분으로 구분하는데, 일반법칙을 확립하는 단계와 일반법칙으로부터 개별적인 현상을 연역하는 단계이다.

③이러한 과학적 절차에는 우리가 따라야 할 규칙들이 있다.

④버클리는 그러한 과학적 절차를 기하학을 모델로 설명하고 일반법칙을 수학적 가설이라고 해석한다.

뉴턴의 실험적 방법과의 비교

이와 같은 버클리의 과학적 추리의 방법에 대한 분석은 뉴턴의 실험적 방법과 어떻게 비교될 수 있는가?

첫째, 버클리가 생각한 과학적 추리 방법의 목표는 뉴턴의 그것과 상당히 유사하다. 특히 버클리가 자연과학에서 추구해야 할 것으로 제시한 기호로서의 원인의 개념은 뉴턴의 원인 개념을 반영한다고 생각된다. 왜냐하면 뉴턴에서 과학이 추구하는 원인이란 작용적인 것이 아니라, 현상들 사이의 상호관련성을 보여 주는 수학적인 원인이기 때문이다.

둘째, 버클리가 생각하는 과학적인 절차는 뉴턴의 실험적 방법과는 상당한 차이가 있다. 버클리의 방법은 전적으로 기하학을 모델로 한 것이고 각 단계에서 연역적 추리를 강조하는 데 비해서, 뉴턴의 실험적 방법에서는 기하학의 역할은 제한적이다. 그러나 버클리가 과학적 방법에서 수학적 절차를 강조하고 구체적으로 그 적용방식을 제시한 점은 로크의 경우와 비교할 때 놀라운 발전이다. 또한 버클리의 과학적 법칙의 성격, 법칙포섭적 설명의 개념 등은 뉴턴 과학에서 일반법칙의 본성을 정확히 이해한 것이라고 할 수 있다.

셋째, 버클리가 제시하는 방법은 가설-연역적 방법에 가깝다고 할 수 있다. 그러나 뉴턴의 실험적 방법은 가설-연역적 방법이 아니다. 또한 뉴턴의 방법에서는 현상으로부터 발견된 특수한 개별적인 명제가 귀납을 통해서 일반화되는 데 비해서, 버클리는 이론이나 가설을 확증하는 절차를 명료히 분석하고 있지 못하다.

넷째, 버클리가 과학적 절차에서 제시한 방법론적 규칙들 역시 뉴턴의 추리규칙과는 성격이 다른 것이다. 버클리의 규칙은 과학적 개념과 명제의 성격을 규정하는 규칙인 데 비해서, 뉴턴의 규칙은 과학적 추리와 과학적 탐구 전체를 인도하는 추리규칙이자 방법론적 전제이다.

다섯째, 버클리가 현상을 우리가 감각할 수 있거나 적어도 상상할 수 있는 것, 그리고 측정할 수 있는 것으로 제한한 것은 뉴턴의 과학적 태도를 반영한다. 하지만 그에게 현상이란 근본적으로 비물질적인 것이기 때문에 뉴턴이 설명하려는 현상과는 존재론적 차이점을 갖는다고 해야 할 것이다.

Part 3

흄의 철학, 뉴턴 과학의 인식론적 정당화

제10장

뉴턴에 대한 흄의 인식

자연주의적 해석의 전통 안에서는 흄 철학에 뉴턴 과학이 영향을 주었다는 사실이 일반적으로 인정되고 있다. 또한 흄의 철학을 이해하기 위해서 뉴턴의 실험철학에 대한 이해가 필수적이라는 것도 일반적으로 수락되고 있다.

그러나 흄에게 영향을 준 뉴턴의 실험적 방법은 무엇이며, 흄은 그러한 실험적 방법을 정신적 주제에 어떻게 적용하고 있는가는 구체적으로 해명되어 있지 못하다. 그 점을 해명하기 위해서는 물리학에서 뉴턴의 방법이 과연 어떤 것인가를 먼저 밝혀야 할 것이다. 이러한 작업을 위해서 우리는 이미 『프린키피아』에 나온 중력의 법칙에 대한 뉴턴의 추리를 분석한 바 있다. 우리는 거기서 뉴턴이 제시한 '추리규칙'에 주목하였다. 그러한 뉴턴의 방법을 데카르트의 과학과 비교하였고, 뉴턴 과학의 등장이 인과의 개념, 지식의 개념, 개연적 추리와 방법, 과학과 형이상학의 구분, 정신과학의 추구 등의 문제들을 이후 근대철학자들에게 제기하였음을 확인하였다. 또한 뉴턴의 실험철학이 흄의 전임자들인 로크와 버클리에 의해 어떻게 이해되고 비판되었는가를 살펴보았다. 이제는 흄의 철학에서 뉴턴의 영향이 어떤 부분에서 어떻게 나타나는가를 구체적으로 살펴볼 차례이다.

흄이 뉴턴에 관해서 무엇을 알았는가, 그러한 앎의 내용이 그의 철학에 어떤 영향을 주었는가를 확인하기 위해서 우리는 먼저 흄의 저작들에서 뉴턴이 직접 언급되는 부분을 조사해 보기로 하자.

흄은 에딘버러대학 재학 시절, 뉴턴 과학에 대해 접했을 것으로 추정된다. 또한 그가 대학을 떠난 이후 그의 광범위한 독서를 통해서 그는 뉴턴의 관념체계에 대해서 읽고 생각할 기회를 가졌을 것이다. 『인성론』을 비롯한 흄의 저작들 중에서 적어도 10군데서 뉴턴에 대한 흄의 언급이 발견된다.

(1) 『인성론』에서의 언급(1740)

흄이 뉴턴의 영향을 받았다고 인정되는 것과는 달리, 『인성론』의 본문에서 뉴턴의 이름은 전혀 언급되고 있지 않다. 『인성론』에서는 그 부록의 맨 마지막 구절에 '뉴턴주의 철학'이 한 번 지칭되는 것이 전부이다. 거기에서 흄은 『인성론』 제1권 제2부 5절에서의 논증, 즉 진공의 관념이 이해될 수 없고, 진공을 주장하는 사람들과 충만한 공간을 주장하는 사람들 사이의 논쟁은 한편으로는 언어적인 수준의 것이고 다른 한편으로는 존재론적인 수준의 것으로서 '인간의 능력을 넘어서는 것'이라고 말한다. 그러나 여기서의 '뉴턴주의 철학'이라는 것이 뉴턴 자신의 작업을 의미하는 것인지, 아니면 뉴턴의 과학을 신학적인 관점에서 이용하고자 하였던 뉴턴의 추종자인 사무엘 클라크나 윌리암 휘스톤 등의 업적을 의미하는지 명확하지 않다.

> “우리가 우리의 사변을 우리의 감관에 주어지는 대상들의 현상에만 제한하고 그것들의 실재적 본질과 작용에 대한 연구에 개입하지 않는다면, 우리는 모든 난점으로부터 안전할 것이고 어떤 물음에 의해서도 당황하게 되지 않을 것이다.
>
> 만일 우리가 우리 감관에 주어지는 대상들의 현상을 넘어서서 우리의 탐구를 진행한다면 대부분 우리의 결론은 회의주의와 불확실성으로 가득 찰 것이라고 생각된다. 따라서 만일 누가 우리에게 비감각적이고도 비촉감적인 거리가 항상 물체로 가득 차 있는가 혹은 우리의 감각기관을 발전시킴으로써 볼 수 있고 촉감이 가능한 것이 될 수 있는 어떤 것으로 가득 차 있는가를 묻는다면, 나는 비록 보통 사람이나 일반적인 개념에 보다 적합한 반대 의견에 기울겠지만, 나는 우리가 각각의 입장에 대한 결정적인 논증을 발견할 수 없다는 것을 인정해야 한다. 만약 뉴턴주의 철학이 올바르게 이해되었다면 그것이 그 이상 의미하는 바가 없다는 것이 발견될 것이다. 진공이 주장된다. 즉, 그것들 사이에 어떤 충격이나 침투 없이 물체를 받아들이는 방식으로 물체는 자리를 잡는다고 말한다. 물체의 이러한 위치에 대한 진정한 본질은 알려지지 않는다. 우리는 감관에 대한 그것의 결과와 물체를 받아들이는 힘을 알 뿐이다. 어느 정도의 온건한 회의론과 모든 인간의 능력을 넘어서는 주제에 대한 무지를 솔직하게 고백하는 것이 그 철학에 보다 적절할 것이다.”[293]

(2) 『에세이』 1742년판에 등장하는 논문으로 "삶의 중간단계에 관해서"에서의 언급(1742)

"우리가 덕이나 공중에 대한 기여가 아니고 천재성이나 역량을 가지고 사람의 등급을 매긴다면 위대한 철학자들이 틀림없이 일등급을 차지하게 되고 인간 종의 정상에 위치할 것이다. 이러한 인물은 너무나 드물어서 아마도 아직까지 이 세계에는 둘 이상 있었던 적이 없다. 적어도 갈릴레오와 뉴턴은 모든 나머지 사람들을 능가할 것이고 우리는 다른 어떤 사람도 같은 부류에 속한다고 인정할 수 없다."[294]

(3) "예술과 과학의 발흥과 진보"(1742)

여기서는 문화적인 성취에 대한 정치적인 상황의 영향이 논의되고 있다. 정치적으로 독립적인 국가의 그룹이 로마와 같은 중앙통제적인 국가에 비해 더욱 유익한 지적인 분위기를 제공한다는 그의 주장을 설명하면서, 흄은 다음과 같이 묻는다.

"프랑스에서 지난 세기 말까지 강력한 지지를 받았으면서도 반면에 그 철학의 취약한 측면을 발견한 다른 유럽 국가들의 반대에 부딪친 데카르트의 철학의 진보를 누가 조사하겠는가?"

그리고 뉴턴의 이론에 대해서 다음과 같이 말한다.

"뉴턴의 이론에 대해 행해진 엄격한 조사는 그의 나라에서뿐만 아니라, 다른 나라에서도 행해졌다. 또한 만일 그것이 현재 전 유럽에 걸쳐서 부딪치고 있는 장애물들을 극복할 수 있다면, 그것은 아마도 최고도의 번영에 이르는 성공을 구가할 수 있을 것이다."[295]

(4) 『한 신사가 에딘버러에 있는 친구에게 보낸 편지』(1745)

"데카르트와 말브랑쉐 이전에는 누구도 물질은 제1성질이든 제2성질이든, 독립적이든 원인을 수반하든 어떤 힘을 갖지 못하며, 섭리의 어떤 목적에 쓰이기 위해 신의 손에 있는 도구라고 적절히 불릴 수 없다는 의견을 가져 보지 못하였다. 마지막에 언급된 철학자들은 계기적 원인이라는 개념을 대치하였다. 계기적 원인의 개념에 의하면, 당구공은 충격에 의해서 다른 것을 움직이지 못하며, 일반법칙에 따라서 신이 두 번째 공에 대해서 운동을 부여함으로써 생긴 계기일 뿐이다. 이러한 의견은 무해한 것이지만 일반적으로 수락되고 있는 의견들과는 너무나 상반되고, 철학적 논증에 의해서 뒷받침되는 바가 거의 없고 단지 가설에 불과한 어떤 것으로 받아들여진 것이기 때문에 결코 주목을 끌지 못하였다. 커드워스, 로크, 그리고 클라크는 그것에 대해 거의 혹은 전혀 언급하지 않았다. 아이작 뉴턴 경[비록 그의 일부 추종자들은 사고의 다른 전환을 이루었지만]은 그것을 분명히 반박하고 인력의 원인으로서 신의 직접적인 의지가 아닌 에테르 유동체의 가설을 제시하였다. 그리고 간단히 말해서 이것은 철학자들의 논증에 전적으로 맡겨진 것이며, 거기에 대해서 종교는 전혀 관심을 가질 바가 아니라고 생각된다."[296]

(5) 『인간지성의 탐구』에서의 언급(1748)

“나는 새로운 철학에서 그렇게도 많이 논의되고 있고 우리가 물질에 부여하고 있는 ‘관성력’에 대해서는 길게 논의할 필요를 느끼지 않는다. 우리는 다음과 같은 것들을 경험을 통해서 알고 있다. 즉 정지해 있거나 운동하고 있는 하나의 물체는 어떤 새로운 원인이 주어지지 않는 한 영원히 현 상태를 지속한다. 충격을 받은 물체는 충격을 준 물체로부터 받은 것만큼의 운동을 한다. 이것들은 사실이다. 우리가 이것을 관성력이라고 부를 때, 우리는 활력 없는 힘에 관한 관념을 염두에 두지 않고 단지 이러한 사실들만을 말할 뿐이다. 그것은 중력에 관해서 말할 때, 어떤 작용력(active power)을 생각하지 않고 결과만을 말하는 것과 같다. 모든 힘과 에너지에서 두 번째 종류의 원인을 제거하는 것은 뉴턴 경이 의도한 바가 아니었다. 그럼에도 불구하고 그의 추종자들 중의 일부가 그의 권위를 빌어서 그러한 이론을 확립하였다. 그것과는 상반되게 그 위대한 철학자는 그의 보편적 인력을 설명하기 위해서 에테르적인 활력 있는 유동체에 호소하였다. 그럼에도 불구하고 그는 그것이 실험을 더 해 보지 않고는 주장될 수 없는 하나의 가설에 불과하다는 것을 조심스럽고도 온건하게 인정하였다. 나는 그러한 의견에 대해 약간의 예외적인 어떤 것이 있음을 고백해야 한다. 데카르트는 그것을 주장하지는 않았지만 보편적이고 유일한 신의 능력에 관한 이론을 암시하였다. 말브랑쉐와 그 밖의 데카르트주의자들은 그 이론을 자신들의 철학의 기초로 삼았다. 그러나 영국에서는 그 이론이 아무런 권위를 갖지 못하였다. 로크, 클라크, 커드워스는 그것에 그다지 주의를 기울이지 않았다. 그러나 그들은 모두 물질이 실재적이면서도 어딘가에 종속적이고 그것으로부터 유래한 힘을 갖는다고 상정하였다. 그러한 이론이 어떻게 해서 오늘날의 형이상학에 그토록 널리 퍼지게 되었을까?"[297]

충만한 공간에서의 운동에 관한 데카르트의 이론이 유지될 수 없다는 것을 밝히고 난 다음 뉴턴은 딜레마에 빠지고 말았다. 왜냐하면 그로서는 어떤 매체가 없는 진공을 통해서 한 물체가 그것으로부터 떨어진 다른 물체에 작용할 수 있다는 전제도 불합리한 것으로 생각되었기 때문이다. 그렇다고 제논과 같이 운동이 불가능하다고 말할 수는 더욱 없었다. 왜냐하면 그것은 역학의 기초를 무너뜨리는 것이기 때문이다. 또한 베일과 불가지론의 입장에 서서 운동은 이해할 수 없는 것이라고 말할 수는 더더욱 없었다. 따라서 그는 떨어진 거리에서의 작용을 설명하는 문제를 에테르적인 매체에 대한 사변적인 가설을 통해서 해결한다.

위에서 인용한 『탐구』의 각주에서 이 개념에 대해서 또 관성력에 대해서 언급할 때 [그것은 그 책에서의 뉴턴에 대한 유일한 직접적인 언급이다] 그는 의도적으로 명료하게 '아이작 뉴턴 경'과 '그의 몇몇 추종자들'을 구분한다. 그가 뉴턴주의에 반대하는 것은 그들이 운동의 작용인으로서의 신을 상정함으로써 건전한 경험주의의 한계를 넘어섰다는 것을 말하기 위한 것이다. 뉴턴 자신과 그의 추종자들이 기계철학을 존중하는 것은 그것이 갖는 과학적 가치뿐만 아니라 그것의 신학적 함의 때문이기도 하다. 뉴턴은 실험적으로 확증된 법칙과 사변적인 형이상학을 구분했음에도 불구하고, 자신의 형이상학적인 추측이 현상으로부터 도출되었기 때문에 논리적 구속력이 있다고 말한다. 뉴턴의 업적에 대한 뉴턴 자신이나 그의 추종자들의 자신감은 뉴턴의 과학적 발견이 종교적 믿음에 합리적 기초를 제공할 수 있다는 확신에 의해서 더욱 강해졌다. 그러나 흄은 경험과학의 검증 가능한 법칙과 사변적 가설 및 자연종교 사이를 구분하는 뉴턴의 공식적인 입장을 확신하고 강조하였다.

(6)『도덕의 원리에 관한 탐구』 제3부 3절에서의 언급(1751)

여기서 흄은 인위적인 덕으로부터 자연적인 덕으로 효용성의 원리를 확장하는 것을 보증하기 위해서 뉴턴의 규칙 3과 유사한 방법론적 규칙에 호소한다. 그것은『인성론』에서도 인용되고 있다.

> “전체로 보아서 우리는 여기서 주장된 원리의 힘에 관한 지식을 획득한 것으로 보인다. 그리고 어떤 정도의 찬사와 도덕적인 시인이 공중의 이익과 효용에 대한 반성으로부터 나오는가를 결정할 수 있을 것으로 보인다. 사회를 지탱하기 위한 정의의 필요성이 그 덕의 유일한 기반이다. 그리고 어떤 도덕적 탁월성도 그 이상 높이 평가될 수 없기 때문에 우리는 이러한 효용성의 상황이 일반적으로 가장 강한 에너지와 우리의 정서에 대한 가장 완전한 명령을 갖는다고 결론지을 수 있다. 따라서 그것이 인간애, 자비, 우정, 공정심, 그리고 그런 성질의 다른 사회적 덕목에 부여된 장점의 상당한 부분의 원천이다. 그리고 또한 그것이 충성심, 정의, 진실성, 통합성, 그리고 다른 측정 가능하고 유용한 성질과 원리에 부여된 도덕적 시인의 유일한 원천이다. 그것은 어떤 한 사례에서 커다란 힘과 에너지를 갖는 것이 드러난 어떤 원리가 있을 때 그와 유사한 모든 사례에서 그 원리에 같은 에너지를 부여해야 하고, 철학의 규칙과 완전히 부합되고 심지어는 공통적인 이성의 규칙과도 부합된다.

이것이야말로 뉴턴의 가장 중요한 철학의 규칙이다 'Principia, Lib. III'"[298]

(7) 흄이 그의 형 존 흄의 결혼에 대해 그의 사촌인 다이사트에게 보낸 편지 (1751)

"우리의 친구[존 흄]는 드디어 결정을 하고 그 위험한 만남에 뛰어 들었다. 그는 월요일 아침에 떠났다. 이것은 그의 생애에서 그 결과를 정확하게 계산할 수 없는 상태에서 행한 첫 번째 행동이었다. 그러나 좋은 부인과 나쁜 부인 사이에 관한 명제를 결정하고 각각에 다른 비율을 결정하는 데에 산수가 어떤 역할을 할 것인가? 행성의 경로를 측정하고 저울을 가지고 하듯이 지구의 무게를 잴 수 있는 아이작 뉴턴 경 자신도 우리 인간이란 종 가운데서 그 부드러운 부분을 방정식으로 풀어 낼 대수는 가지고 있지 못하다. 그들은 그 궤도가 아직 확실하지 않은 유리한 천체이다."[299]

사실상 흄이 남긴 편지는 그의 철학적 발전에 대해 뉴턴이 준 영향 범위와 방향을 평가하는 데 별 도움을 주지 못한다. 낙슨에 의하면 그가 남긴 편지는 675통이고 이것은 1,100쪽에 해당하는 분량인데, 그중에서 뉴턴의 이름은 단 한 번, 그것도 철학적으로 전혀 중요할 것이 없는 내용에서 언급되었다는 것이다.[300] 그러나 흄의 편지에서 그가 실험철학자들에 대해 관심을 가졌다는 증거를 발견할 수 없다고 해서, 그가 자연과학에 대해 무관심했다고 결론지어서는 안 된다. 낙슨에 의하면, "흄은 그의 편지에서 자연과학의 문제와 관련해서는 베이컨과 버클리뿐만 아니라, 데카르트, 스피노자, 말브랑쉐, 라이프니츠, 존 게이, 데비드 하틀리에 대해서도 전혀 언급하고 있지 않다."[301]

(8) 『자연종교에 대한 대화』 제3부(1779)

캠프 스미드와 스튜어트에 의하면 이 부분은 1751년에 완성되었다. 이 대화편의 등장인물인 클린데스는, 신학적 사변이 매우 섬세하고 정제된 것이고 우리의 능력 범위를 넘어서며 상식과 경험의 범위를 넘어서기 때문에 신뢰받을 수 없다는 필로의 반론에 대답하고 있다. 그는 다른 회의론자들과 마찬가지로 필로가 그러한 제약성이 자연과학에 대해서도 일관성 있게 적용될 수 있는 것임을 고려하지 않는다고 말한다.

> "클린데스: 실제로, 무지개라는 놀라운 현상에 대한 뉴턴의 설명이 인간이 이해하기에는 참으로 너무나 정교한 주제인 광선에 대한 정교한 해부를 제공한다고 해서, 그 현상에 대한 뉴턴의 설명을 감히 반박한다면 그는 어리석은 사람이 아니겠는가?"[302]

(9) 『영국사』(1756)

이것은 뉴턴에 대한 흄의 존경심의 증거로 자주 언급되는 부분이고, 흄의 철학에 대한 당시의 과학자들의 영향에 관한 간접적인 증거이기도 하다.

> "프랑스의 과학회는 군주에 의해 방향이 결정되고 고무되고 지원되었다. 영국에서는 특출한 천재성을 가진 사람들이 등장하였다. … 윌킨스 이외에도 웨렌, 뛰어난 수학자 월리스, 현미경을 통한 정확한 관찰자 후크, 진정한 물리학의 복원자 시든햄 등이 있다. 이

시대에 가장 화려하였던 사람은 보일과 뉴턴이다. 그들은 진리에 이르는 유일한 길을 조심스럽게 밟아가서 더욱 안전한 단계에 이르는데, 그것은 참된 철학으로 가는 유일한 길이다. 보일은 오토 게이리크가 발명한 압축공기의 작용을 이용한 장치를 개선하였다. 그리고 그는 그것을 가지고 공기뿐만 아니라 다른 물체에 대해서도 여러 가지의 새롭고 진기한 실험을 행하였다. 그의 화학은 그러한 기술을 알고 있는 사람들이 극찬하는 것이다. 그의 유체역학은 그의 다른 어떤 작업보다도 많은 정도의 실험에 의한 추리와 발명을 담고 있다. 그러나 그의 추리는 여러 철학자들을 잘못 인도하였던 대담함과 무모함과는 크게 다른 것이다. 보일은 기계철학의 열렬한 지지자인데 기계철학은 자연의 비밀 중에 일부를 발견하고 그 나머지를 상상하도록 허용함으로써 인간의 자연적 허영심과 호기심에 매우 잘 들어맞는 이론이다. …

뉴턴을 두고, 이 섬나라는 인간이란 종에 빛을 더해 주고 교육하기 위해 태어난 천재들 중 가장 위대하고 가장 드문 천재를 낳았다는 자랑을 해도 좋을 것이다. 실험에 기초한 것이 아니면 어떤 것도 원리로 인정하지 않을 만큼 신중하면서도, 실험에 기초한 원리라면 아무리 새롭고 비통상적인 것이라도 채용할 만큼 단호하다. 그는 겸손함 때문에 다른 나머지 인간에 비해 자신이 얼마나 탁월한가를 스스로 알지 못하였고, 따라서 그의 추리를 통상적인 이해에 적용하는 데 주의 깊지 못하였다. 명성을 얻으려는 것보다는 업적을 쌓기를 갈망하였다. 이러한 이유로 오랫동안 세상에 알려지지 않았다. 그러나 그는 결국 영광에 빛나는 명성을 얻었다. 그것은 그의 생애 중에서 어떤 작가도 얻어 보지 못하였던 것이다. 뉴턴은 자연의 미스터리에서 일부 그 베일을 벗겨 낸 것으로 보인다. 동시에 그는 기계철학의 불완전성을 드러내었다. 그럼으로써 그는 지금까지 이해할 수 없었고 영원히 이해할 수 없는 부분에 대해 자연의 궁극적인 비밀을 복원하였다."[303]

이것은 그야말로 뉴턴에 대한 최고의 극찬이다. 여기서 철학적으로 특히 흥미로운 구절은 마지막 부분이다. 흄이 "뉴턴은 자연의 미스터리에서 일부 그 베일을 벗겨 낸 것으로 보인다. 동시에 그는 기계철학의 불완전성을 드러내었다. 그럼으로써 그는 지금까지 이해할 수 없었고 영원히 이해할 수 없는 부분에 대해 자연의 궁극적인 비밀을 복원하였다"라고 말하는 이유는 무엇일까? 흄은 뉴턴이 기계철학의 불완전성을 보여준 것이 그의 부주의 때문이라고 보는가 아니면 뉴턴이 의도적으로 그랬다고 보는가? 이 물음은 『탐구』에서 흄이 "이러한 궁극적인 원천과 원리는 인간의 호기심과 탐구로부터 완전히 가려져 있다. 탄성, 중력, 부분들의 결합력, 충격을 통한 운동의 전달 등은 아마도 우리가 자연 가운데서 발견할 수 있는 궁극적인 원인들 혹은 원리들이다"[304]라고 한 것에 비추어서 이해되어야 할 것이다. 즉 흄은 뉴턴이 기계철학의 한계를 깨달았으며, 따라서 자연의 궁극적인 원인을 경험적인 방법으로 추구할 수 없다는 자신의 입장에 동의하는 것으로 생각하였다. 또한 그는 뉴턴의 물리학이 "세계의 기원에 관한 것은 인간의 능력의 범위를 넘어선 것이다"[305]라는 자신의 결론을 뒷받침한다고 보았다.[306] 따라서 우리는 여기서 흄이 뉴턴을 그가 『탐구』에서 "합리적이고 신중한 철학자라면 누구도 감히 어떤 자연적 작용의 궁극적인 원인을 부여하려 하지 않았다"[307]

라고 말할 때의 '합리적인 철학자'의 범주에 속하는 사람으로 여겼다는 사실을 알 수 있다.

(10) 『종교의 자연사』(1757)

"같은 이유에서 나는 뉴턴, 로크, 클라크 등이 아리안이든 소시니언이든 간에, 그들이 고백한 교의에 매우 신실하였다고 주장한다. 그리고 나는 언제나 이러한 논증을 자유사상가들의 견해와 대립시킨다. 그들에게는 그러한 교의가 불가능하거나 이러한 철학자들이 위선자이어야 하는 것이 필요할 것이다."[308]

이러한 텍스트의 어느 곳에서도 흄은 『프린키피아』의 역학적인 명제의 어떤 부분에 대한 구체적인 논의를 제시하고 있지 않다. 그러나 이러한 텍스트가 뉴턴의 수학과 역학에 관한 흄의 지식을 보여 주는가의 여부에 관계없이 적어도 흄이 그 당시의 과학에 대해 뉴턴이 기여한 바에 관심을 가지고 있음을 보여 준다. 흄의 관심은 자신의 새로운 '인간학'에서 인간 지성의 한계를 확립하기 위한 그의 철학적 작업을 위해서 뉴턴의 방법론적 원리, 즉 그의 '추리규칙'으로부터 도움을 받는 데 있었다. 흄은 또한 뉴턴의 추종자들이 진공, 제2차 원인, 인과적 작인으로서의 신의 개념 등에서 뉴턴이 정한 '규칙'의 제한을 넘어서고 있다는 것을 지적하려 하였다. 또한 흄은 뉴턴의 규칙이 '감추어진 원천이나 원리', 자연의 '궁극적 원인'에 대한 탐구를 올바로 제한하였다고 보았다. 흄은 이 점에서 자신이 뉴턴의 추종자들보다 뉴턴을 잘 이해하고 있다고 주장하기를 주저하지 않는다.

또한 이러한 텍스트들은 뉴턴의 사상에 대한 흄의 관심을 명백히 보여 준다고 할 수 있다. 뉴턴에 대한 흄의 관심은 그가 중력이론의 구체적인 부분에 관해서 언급하지 않았다 할지라도 인정될 수 있다. 여기서 우리는 ①흄은 온건한 의미의 회의론자로서 인간의 지식이 가진 한계를 이해하려고 하였고, ②적어도 사실의 문제에서 우리는 확실한 지식을 가질 수도 궁극적인 원인을 추구할 수도 없으며, ③ 다만 개연적 추리에 의존할 수밖에 없으며, ④그러한 추리에서 우리는 일반규칙을 통해서 과학적인 명제와 그렇지 않은 명제를 구분할 수 있고, ⑤그것만이 극단적 회의론에 대한 유일한 대안이며, ⑥이러한 점에서 뉴턴을 자신의 입장에 대한 협력자로 여기고 있음을 알 수 있다.

제11장

흄 철학의 자연주의적 해석

흄은 근대철학사에서 중심적인 인물 중의 한 사람이다. 그럼에도 불구하고 그는 일반적으로 회의주의자로서 기억되고 있다. 그것은 그가 그의 주요 저작을 통해서 과학, 도덕, 그리고 종교의 합리적 기반을 회의주의적 입장에서 공격하고 있다고 해석되어 왔기 때문이다. 이 전통적 해석에 의하면, 흄은 인과관계, 필연성, 귀납에 대한 우리의 신념이 합리적 기반을 갖지 않는다고 주장하는 것으로 생각된다. 이 해석에 따르면 필연적 인과관계에 관한 우리의 신념은 객관적 세계에 관한 관찰과 연관성을 갖지 않는 심리적 사실에 불과하다는 것이다. 그러한 해석에서는 흄이 당연히 버클리적 전통에 속하는 관념론자 또는 반-유물론자로 여겨진다. 회의주의적인 해석의 결과, 흄은 외부적 세계에 관해 어떤 것을 알거나 증명하는 것에 관해서 완전한 회의주의자로 여겨지거나,[309] 아니면 우리의 지식이 감각에 기초한다는 경험론적 입장을 귀류법적으로 제시하는 철학자로 인식되고 만다.[310]

흄의 자연주의에 대한 고전적 해석

캠프 스미드의 1905년 논문[311]과 1941년의 저서[312]는 흄의 자연주의에 대한 고전적 해석이라고 할 수 있다. 흄의 철학에 대한 현대적인 논의가 시작된 것도 그것으로부터이다. 캠프 스미드는 흄의 프로그램이 실제로는 회의주의적인 것이 아니며, 그것은 감각경험에 관한 로크와 버클리의 설명의 부적합성을 보여 주기 위해서 고안된 일련의 적극적인 신념들을 제안하는 것이라고 주장하였다.[313]

캠프 스미드의 해석에 따르면, 흄이 보기에 감각 경험에 관한 로크와 버클리의 설명이 지닌 난점은 그들이 모든 경험의 국면들을 이성과 추론에 의해서 설명하려고 함으로써 회의주의를 초래한 것이다. 왜냐하면 이성은 경험의 궁극적인 성격을 설명할 수 없기 때문이다. 흄은 우리가 경험을 주의 깊게 분석해 보면 외적 사물의 존재, 인과적 상호작용 등에 관한 근본적이고도 '자연적인' 신념에 도달하게 된다고 주장하였다. 그러한 신념들은 이성적 분석에 앞서는 것이고, 우리가 세계에서 기능하는데 불가결한 것이며, 오직 믿어야 할 대상이다. 이러한 신념들은 다른 모든 신념들에 개입하고, 지식이나 이성에 대한 어떤 설명으로부터 도출되기보다는 그것에 전제된다는 의미에서 일반적이라고 할 수 있다. 따라서 만일 회의주의가 이성과 합리적 통찰에 의해서 형성되는 신념들에 대해서만 적용된다고 하면, 이성과 지식에 앞서는 자연적 신념들은 회의주의의 대상이 되지 않는다. 달리 말해서, 만일 우리가 지식을 합리적 통찰보다는 신념에 기초한 것이라고 생각한다면, 그리고 우리가 지식의 기능이 무엇이 실재적인가에 관한 결정이라기보다 실천적 지침이라고 간주한다면, 흄의 설명은 회의주의로부터 안전한 것이 될 수 있다.[314] 왜냐하면 우리는 우리의 기초적 신념에 대해서 심각한 의문을 제기할 수 없으며, 본능에 기초한 지식은 비록 그것이 실재하는 세계의 모습에 대해 말해 주지는 않지만 경험을 위한 실천적 지침이 될 수 있기 때문이다. 캠프 스미드에 의하면 흄 자신도 자연적 신념이 어떤 합리적 증거에도 기초하지 못하며, 가벼운 분석을 통해서도 반박될 여지가 있는 것으로 생각하였다.[315] 그것은 외부적 대상과 인과적 관계가 정확히 우리가 경험하는 바와 같이 존재한다고 상정하는 통속적인(vulgar) 신념의 체계에 대해서만 허위이고 잘못된 것이다.

캠프 스미드의 설명에서 또 한 가지 중요한 것은 그가 자연적 신념을 모든 경험의 조건이 되는 칸트적인 카테고리와 매우 유사한 것으로 해석한 점에 있다.[316] 그러나 캠프 스미드는 흄의 철학에 대한 칸트적인 해석을 제시하고 나서 이것이 흄의 철학이 그 밖의 인간 경험에 적용될 수 없는 이유라고 주장한다. 왜냐하면 흄은 관념에 대한 원자론적 개념을 제시하고, 뉴턴적인 기계론적 설명을 통해서 자연적 신념들이 복합적 카테고리로서 작용할 수 없는 단순관념이라고 설명하기 때문이다. 캠프 스미드는 만일 흄이 연합주의적 설명에 충실하였다면 이러한 문제는 생기지 않는다고 생각한다. 만일 그랬다면 그는 자연적 신념을 단순관념이라고 간주하기보다는 어떻게 그것이 발생하는가를 설명하였을 것이고, 그때 그것은 인간의 사고가 가진 다른 국면들을 설명하는 데도 사용될 수 있기 때문이다.

이러한 캠프 스미드의 해석은 흄의 철학을 이해하는 데 중요한 역할을 하였다.

첫째, 흄은 경험에 대한 순수한 합리적 설명이 부적합하다고 보았으며, 극단적인 회의주의가 제기하는 문제에 대한 해답을 제공하기 위해서는 인간 본성에 호소해야 한다는 것을 보이려고 하였다. 둘째, 지식(혹은 정신)에 관한 설명은 심리학적 고찰에 의존하기 때문에 어떤 중요한 의미에서는 경험이 인간 본성으로부터 독립되어 있지 못하다. 셋째, 흄은 기본적인 신념과 그 위에 세워진 신념 사이를 구분함으로써 극단적 회의주의를 회피하려 하였다.

그러나 캠프 스미드의 설명에 대해서 다음과 같은 비판이 가능하다. 첫째, 그것은 흄의 철학에 대한 일관성 있는 설명을 제시하지 못하였다. 그는 자연적 신념을 칸트적인 카테고리로 해석한다. 하지만 그는 흄이 원자론을 주장한다고 봄으로써, 흄의 프로그램 전체에 비일관성을 초래하였다. 예를 들어 인과관계에 관한 신념은 다른 신념들과 연결되어야 할 우리 신념체계에서 가장 단순한 원자적 단위인 동시에, 우리의 신념의 조건으로서 카테고리 혹은 기능이다. 따라서 캠프 스미드의 해석에서 흄의 철학적 프로그램의 중요한 부분은 로크와 버클리가 설명할 수 없었던 경험의 국면들을 설명하기 위해 제시되었음에도 불구하고, 그가 가진 관념이론(theory of ideas)으로 말미암아 경험을 설명하는 일에 역시 실패하고 말았다. 둘째, 캠프 스미드는 흄이 로크의 이중존재이론을 받아들였다고 생각함으로써, 흄이 자신의 적극적인 프로그램의 목표와 상반된 철학적 가정을 수락하고 말았다는 잘못된 해석을 제시하였다. 셋째, 캠프 스미드는 흄의 프로그램에서 이성과 반성적 사고의 역할을 간과하고 있다. 장차 밝혀지겠지만 흄에게 그것은 미신으로부터 과학을 옹호하는 데 필요불가결한 것이었다. 캠프 스미드는 흄이 오직 당시의 합리론적 철학을 전복하는 일에만 관심을 가졌다고 평가하였다. 캠프 스미드는 이성이 일반화의 기능을 가졌다는 것은 인정하였지만 우리의 신념과 관념의 대부분을 설명하는 것은 자연적 신념이며, 그것은 단순하고 무반성적이라고 생각하였다. 마지막으로 캠프 스미드는 경험에 대한 흄의 기계론적 설명에서 관념연합과 습관이 정당한 자리를 차지한다는 것을 부정하면서 그 이론에 대해 필요 없는 제한을 가한다.

그러나 이러한 난점에도 불구하고 여러 주석가들은 흄의 자연주의에 대한 캠프 스미드의 해석을 근본적으로 타당한 것으로 받아들이고, 그것을 크게 두 가지의 방향으로 밀고 나갔다.

가장 일반적인 방향은 흄이 실제로는 진정한 의미에서의 회의주의자가 아니며, 단지 데카르트의 철저한 합리주의와 당시의 스콜라주의자들의 입장을 반대하는 것일 뿐이라는 캠프 스미드의 제안을 토대로 흄의 입장을 당시의 과학과의 관련 속에서 고찰하려는 것이다. 스트라우드, 낙슨 등의 작업은 그러한 입장을 반영한다.[317]

이러한 방향에서 흄을 해석하는 로빈슨(W. L. Robinson)은 흄의 심리학과 철학은 분리될 수 없다는 것이 캠프 스미드의 핵심적인 메시지라고 주장한 바 있다.[318] 우리의 가장 기본적인 신념이 정당화될 수 없다면 우리가 선택할 수 있는 것은 그것들을 설명하는 일뿐이고, 그것은 심리학의 과제라는 것이다. 한편 로빈슨은 흄의 회의주의에 대한 캠프 스미드의 분석을 반박하면서 흄은 메타 수준에서 회의적이라고 주장한다. 그것은 흄이 경험적인 원리와 상반되는 원리들을 적용해야 한다고 주장하기 때문이다. 예를 들어 우리는 우리가 외적 대상에 대한 믿음을 정당화할 수 없으면서도 그것을 믿어야 한다. 이것이 말해 주는 바는 마음이 본질적으로 일관적이지 못하다는 것이다. 이성은 필연적으로 우리를 이러한 결론으로 인도하며 우리가 그것을 너무 오랫동안 심각하게 여기지 않도록 하는 것은 무관심뿐이라는 것이다.[319] 따라서 로빈슨은 흄의 철학에 심리학적 측면이 필연적임을 강조하면서도, 만약 그것이 사실이라면 그것은 인간 본성의 근본적인 비정합성을 드러내 준다는 스트라우드의 견해에 동의한다. 이러한 설명들이 갖는 가장 큰 난점은 그러한 해석들이 흄의 견해에 대한 회의주의적 해석과 재차 연결될 수 있다는 것이다. 그것은 그러한 해석들이 흄의 철학이 가지고 있는 규범적인 측면을 보여 주지 못하였기 때문이다.

캠프 스미드의 설명을 따르는 또 하나의 다른 방향은 합리주의에 대한 흄의 공격을 강조함으로써 흄에게는 아무런 구성적인 프로그램이 없었다고 논증하는 것이다. 예를 들어 킨(C. N. Keen)[320]은 흄이 완전한 회의주의자이며, 합리주의에 대한 그의 공격은 모든 우리의 신념이 비합리적이고 무의식적인 심리적 메커니즘의 결과라는 것을 보여 주기 위한 것이었다고 주장한다. 그에 의하면 흄은 데카르트나 스콜라주의자들을 공격하는 것이 아니라 이성이 종교적이건 과학적이건 간에 어떤 문제를 해결해 줄 수 있다는 생각을 공격한다는 것이다. 우리의 심적 과정의 비합리성을 논증하기 위해서 그는 다음 내용들을 강조한다. ① 우리의 자연적 신념은 거짓이다. ② 어떤 견해가 다른 것보다 우월하다고 강조할 아무런 정당한 이유를 갖지 못한다. ③ 우리의 기본적 본능의 실재적 중요성은 미리 확립된 세계와의 조화에 의해서 우리의 생존을 가능하게 하는 진화가 있을 뿐이다. 킨은 그의 흄 해석에서 모든 것이 인간으로서의 우리의 구조에서 비롯된다는 자연주의를 흄이 제안한다는 것을 강조한다. 흄의 설명에서 자연적 신념은 그것이 세계의 어떤 대상과도 대응하지 않는다는 의미에서 거짓이라는 제안은 흄의 자연주의에 대한 다른 설명에서도 제시되었다. 이러한 입장은 흄이 외적 대상에 대한 관념 혹은 우리가 그것을 표상하는 관념을 가질 수 있다는 생각을 반박하는 관념론자

혹은 감각적 현상론자라고 주장하는 사람들에 의해서도 개진되었다.[321]

이러한 주장은 우리의 논의에서 상당한 중요성을 가진다. 왜냐하면 흄이 과학을 지지하였다면 그는 그것이 단순히 거짓이라거나 비합리적인 신념에 기초한다고 주장할 수 없기 때문이다. 그러므로 흄의 입장에 대해서 그 이상의 설명이 요구된다. 흄의 철학은 인과적 관계를 가진 외적 세계를 상정하는 객관적 과학과 일치하는 방향으로 해석되어야 한다. 흄이 모든 신념을 본능에 기초시켰기 때문에 어떤 신념이 다른 것보다 우월함을 정당화할 수 있는 기반을 가지고 있지 않다는 킨의 주장에서 그와 관련된 문제가 발견된다. 이것은 우리가 앞서 언급한 극단적인 회의주의로 나아간다. 흄이 어떤 명제가 다른 것보다 낫다고 주장하려 한다면 그는 상식과 이성을 조정할 필요가 있다. 더욱이 실험적 과학을 지지하고 지나치게 사변적인 지대에 있는 우리의 상식을 고쳐 나가려 하는 흄은 과학적 신념을 정당화할 수 있어야 하였다. 따라서 그의 프로젝트는 규범적이어야 했다.

자연주의적 해석의 문제점

캠프 스미드의 해석이 제시된 후로부터, 흄의 철학의 긍정적인 측면을 이해하려는 노력이 시작되었다. 또한 그때부터 『인성론(人性論)』(*A Treatise of Human Nature*) 서론에서의 흄의 주장, 즉 인간 본성의 원리에 대한 이해가 자연과학이든 정신과학[322]이든 모든 학문에 대한 굳건한 기반을 제공할 수 있다는 주장이 진지하게 취급되기 시작하였다. 이 새로운 해석에서는 흄이 『인성론』에서 관찰로부터 시작해서 "가장 단순하고도 적은 원인을 가지고 결과들을 설명하는"[323] 이론에 도달하는 뉴턴의 실험적 방법에 기초한 인간학을 제시한 것으로 파악한다. 흄은 그러한 탐구를 통해서 이성의 한계를 정하고, 우리가 알 수 있는 것이 무엇이고, 어떻게 그것을 알 수 있는가를 말하려고 하였다는 것이다. 그의 이러한 자연주의적 입장은 당시의 극단적인 회의주의[324]에 대한 대안을 제공하고[325] 그 시대의 과학을 뒷받침하고,[326] 관찰에 기초한 실험적 방법의 결과와 일치하는 상식을 확인하고 그렇지 못한 상식을 개조하기[327] 위한 것이었다.

이러한 자연주의적 해석의 일반적인 방향은, 흄이 실제로 진정한 의미에서의 회의주의자가 아니며 단지 데카르트의 철저한 합리론과 당시의 스콜라주의자들의 입장을 반대했을 뿐이라는 캠프 스미드의 제안을 토대로 한다. 이것은 흄의 입장을 당시의 과학과의 관련 속에서 고찰하려는 시도이다. 이 해석에서는 흄이 역학에서의 뉴턴의 지침에 따라 역학적인 모델을 사용하여 정신이 어떻게 작용하는가를 해명하려 하였다고 여긴다. 따라서 흄이 우리의 신념을 정당화하는 규범적인 문제에는 관심을 두지 않았다고 본다.[328] 나아가서 당시의 과학적 방법을 정신을 기술하는 데 사용할 때, 흄은 당시의 뉴턴과 그 밖의 과학자들이 가졌던 귀납, 인과관계, 외부적 세계의 존재 등에 관한 가정을 받아들이고 있었다고 생각한다.[329] 이러한 입장에서 보면 흄의 자연주의에 관한 유일하고도 올바른 해석은 다음과 같은 것이 된다. 즉, 흄이 관찰과 실험에 기초한 실험적 방법을 사용한 것은 신념을 형성하는 방식을 기술하는 심리학적 이론을 제시하기 위한 것이었지, 지식 혹은 도덕의 기반에 대한 정당화를 제공하기 위한 것이 아니었다는 것이다. 또한 인과관계와 귀납에 대한 흄의 공격은 데카르트와 스콜라주의자들이 과학에 부여한 본질주의적이고 선험주의적인 해석을 반박하기 위한 것이었다고 해석한다.[330] 철학은 심리학과 마찬가지로 선험적 분석에 의해서가 아니라, 실험과 검증에 의해서 진행되어야 한다.

이들이 18세기 과학의 맥락에서 흄을 살펴보려는 것은 근본적으로 올바르고, 그러한 입장에서 흄의 자연주의 사상의 여러 구체적인 부분들에 대한 적절한 설명이 제공될 수 있다. 왜냐하면 흄의 저작에서 많은 부분이 합리론을 공격하기 위한 것이었고, 또한 인과관계에 관한 우리의 지식이 논리적 필연성과 같은 것을 포함한다는 신념을 논박하기 위한 것이었다는 주장은 흄의 저작으로 뒷받침할 수 있기 때문이다. 더욱이 흄이 정신을 탐구하기 위해서 관찰과 실험의 방법을 사용하였고, 그가 심리적 과정을 기술하려 하였다는 것은 확실하다.

그러나 이 표준적인 자연주의적 해석은 다음과 같은 문제점들을 안고 있다. 그리고 이러한 문제점들이 흄에 대한 회의주의적 해석을 야기하는 근본적인 이유이기도 하다.

첫째, 그 해석은 흄의 지식이론이 갖는 규범적인 측면을 간과하고 있다. 흄은 버클리와 베일(Pierre Bayle)의 극단적인 회의주의를 반박하는 대가로, 관찰된 사실과 부합하고, 동시에 신뢰할 만한 대안적 설명을 스스로 제시해야 하였다. 그것은 실험과학을 뒷받침하고 동시에 지각에 관한 상식적 신념(信念, belief)에 대한 합당한 설명을 제공하는 것이다. 극단적 회의주의에 대한 흄의 대안은 심리학을 위주로 하는 인간학에 기초한다. 그러나 만일 흄이 진정으로 극단적 회의주의에 대한 대안을 제공하고자 하였다면, 그는 단지 기술적 심리학에 만족할 수 없었을 것이다. 우리가 어떻게 믿게 되는가를 기술하는 것은 우리가 무엇을 믿어야 하는가를 필연적으로 함축하지 않기 때문이다. 따라서 흄의 프로그램은 부분적으로 규범적인 것이어야 한다. 결국 우리의 신념에 대한 정당화(justification) 혹은 옹호(vindication)는 그러한 심리학적 설명으로부터 도출되어야 한다.

둘째, 캠프 스미드의 자연주의적 해석에 입각해서, 과학과의 보다 긴밀한 연관 속에서 흄을 읽으려는 주석가들이 가지고 있는 또 하나의 문제점은 그들이 합리주의에 대한 흄의 반박과 정신 작용에 대한 그의 경험적인 설명을 분리하는 데 있다. 그들은 전자를 흄의 철학적 작업으로, 후자를 심리적인 작업이라고 봄으로써 흄의 자연주의의 핵심을 근본적으로 놓치고 만다. 예컨대 스트라우드(Barry Stroud)는 흄의 새로운 접근이 인간이란 무엇인가 하는 문제에 대한 해결을 목표로 한다고 본다. 흄을 말하자면 프로이드나 마르크스가 행한 방식으로 인간 본성에 관한 일반적인 이론을 제시하려던 철학자로 보는 것이다.[331]

낙슨도 같은 맥락의 주장을 하는 사람이라고 할 수 있다.[332]낙슨에 의하면 흄의 설명에서 철학적인 설명과 심리학적인 설명은 항상 구분되며, 흄이 『탐구』를 쓸 무렵에 가서는 심리학적 설명이 성립할 수 없다는 것을 깨닫고 그러한 시도를 거의 포기한다는 것이다. 낙슨은 심리학적 설명이 결코 정당화에 관한 규범적인 물음에 대답할 수 없다고 주장한다. 이는 심리학이 신념이 형성되는 방식에 관한 것이지 그것이 어떻게 형성되어야 마땅한가에 관한 것이 아니기 때문이다. 따라서 흄은 『인성론』에서 그러한 접근방식이 철학적인 문제를 해결할 수 있다고 생각하는 실수를 저질렀다는 것이 낙슨의 주장이다. 그는 흄의 진정한 기여는 그의 철학의 구성적인 부분보다는 비판적인 부분에 있다고 본다.

뉴턴의 영향에 대한 네 가지 해석

흄이 '정신과학에서의 뉴턴'이 되고자 하였다는 것은 18세기 철학사에서 친숙한 사실이다. 이러한 사실이 갖는 여러 가지 측면들이 여러 주석가들에 의해서 고찰되어 왔다. 그러나 구체적으로 뉴턴의 과학에서 어떤 부분이 흄의 철학체계에 어떤 방식으로 영향을 주었는가 하는 것은 아직도 충분히 해명되었다고 보기 어렵다. 카발디는 이러한 상황을 이렇게 기술하고 있다.

> "흄의 철학적 프로그램이 뉴턴의 막대한 영향을 받았다는 것은 일반적으로 인정되고 있다. … 그럼에도 불구하고 그러한 영향이 흄의 구체적인 철학적 명제들 속에 어떤 방식으로 나타나고 있는가는 아직도 명백하지 않다. 흄에 대한 뉴턴의 영향이 정확히 무엇인가를 이해하는 것이 흄의 철학을 전체적으로 이해하는 열쇠가 된다. 또한 그것은 흄이 왜 『인성론』을 그러한 방식으로 구성하였는가를 설명해 줄 것이다. 마지막으로 그것은 흄의 철학에 관한 여러 가지 오해를 바로잡기 위한 기초가 될 수 있을 것이다."[333]

뉴턴과 뉴턴의 과학이 흄에게 준 영향에 관해서는 다양하게 해석되어 왔다. 이러한 해석은 크게 4가지의 카테고리로 구분될 수 있다.[334]

① 스트라우드, 훌루(A.Flew) 등은 흄이 뉴턴의 원리를 자신의 '인간학'의 모델로 삼았다고 주장한다. 예컨대 뉴턴이 천상이나 지상이나 할 것 없이 모든 물체의 운동을 중력의 법칙이라는 단일한 법칙을 통하여 설명

하였듯이, 흄은 그에 상응하는 마음의 원리를 발견하여 인간의 모든 행동을 설명하고자 하였다는 것이다. 이 입장에서는 흄이 뉴턴에게서 영향 받은 바는 학문적 원리와 이상이었다고 본다.

훌루는『흄의 신념의 철학』에서 뉴턴의 방법론의 영향에 대한 증거를 찾고자 하였다. 그는 "관념들, 즉 정신의 원자들이 서로 연결되어 포괄적이고도 진정한 뉴턴적인 정신 역학의 시스템을 이루는 것은 이러한 원리에 의한 것이다"[335]라고 말하면서, "흄의 야심은 정신과학의 뉴턴이 되는 것"[336]이라는 패스모어의 문구를 인용한다. 뉴턴의 중력이론이『인성론』의 모델이었다는 것은 이미 오래 전에 제솝(T. E. Jessop)에 의해서 다음과 같이 강조되었다.

> "흄은 자신이 다음과 같은 고상한 관념에 의해서 고무되었다고 생각하였다. 즉 뉴턴이 물리적 세계에서의 근본적인 변화가 '인력'(중력)의 원리에 의해 설명될 수 있음을 밝힌 바와 같이, 앎의 과정도 그것이 추정된 사실로부터 실제적 사실을 추론하는 것인 한, 연합의 원리에 의해서 설명될 수 있다. … 그는 그가 포괄적인 법칙을 발견하였다고 확신하였는데 그의 열정에 불을 지핀 것은 그 법칙들이 그의 경험적인 입장을 만족시킨다는 사실이다. 뉴턴이 중력에 대해서 그랬던 것처럼, 그는 연합이 그것에 대한 어떤 신비한 원인도 제시할 필요가 없는 경험적 사실임을 보일 수 있다고 생각하였다."[337]

이러한 입장을 가장 강력하게 주장한 사람은 스트라우드이다. 그에 의하면 "흄은 인간 본성의 철학자이다."[338] 그는 흄을 인간에 대한 새로운 이론 혹은 시각을 제시한 철학자로 평가한다. 그에 의하면 흄은 한 사람의 해부사로서 인간 본성을 연구하는 것이 자연과학이 도달하는 정확성과 신뢰성을 가질 수 있는 새로운 과제라고 생각하였다.[339] 인간에 관한 과학은, 자연철학과 마찬가지로 인간생활의 다양한 현상을 일반적 원리들에 호소함으로써 설명하고 이해하려는 것이다. 인간의 본성을 규칙적인 방식으로 해부하려는 흄의 시도는 곧 인간 본성의 원리와 같은 것을 추구하는 것이다. 그는 자연철학, 특히 뉴턴에 의해서 이루어진 성취가 인간적인 영역에서도 이루어지기를 바랐다. 뉴턴은 자연의 세계에서 왜 사물들이 그러한 방식으로 운동하는가에 대해 완벽하고 일반적인 설명을 제시하였다. 그는 몇 가지의 일반적이고 보편적인 원리를 통해서 다양하고 복잡한 물리적 현상을 설명하였다. 그와 비슷하게 흄은 인간이 왜 그렇게 행동하고, 생각하고, 지각하고, 느끼는지를 설명해 줄 인간 본성에 관한 일반이론을 원하였다. 흄은 자신이 인간 본성의 모든 측면을 다 설명할 수 있다고 생각하지는 않았다. 그러나 그는 인간 본성을 이해하기 위한 일반적인 틀을 가질 수 있을 것으로 생각하였다. 실제로 그는 인간 본성이 과학적 연구의 주제가 될 수 있다는 사실을 강조하고 성공적인 이론에 필요한 구체적인 것을 충분히 제시하지 않은 채, 단순히 거기에 포함된 일반적 원리를 제시하는 데 만족하였다.

흄의 인간과학은 일반적이고 보편적인 원리를 필요로 하는데, 그것들은 그가 실험적인 방법이라고 부르는 것을 통해서 획득할 수 있다고 생각된다. 흄은 자연철학에서의 위대한 진보가 단순한 선험적인 이론화를 거부한 데서 비롯되었던 것만큼, 그 '실험적 추리의 방법'이 인간과학 혹은 '정신적 주제'에 대해서도 그에 상당하는 진보를 가져올 것으로 생각하였다.[340]

스트라우드는 흄이 '뉴턴적임'은 단지 방법상에서만 그런 것이 아니라고 말한다. 그에 의하면 보다 강조되어야 할 것은 흄 이론의 개념과 모델은 원자론적인 물질이론과 뉴턴의 중력이론에 의해서 고무되었다는 것이다. 흄에게 인간 경험의 기본적인 내용은 '단순지각'이라고 불리는 개체적인 실재들로서 그것들이 여러 가지 방식으로 결합하여 '복합관념'을 이룬다. 이러한 요소들과 그것들의 복합물이 왜 그리고 어떻게 지금과 같은 유형과 조합으로 우리 정신 가운데 나타나는가를 설명하는 것은 곧 인간의 사고, 감정, 그리고 행동을 설명하는 것이다. 뉴턴이 보편중력의 법칙에 의해서 우주 안에 있는 모든 물질적인 입자들의 운동과 위치를 설명하는 것과 마찬가지로, 흄은 그가 '관념연합의 원리'라고 부르는 것에 의해 여러 가지 지각들이 어떻게 그리고 왜 마음 가운데 주어지는가를 설명함으로써 모든 심적 혹은 심리적 현상을 설명하고자 하였다. 따라서 관념연합의 여러 가지 형식과 원리를 발견하는 것이 인간과학의 열쇠이다.[341]

② 캠프 스미드, 낙슨 등은 흄이 뉴턴으로부터 방법론적 영향을 받았다고 주장한다. 그들에 의하면 흄은 실험과 관찰에 기초한 뉴턴의 실험적 방법을 받아들이고, 그것을 자신의 인간학에 적용하였다는 것이다.

흄이 그의 방법에서 뉴턴의 영향을 받았다는 평가는 체팰(N. Chappell), 헨델(C. Hendel) 등에 의해서 처음 제시되었다. 체팰은 그가 편집한 『데이비드 흄의 철학』의 서문에서 "흄은 … 자연과학에서의 뉴턴의 성취에 깊은 인상을 받았으며, 뉴턴의 성공이 그가 채용한 '실험적 방법'에 달려 있음을 알았다. 또한 흄은 이제 그와 동일한 방법이 정신적 주제에 대해서도 적용되어야 할 시기가 도래하였다고 생각하였다"[342]라고 말한다. 또한 헨델은 "흄의 책(『인성론』)은 그 자체가 뉴턴의 실험적 방법을 정신적 세계에 적용시키려는 모험이다"[343]라고 말한다. 이러한 헨델의 주장에 동의하여 뉴턴의 영향을 처음으로 구체적으로 분석한 사람이 캠프 스미드이다. 캠프 스미드는 연합주의가 뉴턴의 영향에 대한 증거라는 점에 대해서는 의문을 가졌음에도 불구하고, "뉴턴의 방법이 그의 사고에서 따르고 있다고 주장하는 정확히 그 방법이다"[344]라고 말한다.

캠프 스미드는 흄이 뉴턴으로부터 방법론적으로 영향 받았다는 그의 주장을 다음과 같은 분석을 통해서 뒷받침하려 한다. 첫째, 캠프 스미드는 흄이 『인성론』의 부제를 "실험적인 추리의 방법을 정신적 주제에 적용하는 시도"라고 붙인 점에 주목하면서 흄이 실험의 중요성을 강조하고, 그의 중요한 논증에서 그가 실험이라고 부르는 것을 실제로 여러 번 실행하였음을 강조한다. 그는 '실험'의 의미를 분석하면서, 흄에서 '실험적'이란 말은 '경험적'이라는 의미로 사용되며, 그것은 일반화를 위한 신뢰할 만한 기초를 마련하기 위해서 충분한 수의 다양한 관찰을 의도적으로 수집하는 것을 말한다고 본다.[345] 둘째, 캠프 스미드에 의하면 궁극적인 원인에 대한 흄의 견해에서도 뉴턴의 영향을 찾아볼 수 있다. 즉 현상들이 몇 가지의 단순한 원인들로 환원됨으로써 설명된다고 하여도 그 궁극적인 원인에 대해서는 우리가 알 수 없다는 흄의 생각은 뉴턴의 원인 개념을 반영한다는 것이다. 셋째, 흄이 가설에 대한 뉴턴의 견해를 받아들일 뿐 아니라, 그것을 그의 철학 속에서 확장한다는 것이다. 흄은 대상들 사이의 인과적 결합을 상정하는 것이 현상에 의해서 검증 가능한 것을 넘어서는 가설적이고 사변적인 것으로 여겼는데, 이러한 태도는 뉴턴의 입장과 같다는 것이다. 그런데 캠프 스미드에 의하면 이러한 흄의 태도는 뉴턴의 중력이론마저 가설적인 사변으로 여길 수 있다고 지적한다. 왜냐하면 그는 흄이 물질들 사이의 상호작용이 충격에 의한 것이라고 주장하거나 중력이 떨어진 거리에서 작용하는 힘이라고 주장한 것은 모두 우리의 감각적 인상에 의해서는 그 진위가 확인되지 않는 가설이고, 어느 가설이 보다 타당한가를 결정하기 위한 합리적인 기준이 있을 수 없다고 보기 때문이다. 결국 캠프 스미드는 흄에서 대상에 대한 인간의 판단은 뉴턴이 신비하다고 말한 요소들에 의존하는 것으로 생각한다. 마지막으로 캠프 스미드는 흄의 관념연합이론도 뉴턴의 물리학을 모델로 한 것이라고 말한다. 그러나 캠프 스미드는 마음에 대한 분석에서 흄이 도달한 결론은 허치슨((F. Hutcheson)의 입장이었다고 해석한다. 즉 흄은 마음의 과정이 역학적인 것이 아니며, 마음에 관련된 문제들의 해결은 관념연합의 작용이나 이성적인 추리가 아니라 인간 본성의 원천인 본능에 의해서 이루어진다는 것을 인정한다는 것이다. 결국 "이러한 관점에서, 비록 방법의 문제에서는 그렇지 않지만 흄의 철학에서 뉴턴의 영향은 퇴행하며 지배적인 요소로 남지 않는다"[346]는 것이 흄의 철학에 끼친 뉴턴의 영향에 대한 캠프 스미드의 최종적인 평가이다.

우리는 뒤에 이러한 캠프 스미드의 해석이 흄에 대한 허치슨의 영향을 지나치게 과장한 결과이며, 흄의 자연주의의 규범적인 요소를 간과한 것임을 논증할 것이다.

낙슨은 그의 『흄의 철학적 발전』에서, 흄이 베이컨 이후의 다른 철학자들과 마찬가지로 과학적 방법이라는 주제에 대해서 일종의 강박관념에 시달려 왔으며, 따라서 과학적 방법의 원리, 그것의 용법, 그것의 범위와 타당성을 검토하는 일의 중요성을 인식하고 그것의 논리적, 심리학적, 존재론적 기반을 제시하는 데 열중하였다고 주장한다. 낙슨에 의하면 흄은 특히 과학적 방법을 인간과학의 영역에 적용하는 일을 과제로 삼았다.

낙슨은 경험적 방법에 대한 흄의 신뢰, 외부 세계에 대한 뉴턴의 체계에 필적할 만한 내적 세계를 설명하는 원리를 발견하려는 흄의 야심은 흄의 저작활동의 초기에 등장한다고 본다. 그러나 그에 의하면 흄의 초기 야심은 점차 퇴색되어 간다. 낙슨이 보기에 『인성론』에서조차 그의 구성적인 설계는 그의 비판적 충동 때문에 계속적으로 위협받았고, 그의 분석적인 경향이 독립적인 것으로 등장하자, 그 체계는 포기되고 말았다.[347] 낙슨에 의하면 "그의 초기의 은둔하는 체계 구축의 시기가 지나간 다음에는 역사, 정치, 종교가 일차적인 관심사가 되었고, 문학은 안전하지만 이차적이었고, 도덕적 고찰이 그의 모든 관심을 채색하였으며, 자연철학은 즉시 여변으로 밀려났다."[348]

여기서 낙슨은 다음과 같은 물음을 제기한다. "그러나 과학자들이 자기현상, 전기현상, 화학현상에 수학적 분석을 가하기 시작하였을 무렵에, 수학적 원리를 '정신적 주제'에 적용하는 일이 극복하기 어렵고 적어도 실망스럽다는 것이 드러난 것은 아닐까?" "흄이 그의 후기 철학에서 그의 의도를 바꾼 것은 뉴턴의 방법을 정신적 주제에 적용하려는 시도에서 발생되는 여러 가지 난점들에 봉착하였기 때문이 아닐까?"[349]

이러한 두 가지 해석에서 공통적인 것은 흄이 뉴턴에게서 방법론적인 영향을 받아서 실험적인 방법을 정신적인 주제에 적용해 보려는 의도를 가졌으나, 이러한 흄의 의도는 그의 초기사상에 국한되며, 후기로 갈수록 흄은 뉴턴의 이러한 영향으로부터 벗어나고 있다고 주장하는 점이다.

③ 흄에 대한 뉴턴의 영향을 보다 강력하게 주장하는 주석가들은 카발디, 패스모어, 월슨 등이다. 이들은 기본적으로 위의 ①과 ②의 해석을 모두 받아들인다.

카발디는 흄의 철학은 전적으로 뉴턴의 영향에서 비롯된 것이라고 주장한다. 카발디에 의하면 흄은 뉴턴 물리학의 경험주의적인 함의를 처음으로 충분히 이해한 철학자이다. 그는 "흄의 분석이 갖는 역사적인 중요성은 아리스토텔레스의 물리학이 뉴턴의 물리학으로 대치되었을 때 생기는 일들을 주의 깊게 해명한 점에 있다"[350]라고 말한다.

따라서 흄의 철학에 대한 뉴턴의 영향을 이해하기 위해서는 과학혁명을 통해서 기계론적 세계관이 아리스토텔레스적인 전통의 어떤 부분을 변화시켰는가를 해명해야 한다는 것이다.

그에 따르면 기계론적 세계관이 가져온 인간, 세계 내의 인간의 개념 그리고 인간의 인식 조건에서의 변화에서 가장 근본적인 것은 중세적인 인과관계이론에서의 변화이다. 여기서 중세 인과이론의 원천은 곧 아리스토텔레스의 4원인설이다. 아리스토텔레스의 견해에 따르면 예측과 설명은 탐구 대상의 본질 혹은 형식에 대한 통찰을 필요로 한다. 이 세계 안의 사건들은 사건의 과정을 지배하는 목적인에 의해서 자연적으로 결정된 결과를 산출하는 데 효과적으로 작용하는 형식적 원인에 의해서 필연적으로 발생한다. 사물의 본질에 대한 충분한 분석이 주어지면 그것의 원인과 결과가 연역될 수 있다. 뉴턴의 물리학에 함의된 인과관계에 관한 견해에 의하면, 세계 내의 사물들에게 일어나는 일은 무엇이나, 사물들의 본질적인 성질에 의해서가 아니라, 그것들에 가해진 힘에 의해서 일어난다. 결과적으로 예측과 설명은 그러한 동역학적인 관계에 관한 지식을 요구한다. 그리고 그러한 지식은 관찰과 실험을 통해서만 획득될 수 있다.

이러한 분석을 기초로 카발디는 흄의 인과이론과 귀납이론이 뉴턴의 방법이 전제하는 인식론적인 원리들을 철학적으로 정식화하고, 뉴턴의 물리학에 함의된 인과와 귀납의 개념을 정교히 한 것이라고 평가한다. 또한 흄의 회의주의는 아리스토텔레스주의를 극복하지 못한 합리론자들의 형이상학에 대한 비판으로서, 그것 역시 뉴턴의 이론과 과학적 실천에 함의되어 있는 인간의 지식의 한계를 받아들인 결과라는 것이다. 그에 의하면,『인성론』의 구조 역시 뉴턴의 실험적 방법을 '정신적 주제'에 적용하려는 그의 프로젝트를 반영한다.

또한 패스모어는 흄의 철학은 그 학문적 이상에서나 방법론에서 모두 뉴턴의 영향을 받았다고 주장한다. 패스모어가 "흄의 야심은 정신과학에서의 뉴턴이 되려는 것이었다"라고 주장한 것은 당시의 철학자들에 대한 과학자들의 영향에 관한 공식적인 언명이라고 할 수 있다. 패스모어는 계속해서 다음과 같이 말한다. "두 가지 관점에서 그러한데, 그 첫째는 뉴턴의 인력이론에 비길 만한 정신에 관한 대담한 일반이론을 구성하는 것 [그의 연합주의]이고, 둘째는 … 뉴턴의 방법을 정신과학에 확장하려는 것이다."[351] 패스모어는 뉴턴의 '철학적 추리규칙'과 흄의 '원인과 결과를 판단하는 규칙'의 유사성을 발견하고 그 양자를 비교한 몇 사람 가운데 한 사람이다. 그는 이러한 유사성에 주목할 것을 강조하면서 "흄의 방법론이 가진 여러 가지 난제들은 우리가 그것들을 뉴턴의 규칙의 맥락에서 볼 때 그 어려움이 덜해진다"[352]라고 말한다.

④ 라이트(J. Wright), 노턴(D. Norton)과 같은 최근의 몇몇 철학자들은 흄의 철학을 하나의 텍스트로 환원하는 것을 거부하고 어떤 특정한 시기의 흄을 살핀다. 우리가 앞서 살펴 본 주석가들에게도 이러한 경향이 없는 것은 아니지만 라이트, 노턴 등의 작업은 따로 구분될 만한 특징을 가진다. 그들은 흄의 철학을 여러 시기로 구분하고 각 시기마다 흄에 대한 뉴턴의 영향이 각기 다른 양상을 나타낸다고 주장한다. 그들은 뉴턴의

영향은 그 모든 시기에 흄의 사상의 핵으로 지속되긴 하지만, 당대의 역사적, 사회적 맥락과 그에게 보다 직접적인 동시대의 지적인 동료들의 영향으로 말미암아 희박해지기도 한다는 것이다.

예를 들어 노턴은 『인성론』 제3권을 뉴턴주의의 도덕철학자인 죠오지 턴벌의 『도덕철학의 원리』(1740)에 비추어서 읽음으로써 생기는 새로운 이해를 보여 준다.[353] 또 다른 예로 라이트는 뉴턴이 물질 그 자체에 속한 힘을 인정하였다는 흄의 주장에 대한 케임-스트어트 논쟁의 영향을 살피고 있다.[354]

이와 같은 조사에서 우리는 뉴턴의 과학적 작업이 흄의 철학의 발전, 특히 그의 방법에 대해 지대한 영향을 준 것이 널리 인정되고 있음을 알 수 있다. 반면 그러한 영향의 구체적인 내용에서는 아직까지 합의된 바가 없다는 것을 아울러 알 수 있다. 또 이러한 해석들 중의 어느 것도 흄 철학에 대한 뉴턴의 영향이 로크나 버클리에 대한 뉴턴의 영향과 어떤 점에서 유사하거나 다른지, 즉 뉴턴의 영향이 영국 경험론자들에게서 어떤 다른 양상을 보이는지 혹은 뉴턴의 영향을 받아 그들이 일관성 있게 다루고 발전시킨 철학적 문제가 있는지 등을 논의하지 않았다.

이러한 조사를 통해서 우리가 특히 주목하려는 것은 앞에서 조사된 여러 해석들 중 어느 것에서도 귀납적 추론에 대한 흄의 분석에 뉴턴이 어떤 영향을 주었는가 하는 점이 논의되고 있지 않다는 점이다. 흄에서 '개연적 추리는 우리의 삶을 인도하는 것'으로 평가되고 있고 실제로 『인성론』 제1권의 3부가 개연적 추리에 대한 분석에 할애되고 있음에도 불구하고 주석가들은 그 부분에서 흄이 뉴턴으로부터 영향 받은 바를 간과하고 있다. 그것이 아마도 『인성론』의 그 부분에서 제시된 '원인과 결과를 판단하는 일반규칙'이 깊이 있게 다루어지지 못한 이유일 것이라고 생각된다. 그것은 또한 앞서 검토한 자연주의적 해석의 전통이 안고 있는 문제이기도 하다. 즉 귀납적 추론의 일반규칙에 대한 흄의 논의는 그의 적극적인 프로그램에서의 규범적인 측면이기 때문이다.

만일 우리가 흄의 '일반규칙'을 귀납적 추론의 규칙이라고 해석하고 이것이 뉴턴의 '철학적 추리규칙'으로부터 영향을 받았다는 사실을 밝힐 수 있다면, 흄에 대한 뉴턴의 영향을 새롭게 조명하고 흄 철학의 규범적인 부분들을 드러낼 수 있게 될 것이다. 흄의 철학이 갖는 이러한 규범적인 측면, 즉 일반규칙에 대한 논의는 그의 철학이 극단적인 회의론에 대한 대안으로서 제시되었고, 그가 당시의 과학을 지지하고 인식론적으로 뒷받침하려 하였다는 주장을 강화해 줄 것이다. 흄은 그러한 일반규칙을 개연적 추리가 지켜야 할 규칙으로 제시함으로써 개연적 추리를 통해서 해결할 수밖에 없는 정념, 도덕, 종교 등의 영역에서 논란되는 문제들에 대해 그 나름의 해결을 모색한 것이라고 할 수 있다. 이것이 '실험적 방법을 정신적 주제에 적용하려고 한' 흄의 의도였을 것이다.

그러므로 이 책에서 필자는 흄의 구성적이고도 규범적인 프로그램에 초점을 맞추고자 한다. 그러기 위해서 그가 "실험적 추리의 방법을 정신적인 주제에 도입하려는 시도"라고 한 것이 의미하는 바를 분석하려고 한다. 우리는 자연주의적 해석의 전통을 따라서 흄이 뉴턴의 영향을 받은 부분을 보다 면밀히 분석함으로써, 뉴턴의 영향이 흄의 비판적 프로그램과 그의 구성적인 프로그램 모두에 나타난다는 것을 논증하려고 한다. 다시 말해서 흄이 그의 비판적 프로그램에서 인과관계를 비판적으로 분석하는 것은 한편으로 그의 구성적인 프로그램에서 구성되는 인과적 판단을 위한 규칙을 정당화하기 위한 것이었음을 밝히려는 것이다. 다른 한편으로 그러한 규칙을 정신적인 주제에 적용하려 한 것이 그의 철학적 프로그램의 최종 목표였음을 보여 주려고 한다. 또한 궁극적으로는 이러한 구성적이고 규범적인 프로그램을 통해서 흄이 뉴턴 과학을 정당화하고, 뉴턴 과학이 제기한 철학적 문제들을 메타철학적 관점에서 해결하고자 하였음을 해명하고자 하는 것이다.

제12장

흄의 인과이론과 귀납적 추론의 문제

뉴턴의 실험철학에서 원인 개념은 데카르트 기계철학에서의 원인 개념과 상당한 차이를 보여 주었다. 데카르트에서 원인의 개념에는 작용인, 형이상학적 일반원리, 제1원리 등이 포함되며, 그것은 가설적인 성격의 원인이었다. 또한 데카르트에서 인과적 설명은 그러한 제1원인으로부터 개별적인 현상들을 연역적으로 도출해 내는 것을 의미한다. 반면에 뉴턴은 「규칙 1」에서 우리는 자연계의 사물의 현상을 설명하기에 '진실하고도 충분한' 원인을 추구해야 한다고 말하며, 그 이외의 것을 자연계의 원인이라고 인정해서는 안 된다고 주장하였다. 그리고 그는 달의 궤도운동, 지구상의 물체의 낙하운동, 바다의 조수현상 등의 원인으로 중력이라는 힘을 제시하고 그것의 수학적 속성을 설명하였다. 그러나 뉴턴은 중력의 원인이 무엇인가를 추구하지 않았다. 즉 원인에 대한 수학적인 설명은 그 원인의 기원과 본성 등에 의존하지 않는다고 생각하였다. 따라서 뉴턴은 행성들에 작용하는 힘이 어떤 종류의 것인가를 묻지 않았다. 그가 물은 것은 그 힘의 수학적 속성이 무엇인가 하는 것이었다.

그러면 뉴턴이 말하는 '현상을 설명하기에 충분하고도 진실한 원인'이란 무엇인가? '원인', '인과관계'의 개념이 서양 근대철학의 주된 논의 대상이 된 것은 뉴턴 과학에서 새로운 '원인' 개념이 등장한 것과 무관하지 않을 것이다. 원인 개념과 인과관계에 대한 새로운 이해는 로크, 버클리를 거쳐서 흄에 이르러서야 완성된다.

흄은 뉴턴의 이론이 과학적 문제에 대한 경험주의적 접근 방법을 제시해 준다고 해석하였고, 그것이 형이상학적 사변을 피할 수 있는 방법이라고 생각하였다. 따라서 중력은 물질이 가진 인과적인 힘이 아니라, 행성들의 운동을 설명하기 위한 방법론적 원리라고 해석하였다. 흄은 뉴턴이 실험철학에서 중력의 원인에 대한 가설 세우기를 포기함으로써, 물리적 세계에서의 궁극적인 원인, 인과적 힘의 개념을 전복한 것으로 보았다. 또한 물리적 세계에서 힘으로서의 인과관계에 대한 물음은 그가 탐구할 수 없다고 여기는 형이상학적인 문제라고 생각하였다.

흄은 운동현상에 대한 이러한 접근 방법이 인과관계에 대한 새로운 논의를 필요로 한다고 보았다. 이 장에서 우리는 인과관계에 관한 흄의 설명을 살펴보려 한다.[355] 이 논의는 흄의 귀납주의를 이해하기 위한 배경이 되기도 한다.

인과관계의 개념

흄의 분석은 "우리는 인과관계의 관념을 검토해야 한다"[356]라는 진술로부터 시작된다. 여기서 우리가 먼저 주목해야 할 것은 흄의 관심이 '원인' 혹은 '결과'에 대한 분석이 아니라, 인과관계(causal relation)에 대한 분석이라는 것이다. 그는 아리스토텔레스의 입장에 반대해서, 어떤 대상을 고립적으로 다루면서 그것을 원인이라고 말할 수 없다고 주장한다.[357] 또한 흄이 분석하려는 것은 인과관계 그 자체에 대한 형이상학적 분석이 아니고, 인과관계의 관념이 어떻게 생성되는가에 대한 경험주의적 분석이다. 그리고 흄은 인과관계의 관념이 "대상들 사이의 어떤 관계로부터 유래한다"[358]라고 주장한다.

따라서 인과관계에 대한 그의 분석을 이해하기 위해서는 그의 관계이론(關係理論, Theory of Relation)을 먼저 이해해야 한다. 우리는 흄이 그의 관계이론으로부터 인과관계에 대한 두 가지 정의를 도출하기까지의 과정을 추적하려고 한다.

(1) 관계이론

로크가 복합 관념들을 실체, 양상, 관계의 3가지 카테고리로 구분한 데 반해, 흄은 실체와 양상이라는 카테고리를 거부한다. 카발디가 주장하는 바와 같이 "실체와 양상에 대한 이러한 거부는 오직 대상과 그것들 사이의 관계만을 인정하는 뉴턴적 프로그램으로부터 온 것이다."[359] 그러고 나서 흄은 모든 관계를 철학적 관계와 자연적 관계로 구분한다. 철학적 관계란 대상들이 비교될 수 있는 무수한 방식으로부터 도출된 것인데, 흄은 이것을 일곱 가지로 분류한다. 유사성, 동일성, 시간과 공간, 양 혹은 수, 질의 정도, 상반성(contrariety), 원인과 결과가 그것이다. 흄은 그중 유사성이 다른 모든 관계들이 의존하는 가장 기본적인 관계라고 규정하는데, 그것은 "어느 정도의 유사성을 갖지 않는 대상들은 비교될 수 없기 때문이다."[360] 흄이 동일성보다도 유사성을 앞세우는 것은 중요한 의미를 가진다. 흄은 '존재의 지속성을 가지는 모든 대상들에서' 발견되는 동일성이 관계들 중에서 가장 보편적인 것임을 인정하면서도, 그것은 '엄격한 의미에서' 오직 '항구적이고 변화하지 않는 대상들'에 대해서만 적용 가능한 것이기 때문에, 결과적으로 유사성이 동일성보다도 기본적이라고 평가하는 것이다.[361]

이 철학적 관계들은 다시 두 가지로 구분되는데, 항구적인 것과 비항구적인 것으로 구분된다. 항구적인 관계에는 유사성, 질의 정도, 상반성, 양이 포함되는데, 이것들은 전적으로 관념에만 의존하는 관계들로서, 관념이 변하지 않는 한, 변하지 않는 관계이다. 예를 들어 삼각형에 대한 우리의 관념이 변하지 않는 한, 삼각형의 내각의 합은 2직각과 같을 것이다. 이 네 가지 관계 중 유사성, 질의 정도, 상반성은 단순한 관찰에 의해서도 알 수 있는 것으로 직관의 영역에 해당하는 것이고, 양 혹은 수의 관계는 추리와 증명을 필요로 하는 것으로 논증의 영역에 해당된다. 이 네 가지의 관계는 모두 지식과 확실성의 대상이 될 수 있다.[362]

비항구적인 관계에 속하는 동일성, 시간과 공간, 원인과 결과 등은 관념에 의존하는 것이 아니기 때문에, 대상 혹은 그것에 대응하는 관념에서의 어떤 변화 없이도, 변할 수 있는 것이다. 예를 들어 우리는 대상들 사이의 거리를 변화시킬 수 있으므로 대상 그 자체에 변화를 주지 않으면서 공간적 관계를 변화시킬 수 있다. 또한 흄은 대상들 사이의 관계에 대한 우리의 인식 방식을 두 가지로 나누어 보고 있다. 즉, 그것은 두 개의 관념이 동시에 감각에 주어질 수 있어서 감각에 현전하는 것을 넘어서는 일이 필요 없는 경우와, 그 대상들 사이의 관계를 알기 위해서는 사고를 통해서 현재 감각에 주어진 것을 넘어서야 하는 경우로 구분되는 데, 전자를 지각(perception)이라고 부르고, 후자를 추리(reasoning)라고 부른다. 이러한 기준에 의해서 비항구적인 관계도 다시 둘로 구분된다. 즉 동일성과 시간과 공간의 관계는 지각의 대상이 되고, 원인과 결과의 관계는 추리의 대상이 된다.[363] 이제까지의 논의에서 우리는 인과관계가 흄의 관계이론의 구도 속에 어디에 위치하는가를 알게 되었다. 이제 흄이 인과관계를 어떻게 분석하는가를 살펴보자.

(2) 철학적 관계로서의 인과관계

흄은 인과관계는 대상들 자체의 변화 없이도, 변할 수 있는 관계이기 때문에 비항구적 관계라고 주장하였다. 그가 그렇게 주장하는 이유는 “하나의 대상이 다른 것을 산출하는 힘은 단지 그 대상들에 대한 관념에서만은 결코 발견될 수 없기 때문이다.”[364] 또한 그는 “인과관계는 그 대상들의 개별적인 성질들 가운데서 발견하려 해서는 안 된다”[365]라고 말한다. 카발디는 이 주장에서도 흄에 대한 뉴턴 물리학의 영향을 발견한다.[366] 여기서 우리는 흄의 분석이 뉴턴 물리학이 함의하는 원인과 결과의 개념을 전제하고 있다는 것을 알 수 있다. 인과의 관념이 대상들의 개별적인 성질에서 발견될 수 없는 것은 중력이 개별적인 사물들의 성질에서 발견될 수 없는 것과 같다. 또한 흄은 원인과 결과의 관계를 지각의 대상이 아니며, 그것은 현재의 경험을 넘어서서 추론하는 것을 허용하는 관계라고 주장하였다. 어떤 의미에서는 동일성과 시간과 공간에서의 인접이라는 관계도 인과관계에 의존한다고 할 수 있다.[367]

흄은 이제 이러한 인과관계의 본성을 해명한다. 그에 의하면 모든 인과관계에서 두 가지 요소가 발견되는데, 그중 하나는 시간과 공간에서의 인접이고, 다른 하나는 시간적 선행성이다. 다음으로 흄은 인과적 관계의 세 번째 요소를 발견하는데, 그것이 필연적 결합이다. 흄의 분석에 의하면 철학적 관계로서의 인과관계의 경우에 필연적 결합은 항구적인 연접(constant conjunction)과 다르지 않다. 철학적 관계로서의 인과관계에 대한 분석에 의거하여 흄은 '원인' 개념을 이렇게 정의한다.

원인이란 "한 대상이 다른 대상에 선행하고 근접하되, 전자를 닮은 모든 대상들이 후자를 닮은 대상들과 유사한 선행성과 인접성의 관계를 가질 때의 그 전자의 대상"[368]이다. 이 정의에는 세 가지 조건이 포함되는데, ① 시간과 공간에서의 근접, ② 시간적 선행성, ③ 항구적인 연접[369]이 그것이다.

문제는 흄이 어떻게 이러한 정의를 얻게 되었는가 하는 것이다. 먼저 흄이 제시하는 인과관계의 사례를 살펴보자. 그가 좋아하는 예는 당구공의 운동에 대한 것이다.[370] 이 예는 『인성론』에서 다음과 같이 처음 언급되지만 보다 자세한 예는 『초록』에서 제시된다.

> "한 물체의 운동은 충격에서 다른 물체의 운동의 원인이라고 간주된다. 우리가 이런 대상들에 아무리 주의를 기울여 보아도 눈에 뜨이는 것은 하나의 물체가 다른 하나의 물체에 접근하며 전자의 운동은 후자의 운동에 선행한다는 것만을 발견할 뿐이다. 우리가 이러한 개별적인 사례를 고찰한다면 더 이상 나아갈 수 없다."[371]

> "여기 당구대 위에 당구공이 하나 놓여 있고 다른 공이 그것을 향해서 빠르게 움직인다. 그것들은 충돌한다. 그러자 방금 멈추어 있던 공이 운동하기 시작한다. 이것은 감각 혹은 반성에 의해서 우리가 아는 원인과 결과의 관계의 완전한 사례이다. 그러면 이를 검토

해 보자. 운동이 전달되기 전에 그 공들이 서로 부딪쳤다는 것, 그리고 그 충격과 운동 사이에는 아무런 간격이 없다는 것이 분명하다. 마찬가지로 원인이 되는 운동이 결과가 되는 운동에 선행한다는 것도 명백하다. 그러므로 시간적인 선행성은 모든 원인에 필수적인 조건이다. 그러나 이것이 전부가 아니다. 같은 종류의 다른 공들을 같은 조건에 두어 보자. 우리는 한 공의 충격이 다른 공의 운동을 항상 산출한다는 것을 발견할 것이다. 따라서 여기에 제3의 조건, 즉 원인과 결과의 항구적인 연접이라는 조건이 주어진다. 원인과 같은 종류의 모든 대상은 결과와 같은 종류의 어떤 대상을 항상 산출한다. 이러한 인접성, 선행성, 항구적인 연접 이외에 원인이 되는 것 안에서 나는 아무 것도 발견할 수 없다."[372]

당구공의 예는『탐구』에서도 다시 등장한다.[373] 이러한 흄의 설명은 우리를 만족시키기 어렵다. 왜냐하면 우리는 인접성과 선행성, 그리고 오랜 항구적인 연접의 역사가 있으면서도 인과적 관계라고는 생각할 수 없는 사례들을 알고 있기 때문이다. 즉 한 대상이 다른 것에 선행하고 인접하며 항구적으로 연접해 왔지만, 사실상 그것의 원인이 아니라고 판명된 경우를 보아 왔기 때문이다.

우리가 대상 혹은 사건들 사이의 관계를 인과관계로 인정하기 위해서는 또 한 가지의 조건이 필요하다. 즉 필연적 결합(necessary connection)이라는 요소이다. 그러므로 만일 흄의 비판자라면, 필연적 결합은 항구적인 연접과 동일한 것이 아니라고 주장할 것이다. 흄 자신도 이 가능한 비판을 예상하고 있었다. 오히려 그는 인과관계의 관념에서 필연적 결합이 다른 관계들보다 중요한 것으로 여긴다. 그는 인과관계의 관념에 속하는 필연적 결합의 본질을 이해하기 위해서 두 가지의 질문을 제기한다.

> "첫째, 우리는 어떤 이유에서 존재하기 시작하는 것은 모두 원인을 가진다는 것을 필연적이라고 보는가?
>
> 둘째, 왜 우리는 이러이러한 원인이 이러이러한 결과를 필연적으로 가져야 한다고 결론짓는가? 또 우리가 원인과 결과 중 하나로부터 다른 하나를 끌어내는 추론의 본성과 그 추론에 대해서 갖는 신념의 본성은 무엇인가?"[374]

여기서 첫 번째 질문은 논리적인 것이고 철학적 관계로서의 인과관계에 관한 물음인 데 비해, 두 번째 질문은 경험적인 것으로서 자연적 관계에 관한 물음이다. 흄은 먼저 첫 번째 물음을 다룬다.

"존재하기 시작하는 모든 것은 무엇이든지 존재의 원인을 가져야 한다"는 명제는 의심할 수 없는 격률이라고 생각되어 왔다. 이 격률은 원인과 결과 사이의 필연적 결합을 언명하는 것이라고 생각되었고, 그러한 필연적 결합은 아리스토텔레스와 데카르트에서는 본질 혹은 제1원인에 의해, 로크와 버클리에서는 물질의 내적 구조 혹은 정신의 의지 등에 의해 대상에 주어진 인과적인 힘에 의해서 가능한 것으로 생각되었다. 그러나 흄은 그러한 격률에는 어떤 직관적 확실성이나 논리적 근거도 없으며, 인과적 상황에 있는 대상들에게서 발견할 수 있는 것은 위의 세 가지 조건뿐이라고 주장한다. 따라서 흄은 철학적 관계로서의 인과관계에는 항구적인 연접 이외에 필연적인 결합을 포함시키지 않는다.

그러나 이렇게 흄이 생각하는 이유는 무엇인가? 물론 그렇게 생각하는 데는 논리실증주의자들이 생각하듯이 논리적인 이유가 있다. 흄은 생각할 수 있음(conceivability)이라는 원리를 사용하여 우리가 반대의 경우나 다른 경우를 상상할 수 있는 한, 원인과 결과라고 생각되는 두 대상 사이의 논리적인 필연적 결합은 존재하지 않는다고 생각한다. 따라서 흄은 원인과 결과 사이의 필연성과 확실성을 요구하는 사람들은 논리적 관계와 인과적 관계, 논리적 필연성과 인과적 필연성, 관념들 사이의 관계와 사실의 문제를 혼동하였다고 비판한다.[375]

그러나 흄의 논점은 논리적인 것만이 아니다. 왜냐하면 그러한 흄의 주장에는 뉴턴 물리학의 옳음이 전제되고 있기 때문이다. 흄은 본질, 형상적 원인, 인과적 힘에 대한 선험적 인식이 가능하며 그것으로부터 모든 결과가 설명될 수 있다는 것을 부정한다. 그에 의하면 우리가 할 수 있는 것은 결과로서의 현상들 사이의 항구적인 연접을 기술하는 법칙 아래 포섭될 수 있는 원인을 추리하는 것뿐이다. 이러한 흄의 생각에는 뉴턴의 이론이 일반적으로 수락되고 있을 뿐 아니라, 현상을 통해서 발견될 수 있는 성질만이 사물의 보편적 성질이라는 뉴턴의 추리의 「규칙 3」이 받아들여지고 있다.[376] 따라서 흄의 논점은 단순히 논리적인 논점이 아니라, 존재론적인 논점이기도 하다. 생각할 수 있는 것과 생각할 수 없는 것 사이의 구분은 세계의 본성에 관한 우리의 신념에 의존한다.

결국 철학적 관계로서의 인과관계에서는 인접성, 선행성, 항구적인 연접 이외에 필연적 결합이라는 조건이 인정될 수 없게 된다. 철학적 관계로서의 인과관계에 대한 흄의 정의를 다시 인용하면 다음과 같다.

> "원인이란 한 대상이 다른 대상에 선행하고 근접하되, 전자를 닮은 모든 대상들이 후자를 닮은 대상들과 유사한 선행성과 인접성의

관계를 가질 때의 그 전자의 대상이다."

우리는 이 정의를 편의상 D1이라고 표시하겠다.

(3) 자연적 관계로서의 인과관계

이제 흄은 원인의 필연성에 대한 주장이 지식이나 과학적 추리로부터 오는 것이 아니라, 관찰과 경험으로부터 온다고 판단한다. 따라서 흄의 논의는 필연적 결합에 관한 두 번째 물음으로 옮겨 간다. 그 문제는 "어떻게 경험이 그러한 원리를 만들어 낼 수 있는가"의 문제이다. 흄은 "이 물음이 다음과 같은 물음, 즉 왜 우리는 어떤 특수한 원인들이 필연적으로 어떤 특수한 결과를 갖는다고 결론내리며, 또 원인과 결과의 어느 한 쪽으로부터 다른 한 쪽으로 추론하는가라는 물음에 편입된다"[377]라고 말한다. 이러한 물음은 자연적 관계로서의 인과관계에 대한 물음이라고 할 수 있다. 흄은 논리학이 심리학으로부터 독립적인 것이 아니라, 사실상 그것으로부터 유래한 것이라는 경험주의적 주장을 제시한다.

"따라서 인과관계는 인접성, 계기, 항구적인 연접을 함의하는 철학적 관계이지만, 그것은 어디까지나 인과관계가 자연적 관계로서 우리의 관념들 사이에 어떤 합일(union)을 산출하여 우리가 그것에 대해서 추리할 수 있고, 그것으로부터 어떤 추론을 도출할 수 있을 때에 한해서이다."[378]

흄은 여러 곳에서 모든 추리는 심리학적으로 또는 생물학적으로 결정된 것이라는 그의 견해를 반복해서 주장하였다.

"뇌를 절개한다고 상상한다면, 어떻게 해서 어떤 관념에 대한 인지로 인해 동물적인 정기가 모든 인접하는 흔적들과 연결되어 그것과 연관된 다른 관념들을 불러일으킬 수 있는가를 보여 주기 쉬울 것이다."[379]

그는 신념이 "동물적인 정기와 정념의 경로"[380]에 의한 것이라고 설명한다. 한편 관념연합과 자연적 관계가 의식적인 작용이라면 그것은 우리 신체 가운데 무의식적인 대응물을 가지고 있다.

"그러나 우리의 놀라움은 다음과 같은 사실을 고찰하게 되면 사라지거나 줄어들 것이다. 우리가 다른 동물들과 공통적으로 가지고 있고, 모든 삶의 행위가 의존하고 있는 실험적인 추리는 본능의 일종 혹은 역학적인 힘에 불과하다. 그러한 본능이나 힘은 우리 자신이 모르는 방식으로 작용하며, 그것의 주된 작용에서 그러한 우리의 지적인 능력의 적절한 대상으로서의 관계나 관념의 비교에 의해서 인도되는 것이 아니다."[381]

두뇌의 궁극적인 작용은 역학적이거나 생물학적이어서 우리가 직접적으로 의식할 수 없는 것이지만, 우리가 관념연합이라고 부르는 대응물을 갖는다. 이러한 의식적인 추론의 과정은 흄의 신념이론에서 뉴턴적 방식으로 설명되었다. 흄이 의도한 것은 어떻게 필연적 결합이 인과관계에 관한 철학적이고 논리적인 개념에 심리학적으로 부가되는가를 보이려는 것이다. 우리는 다음 13장에서 신념이론, 습관이론 등의 인과적 추론의 심리적인 기초에 관한 그의 분석을 살펴볼 것이다.[382] 이러한 심리적 기초에 대한 설명을 토대로 한 흄의 필연성 또는 인과적 필연성에 대한 논의는 다음과 같은 언명들에 잘 집약되어 있다.

①"필연성의 관념은 어떤 인상으로부터 일어난다. 그러나 그러한 인상을 일으킬 수 있는 감각인상은 없다. 따라서 그것은 어떤 내적 인상 혹은 반성으로부터 도출되는 것임에 틀림없다. 습관에 의해서 한 대상으로부터 그것이 통상적으로 동반하는 관념으로 이행하려는 성향 말고는 현재의 관심 문제와 관련이 있는 내적 인상은 없다. 그러므로 이것이 필연성의 본질이다. 일반적으로 필연성은 대상 속이 아니라 마음 속에 존재하는 어떤 것이다."[383]

②"원인과 결과를 결합시키는 필연성 혹은 힘은 한 쪽에서 다른 한 쪽으로 이행하려는 정신의 결정성에 달려 있다. 원인의 작용력 또는 힘은 원인 그 자체나 신 혹은 이 두 가지 원리의 합작 속에 있는 것이 아니다. 그것은 전적으로 모든 과거의 사례들에서 둘 이상의 대상들의 결합을 경험한 정신에 속해 있다. 인과적 결합과 필연성 또는 원인의 실질적인 힘이 있는 곳은 바로 여기, 즉 정신이다."[384]

흄은 이러한 인과적 필연성의 개념을 토대로 원인에 대한 새로운 정의를 추가한다.

> "원인이란 한 대상이 다른 대상에 선행하고 인접하되, 전자의 관념이 정신에 후자의 관념을 형성하도록 결정하거나, 전자의 인상이 후자의 관념을 더욱 생생하게 형성하도록 결합된 전자의 대상이다."[385]

흄은 이러한 정의가 인과관계를 자연적 관계로 보았을 때, 달리 말해서 그것을 두 관념들 사이의 연합으로 보았을 때의 정의라고 말한다. 우리는 이 정의를 D2라고 부르겠다.

(4) 원인에 관한 두 가지 정의 사이의 관계

원인에 관한 흄의 두 가지 정의는 오랫동안 논란의 대상이 되어 왔다. 즉 그 두 가지 정의는 다음과 같은 물음을 제기한다. 어떻게 한 개념에 대해서 서로 모순되지 않는 두 가지 정의가 가능한가? 이 두 가지 정의는 서로 어떤 관계를 가지는가?

필자는 여러 주석가들이 이 두 가지 정의 사이의 관계를 잘못 해석하고 있다고 생각한다. 예컨대, 로빈슨은 D1이 실제적인 정의이며, D2는 실제로는 정의가 아니라, D1에서 정의된 관계에 관한 심리학적 주석에 불과하다고 생각한다.[386] 그러나 필자는 로빈슨이 흄이 명백히 부정한 것을 오히려 흄에게 돌리고 있다고 생각한다. 이 두 가지 정의를 이해하기 위해서 우리가 해야 할 것은 이 두 가지 정의의 관련성을 밝히는 일이다.

필자는 첫 번째 정의가 원인과 결과가 사실적 일반성 아래 포섭될 수 있다는 것을 강조한 데 비해, 두 번째 정의는 그러한 일반성이 상상력과 같은 심리적 작용에 의해서만 착상될 수 있다는 신념을 강조하는 것으로 생각한다. 달리 말해서 흄이 생각했던 것은 인과관계의 특정한 사례들이 규칙성의 관점에서 이해되어야 하며, 그 두 가지 사물이 규칙적으로 결합될 때 그중 한 쪽이 출현하면 "마음은 습관에 의해 그것의 통상적인 동반자를 생각하게끔 결정되어 있으며"[387], 우리에게 "필연성의 관념을 주는 것은 바로 이러한 결정"[388]이라는 것이다. 그러므로 흄이 말하고자 한 것은 "추론이 필연적 결합에 의존하는 것이 아니라, 필연적 결합

이 추론에 의존한다"는 것이다.[389]

만일 우리가 그 두 가지 정의를, 그 첫 번째는 $(x)(fx \supset gx)$의 논리적 형식을 가진 규칙적 결합의 일반성을 반영하는 데 반해, 두 번째는 그러한 규칙성을 발견하는 데에서 상상력 등의 심리적 작용의 역할을 강조한 것이라고 해석한다면, 그 두 정의는 서로 연합하여 그가 앞으로 제시할 개연성이론을 뒷받침할 수 있을 것이다.[390]

그러나 일반성은 현상의 총체에 관한 언명이다. 통상적으로 우리는 현상 전체를 볼 수 없으며, 우리가 볼 수 있는 것은 총체적 현상의 표본일 뿐이다. 따라서 표본 현상과 전체 현상 사이에는 논리적 간극이 있다. 그러나 이미 본대로 우리의 심리적 작용은 그것 자체의 규칙에 의해서 규제되며, 우리가 실제로 본 것을 넘어서서 현상 전체에 관한 결론을 이끌어낸다. 흄은 이러한 논리적 간극의 존재를 알고 그에 대해서 다음과 같이 말한다.

> "사물 그 자체 가운데는 우리가 그것을 넘어서는 결론을 도출하는 이유를 우리에게 제공할 수 있는 것이 없다."

> "대상들의 빈번하고도 항구적인 연접을 관찰한 이후에도 어떤 대상에 관하여 우리가 경험한 것을 넘어선 추리를 도출하도록 하는 이유를 가질 수 없다."[391]

그런데 흄 철학에 대한 전통적 해석에서는 인과관계에 대한 흄의 두 가지 정의가 흄이 인과관계와 귀납에 대해서 회의적이었다는 해석을 뒷받침하는 것으로 이해되어 왔다. 여기서 잠시 이 문제를 논의하고 넘어가겠다.

흄의 인과 개념에 대한 회의주의적 해석과 그 반박

흄이 귀납에 관해서 회의적이라는 주장은 여러 가지 방식으로 논증되어 왔다. 그중 하나는 흄의 인과관계에 관한 두 가지 정의 중의 어느 한 가지 혹은 두 가지 모두로부터 어떤 종류의 회의주의를 이끌어 내는 것이다. 로빈슨은 그러한 방식을 다음과 같이 명료하게 요약하고 있다.

> "한 전통은 D1을 택하고 흄을 제일성(齊一性, uniformity) 논제의 주창자로 취급한다. … 이러한 견해에 의하면 흄의 회의주의의 핵심은 귀납의 문제에 관한 것이다. 만일 우리가 인과적인 것과 인과적 규칙성을 구분할 수 없다면 어떻게 관찰된 사건으로부터 관찰되지 않은 사건을 추론할 수 있겠는가?
> 다른 한 전통에서는 D2를 택하고, 흄이 주관주의 논제를 가진 것으로 해석한다. … 이러한 견해에 의하면 흄의 회의주의는 우리가 객관적인 인과관계를 갖는 경우를 어떻게 결정할 것인가에 관한 것이 아니라, 그러한 객관적인 인과관계가 존재한다고 우리는 어떤 근거로 말할 수 있는가에 관한 것이다."[392]

흄이 첫 번째 의미에서의 회의주의자가 아니라는 것은 나중에 밝혀지겠지만, 거기서 필자는 흄이 경험적으로 혹은 귀납적으로 잘 근거 지어진 신념과 순수히 인위적이고 연합적인 신념 사이의 일반적인 구분을 제시하였음을 보일 것이다. 흄이 두 번째 의미에서, 혹은 주관주의자라는 의미에서 회의주의자가 아니라는 사실은 우리의 바로 앞 절에서의 논증에서 드러난다.

흄이 대상들 사이의 필연적인 연관이 대상이 갖는 인과적인 힘에서 주어진다는 견해들을 부정하였다는 의미에서 회의주의자가 아님은 흄이 원인의 존재를 부인한 적이 없다는 사실에 의해서도 밝혀질 것이다. 우리는 흄이 자연에서의 인과관계가 우리의 주관적 신념의 정도를 반영하는 개연성에 의해 판단될 수밖에 없음을 주장하는 것으로 해석할 것이다. 주관적인 신념을 강조하는 것이 곧 필연적인 결합의 객관적인 존재를 부정하는 회의주의의 입장이라고 해석하는 데는 연역적 필연성 혹은 확실성만이 인과적 필연성의 토대가 될 수 있다는 연역주의적 입장이 깔려 있다. 흄은 이러한 합리주의자들의 입장에 대해서 회의적이다.

만약 흄의 인과이론에서는 대상들 사이의 객관적이고 필연적인 결합의 존재가 그 대상들이 원인과 결과의 관계를 갖기 위한 논리적이고 필연적인 조건이 아니라고 한다면, 우리는 흄이 인과관계에 관해서 회의주의적이었다는 해석을 수락할 수도 있을 것이다. 그러나 흄은 객관적이고 필연적인 결합이라는 관념이 '원인'의 일상적 의미에서 인과적 관련성의 필수적인 부분이라는 점을 인정하고 있다.

또 한 가지의 회의주의적 해석은 흄이 다음과 같은 러셀의 선언과 유사한 것을 생각하였다는 것이다.[393] 러셀은 일반적으로 이해되는 원인의 개념을 '지나간 시대의 유물'로서 '철학적 어휘에서 완전히 제거해야 할 것'[394]이라고 보았다. 만약 이것이 흄의 입장이라면, 그는 중요한 의미에서 인과관계에 대해서 회의주의적이라고 할 수 있다.

그러나 흄이 일상적인 원인 개념 혹은 합리론자들의 원인 개념에 관해서 회의주의적이라고 말하는 것과 그가 그 개념을 완전히 삭제하려 했다는 것은 전혀 다른 얘기다. 우리가 앞서 살펴본 흄의 논증은 기껏해야 흄이 일상적인 혹은 합리주의자들의 원인 개념에 대해서 회의적이었다는 것을 보여 줄 수 있을 뿐이다. 하지만 그 논증은 흄이 인과관계의 존재 그 자체에 관해서 회의주의적이었음을 말해 줄 수 없다.

이러한 것들을 고려할 때 다음과 같이 말하는 편이 타당할 것이다. 흄은 인과관계에 관한 회의주의적 분석을 제시한 것이 아니라, 인과관계에 대한 새로운 분석을 제시한 것이다. 그의 새로운 분석은 '원인'이라는 말의 적절한 용법이 무엇인가를 다루고 있는 것이 아니다. 그는 인과적 관계의 참된 본질을 발견하려고 시도한 것이다.

로빈슨, 페넬럼, 스토브(D. Stove)의 해석과는 반대되는 보다 합당한 견해를 제시한 사람은 바로 리이드(T. Reid)였다. 리이드는 흄이 절대적으로 회의주의적인 철학 체계를 지녔다고 보았다. 그러나 리이드는 흄이 인과관계의 존재에 관해서 회의주의적이었다고 보지 않았다. 그는 흄이 다른 철학자들과 다른 인과관계의 개념을 가졌다고 보았다. 리이드가 인정한 바와 같이 흄의 회의주의는 일상언어와 당시의 철학적 전통에서 통용되던 원인의 정의에 관한 것이다. 그러나 흄은 그가 정의한 대로 인과관계의 존재 그 자체에 관해서 회의주의적이었던 것은 아니었다.[395]

한편 흄이 인과적 결합에 대해서 회의주의적이었는가의 여부에 상관없이 우리는 그가 인과적 추론 혹은 귀납적 추론에 대해서 회의주의적이었는가를 물을 수 있다. 우리는 이 물음에 대해서도, 인과관계에 대해서 주장했던 바를, 주장할 수 있다. 즉 흄은 인과적 추론의 힘과 범위에 대한 합리주의자들의 주장에 대해서 회의적이었다. 그러나 그는 인과적 추론 그 자체에 대해서 회의적이었던 것은 아니다. 우리는 다음과 같은 해석을 위한 일련의 논증을 개진할 것이다. 즉 흄은 여러 가지 관점에서 회의적이었다고 할 수 있다. 그러나 그는 귀납에 대해서 회의주의적이지는 않다. 흄을 회의주의자로 보는 사람들은 그들의 주장을 뒷받침하는 것으로 보이는 흄의 언명들 속에 담긴 흄의 의도를 잘못 읽고 있다고 할 수 있다. 흄이 말하고자 한 것은 귀납적 추론이 자명한 확실성을 제시하지 못하며, 증명적 논증의 특성이라 할 수 있는 논리적 필연성을 갖지 못한다는 것과, 증명적 추리는 사실의 문제에 대해서 어떠한 주장도 할 수 없다는 것뿐이다. 이러한 입장에서 보면 '오늘날 귀납의 문제라고 알려져 있는 것은 흄의 철학에서는 발견되지 않는 것'[396]인지도 모른다. 그러나 흄을 회의주의자로 보는 사람들은 흄이 귀납에 관해서도 회의주의적이었다는 신념에 사로잡혀 있다. 흄을 귀납회의주의자로 보는 사람들의 주장은 다음과 같이 집약된다.

①흄은 귀납적 절차가 합리적 정당화를 제공하지 못한다고 생각한다.

②흄은 귀납적 절차를 위한 합리적 정당화가 가능하지 않다고 생각한다.

③ 그는 합리적 신념과 비합리적 신념을 구분할 수 없다고 생각한다.

④ 그는 우리의 사실적 지식이 비합리적 신념으로 환원될 수 있다는 것을 함의하는 인식론을 개진한다.

⑤ 귀납에 대한 그의 비판은 그의 경험적 방법을 손상시킨다.[397]

이러한 주장은 윌, 닐, 포퍼, 스토브, 페넬럼, 버네트 등과 같은 철학자들에 의해서 제시되었다.[398] 우리는 그들의 해석을 귀납적 정당화와 귀납적 절차의 합리성에 관한 흄의 입장에 대한 '전통적 해석'이라고 부르겠다.

메키(J. L. Mackie)는 그의『우주의 시멘트』제1장에서 흄의 인과이론에 대한 해석을 전개하고 있다. 메키에 의하면 흄의 인과이론은 "인과관계에 관한 이론에서 가장 의미 있고 영향력 있는 기여"[399]이다. 그가 흄의 인과이론을 다루는 주된 목표는 인과관계에 관한 흄의 입장을 비판적으로 검토함으로써 그의 입장으로부터 옹호할 만한 것을 취하고 그것이 갖고 있는 결함을 교정함으로써 그것을 극복할 만한 대안적인 인과이론을 발전시키려는 데 있다.

메키는 우리가 알 수 있는 대상들 사이의 인과관계는 규칙적인 계기일 뿐이라는 것이 인과관계에 관한 흄의 논증의 결론이라고 주장한다. 그러나 그것은 철학적 관계로서의 인과관계에 대한 흄의 논증의 결론일 뿐이다. 흄은 대상 가운데서의 인과관계가 실제로 어떤 것인가에 관해서 불가지론의 입장을 취한다. 흄은 원인의 존재를 부정한 적이 없다. 메키는 인과관계에 대한 개연적 추론이 상상력과 습관에 의존하는 것이고 이성은 아무런 역할을 할 수 없다는 것이 흄의 결론이라고 생각한다. 그러나 흄은 메키가 주장한 것과는 달리 인과적 추론에서 이성이 아무런 역할도 하지 않는다고 말하지 않았다. 습관 등의 심리적 작용을 강조하는 것은 자연적 관계로서의 인과관계에 대한 규정일 뿐이다. 메키는 추리가 제일성의 원리에 의존해야 한다는 흄의 전제는 단지 그것이 추리의 실행이 연역적으로 정당해야 한다는 것을 가정할 때만 주장될 수 있다고 본다. 결국 흄이 연역주의자라는 해석이다. 이러한 그의 해석은 스토브의 논증에 의존한다.

스토브는 흄을 연역주의자라고 본다.[400] 그에 의하면 흄에게 유일하게 합리적인 논증은 연역적으로 타당한 것뿐이라는 것이다. 따라서 흄이 귀납적 논증을 부당하다고 보는 것은 필연적이다. 관찰된 경험적 사례에 관한 전제들은 결코 관찰되지 않은 사례들에 관한 일반화 혹은 예측을 함의하지 않기 때문이다.

이러한 관점에서 스토브는 흄이 귀납 논증에 대한 '완화된 회의주의'를 가졌으며 개연적 귀납 논증의 가능성을 인정하였다는 해석을 봉쇄하려 한다. 그는 흄이 귀납적 개연주의(Inductive Probabilism)를 원천적으로 배제하였다고 주장한다. 스토브가 논문을 쓴 목적은 귀납적 개연주의에 대한 흄의 반박은 철학사에서 완전히 상상된 것에 지나지 않음을 보이려는 데 있다. 그렇게 하기 위해서 그는 흄이 "모든 부당한 논증은 비합리적이다"라는 연역주의의 입장에 입각하고 있음을 보이려 한다. 이러한 시도는 흄을 회의주의자로 몰기 위한 고도의 전략이다. 스토브는 흄이 귀납적 개연주의를 반박하였다고 믿는 것은 전적으로 해석상의 오류에서 기인한 것일 수 있다는 가정에서 출발한다. 그가 다루는 흄의 논증은 『초록』에서 흄이 '인상으로부터 관념으로의 추론'이라고 부르는 것으로서, "이것은 불꽃이다. 따라서 이것은 뜨겁다"와 같은 부류의 논증이다.

스토브는 흄의 논증이 예측적인 귀납추론에 대한 비판을 의도한 것이라고 본다. 스토브는 흄이 귀납적 개연주의를 제시하거나 그에 반대하거나 하지 않았고 아예 착상조차 하지 않았다고 주장한다. 스토브는 "이러한 우리에게 추론을 가능하게 하는 것은 습관일 뿐이다"라는 흄의 언명을 "모든 예측적인 귀납추론은 비합리적이다"라고 해석한다. 귀납적 추론에서 이성은 배제되어야 한다는 것이 흄의 주장이라는 것이다.

그러나 흄은 그러한 언명에서 우리가 인과적인 기대를 형성할 때 이성에 호소하지 않는다는 것만을 말하려고 한 것이다. 또한 흄이 인과적 추론에서 이성의 역할을 간과하는 것도 아니다. 오히려 그는 이러한 습관에 의한 기대나 신념을 교정하고 판단하는 데 이성이 작용한다고 주장한다. 자연적 인과관계에 관한 흄의 언명은 흄이 귀납적 추론의 결론에 대한 우리의 신념에는 비교될 수 있는 강도가 있다고 주장하는 점에 비추어 해석되어야 한다. 이것은 귀납에 대한 흄의 입장이 귀납적 개연주의로 해석될 가능성을 보여 주는 것이다.

우리는 이러한 논의가 갖는 함의를 이렇게 생각해 볼 수 있다. 뉴턴이 그의 과학을 통해서 자연과학에서 자명한 제1원리로부터 세계에 관한 선험적 진리를 도출하려는 시도를 배격하려 한 것과 꼭 마찬가지로, 흄이 귀납의 문제를 다룬 것은 이성에 대한 합리론적 개념을 반박하려는 것이다. 흄의 의도는 ①증명적 추리는 사실적 지식을 산출할 수 없으며, ②귀납은 증명적 추리가 가질 수 있는 종류의 논리적 필연성을 가질 수 없다는 것을 보이려는 데 있다. 이러한 두 가지의 증명은 합리주의에 대한 흄의 반박으로 귀결되며, 합리주의에 대한 흄의 반박은 귀납에 대한 그의 '비판'의 핵심을 이룬다. 그렇다면 "흄의 '비판'은 귀납에 대한 회의주의적 도전과는 거리가 멀고, 오히려 그것은 뉴턴의 귀납적 방법이 과학에 관한 합리주의적 모델을 대신해야 함을 주장한 것이라고 볼 수 있다."[401]

이러한 필자의 주장을 뒷받침하기 위하여 이제 귀납적 추론에 관한 흄의 입장을 살펴보도록 하자.

귀납적 추론의 문제

『초록』에서 흄은 『인성론』의 중심적 과제는 개연적 추리에 관해 제기되는 문제들에 대한 대답을 제시하는 것이라고 언명하고 있다.

> "칭송을 받을 만한 라이프니츠 씨는 일반적인 논리학 체계의 중요한 결함을 발견하였는데, 그것은 일반적인 논리학 체계가 증명을 형성하는 데에서 지성의 작용을 설명할 때에는 매우 풍부한 것이지만, 그것이 개연성, 즉 우리의 삶과 행동이 전적으로 의지하는 다른 증거의 척도, 그리고 우리의 철학적 사변의 대부분에서 우리의 지침이 되는 것에 관해 다룰 때에는 지나치게 빈약하다는 것이다. … 『인성론』의 저자는 철학자들 사이의 이러한 결함을 감지한 것으로 보인다. 그리고 그는 그가 할 수 있는 한 그것을 제시하려고 노력하였다."

일반적으로 개연적 추리에 관해 흄이 제기한 문제는 오늘날 '귀납의 문제'라고 알려져 있는 것과 일치한다고 생각되고 있다. 그것은 곧 개연적 추리의 정당성에 관한 문제이다. 그 문제는 다음과 같이 집약될 수 있다.

① 우리는 귀납적 추론의 타당성을 연역적으로 증명할 수 있는가?
② 귀납적 추론은 귀납적으로 정당화할 수 있는가?

이 문제는 개연적 추리에 관한 비판적 과제라고 할 수 있다. 이 문제에 관한 흄의 문제 제기는 잘 알려져 있지만 그것을 해결하기 위한 흄의 노력이 무엇인가는 별로 중요하게 다루어지지 않고 있다.

한편 우리가 개연적 추리에 관한 흄의 논의를 살펴보면, 흄이 보다 관심을 갖는 문제는 개연적 추리를 정당화하는 문제가 아님을 알 수 있다. 그것은 오히려 우리 삶의 지침이 되는 개연적 추리가 어떻게 가능한가, 즉 개연적 추리를 가능하게 하는 심리적 메커니즘은 무엇인가에 관한 것이다. 더 나아가 우리에게 개연적 추리가 가능하다면 우리는 어떻게 보다 나은 추리를 선택할 수 있는가, 우리가 좋은 개연적 추리를 하기 위해서 어떤 규칙을 따라야 하는가 하는 문제가 개연적 추리에 관한 흄의 문제이다. 요컨대 우리 삶의 지침으로서의 개연적 추리가 흄의 궁극적 관심사이다. 나는 이것을 개연적 추리에 관한 흄의 구성적 과제라고 부르겠다. 그러므로 흄이 제기하는 개연적 추리의 문제는 두 가지로 구분된다. 그중 하나는 개연적 추리가 이성적으로 정당화될 수 있는가의 문제이고, 다른 하나는 어떻게 하면 보다 좋은 개연적 추리를 행할 것인가의 문제이다. 이것을 오늘날의 용어로 말하자면, 첫째 문제는 귀납적 추론의 정당성을 비판적으로 검토하는 문제이고, 둘째 문제는 강한 귀납적 추론을 행하기 위한 규칙을 구성하는 문제이다. 이 두 문제를 각각 구체적으로 다루기 전에 여기서는 먼저 이러한 문제들이 제기된 배경에 대해서만 알아보도록 하자. 연역적 추론에 관한 흄의 설명으로부터 시작하겠다.

흄에 의하면 연역적 추리는 관념들 사이의 관계에 관한 것이며, 이러한 관념들 사이의 논리적 연결은 필연적이다. 여기서 우리는 17세기적인 엄격한 의미의 '지식'이라는 것을 가질 수 있다. 연역은 필연적 결합의 결론을 획득하는 방법으로서 아무리 복잡한 것이더라도, 그 각 과정을 이루는 것들이 정확한 기억에 토대하고 있는 것이라면 항상 올바르다. 그러나 흄에 의하면 연역적 추리는 하나의 제한된 범위를 가진 것으로서 우리가 알고자 하는 것의 대부분을 설명할 수 없다. 그것은 순수수학과 같은 매우 적은 범위의 영역에서만 사용되고, 논리적 필연성을 요구하며, 결코 사실의 문제를 다룰 수 없다. 이런 이유로 몇몇 저자들은 흄을 연역주의자로 해석하고 개연적 추리에 대한 그의 논의를 진지하게 다룰 필요가 없다고 주장한다. 그러나 이러한 주장은 옳지 않다. 흄이 지적하고자 한 것은, 확실성과 논리적 필연성은 우리가 사실 세계에 대해 행하는 추리의 대부분에 적용되지 않는다는 사실이다. 흄은 모든 경험과학이 연역보다는 개연적 추리를 사용하는 귀납적 방법에 의존한다고 생각한다. 이러한 흄의 생각은 뉴턴의 실험철학의 영향이라고 할 수 있다. 뉴턴이 자신의 실험철학의 방법이 귀납이라고 말한 이후에, 철학자들은 귀납적 방법을 경험적 사실의 문제를 다루는 최선의 추리 방법이라고 생각하였다. 뉴턴은 다음과 같이 말한 바 있다. "실험과 관찰로부터 귀납에 의해 논증하는 것은 일반적 결론에 대한 증명이 되지는 못하지만, 사물들의 본성이 허용하는 최선의 논증방식이며, 그 귀납이 얼마나 일반적인가에 따라서 더욱 강해진다고 할 수 있다."

이제 뉴턴의 말대로 귀납에 의한 논증이 증명적인 것이 되지 못한다면, 다시 말해 만약 개연적 추리에서 관념들 사이의 관계가 필연적인 것이 아니며 그 추론이 확실하지 않다면, 개연적 추리에서 관념들과 추론들은 서로 어떻게 결합되는가 하는 물음이 제기된다. 논리적으로 그것들은 필연적이 아닌 다른 질서를 가지고 있어야 한다. 여기서 두 가지 문제가 제기된다. 첫 번째 물음은 어떻게 우리는 우리가 실제로 가질 수 있는 감각 인상을 넘어서는 추리를 할 수 있는가, 또 그러한 추리의 기초는 무엇인가에 관한 것이다. 개연적인 추리의 정당한 근거와 범위는 무엇인가? 우리는 귀납을 정당화할 수 있는가? 이러한 종류의 물음에 대한 흄의 대답은『인성론』제1권의 결론에서와 같이 회의주의적이다. 두 번째 물음은 어떤 개연적 추리가 다른 것보다 강하다는 것은 어떤 의미에서인가 하는 것이다. 즉 어떤 개연적 추리가 다른 것보다 낫다고 판단할 근거가 무엇인가 하는 것이다. 예컨대 어떻게 우리는 실험적 과학에 의해 제시된 개연적 추리의 결론이 종교적 사변이나 발명이나 광기에 의해서 제시된 것보다 낫다고 판단할 수 있는가?

이러한 문제들이 제기되는 것은 우리가 실제로 다양하고 비연속적인 지각으로부터 그것에 대해서 추리하고 예측하는 정합적이고 지속적인 세계를 구성한다는 사실 때문이다. 우리의 지각들을 정합적이고, 지속적인 설명으로 확장시키고 그것에 들어맞도록 하는 어떤 원리가 존재하지 않고서는, 지식이나 객관적 과학과 같은 것은 불가능하다. 흄은 하나의 종(種)으로서 우리가 생존하기 위해서는 우리에게 인상들과 관념들을 결합하고 확대하는 능력이 있어야 할 것이라고 생각한다. 따라서 위의 두 문제에 대답하기 위해서 흄은 이러한 우리의 심적 능력을 검토하는 일을 시작한다.

흄이 개연적 추리에 관해 관심을 가지는 또 하나의 이유는 우리의 비연속적인 지각들을 어떤 정합적인 체계로 확장시켜 주는 것이 원인과 결과 사이의 관계라고 생각하기 때문이다. 흄에 의하면 "한 대상의 존재나 작용으로부터 어떤 다른 존재나 작용이 그것 뒤에 발생한다거나 그것보다 선행한다는 확신을 줄 수 있는 결합을 산출하는 것은 오직 인과관계밖에 없다." 또한 흄은 "우리의 감각을 넘어설 수 있고 우리가 보지도 느끼지도 않은 존재나 대상에 관해서 알려 주는 것은 인과관계 뿐"이라고 생각한다. 바로 이것이 흄이 인과관계에 깊은 관심을 갖는 이유이다. 이제 문제는 인과관계에 관한 두 가지의 대안적인 견해에서 발견되는 사변적인 가설을 피할 수 있는 설명을 제시하는 것이다. 여기서의 두 가지 대안적인 견해들이란 운동을 원인으로 인정하고 그것의 제1원인으로서 신을 필연적으로 상정하는 데카르트적인 입장과, 미지의 물질의 성질에서 인과관계의 힘과 역능을 찾는 로크의 입장 등을 의미한다. 흄은 원인과 결과의 관계에 대한 전통적인 설명방식을 바꾸어, 인과관계 대신에 인과적 추론을 다루고자 한다. 그리하여 흄은 "왜 우리는 이러저러한 원인은 이러저러한 결과를 필연적으로 가져야만 한다고 결론짓는가? 또 우리가 원인과 결과 중 어느 하나로부터 다른 하나를 끌어내는 추론의 본성과 그 추론에 대해서 갖는 신념의 본성은 무엇인가?"를 묻는다. 이것은 위에서 말한 종류의 설명들을 피하고 사실의 문제에 관한 인과적 추론의 적절한 범위와 방법을 논증하려는 의도에서 비롯된 것이다.

나는 흄이 인과관계로부터 인과적 추론으로 탐구의 방향을 전환한 것이 뉴턴의 영향이라고 생각한다. 흄은 과학에 대한 뉴턴의 접근이 매우 올바른 것이라고 주장하였으며 중력이론이 그의 프로젝트의 모델이라고 제시한 바 있다. 그는 뉴턴이론을 과학적 문제에 대한 경험주의적 접근 방법을 제시해 주는 것으로 해석하였고, 그것이 형이상학적 사변을 피할 수 있는 방법이라고 생각하였다. 따라서 중력은 물질이 가진 인과적인 힘이 아니라, 행성들의 운동을 설명하기 위한 방법론적 원리라고 해석하였다. 또한 흄은 뉴턴이 실험철학에서 중력의 원인에 대한 가설 세우기를 포기함으로써 물리적 세계에서의 궁극적인 원인, 인과적 힘의 개념을 전복시킨 것으로 보았다. 그는 물리적 세계에서 힘으로서의 인과관계에 대한 물음은 그가 탐구할 수 없다고 여기는 형이상학적인 문제라고 생각하였다. 흄은 운동현상에 대한 이러한 접근 방법이 인과적 관계에 대한 논의로부터 인과적 추론에 대한 논의로 우리의 인식론적 탐구의 전환을 요구한다고 본 것이다. 이러한 관점에서 볼 때 인과적 추론이야말로 그가 탐구해야 할 대상이 된다. 그것은 우리가 경험하는 것과 세계에 관한 우리의 관념들과 인상들을 결합시키는 방식에 관한 것이다. 흄은 일반적인 형이상학과 형이상학적 인과관계를 회피하는 개연적 추리에 관한 설명을 제공하려고 한다. 나는 이것이 『인성론』이 진정으로 대답하려는 문제라고 생각한다. 앞서와 마찬가지로 여기서도 문제는 두 가지로 구분될 수 있다.

첫째, 우리가 과거의 직접적인 경험으로부터 미래의 사건에 대해 추리하는 일이 어떻게 가능한가? 이것은 원인과 결과에 관한 설명, 보다 중요하게는 인과적 추론 그리고 그러한 추리의 원천과 범위에 관한 설명을 포함한다. 둘째, 개연적 추리를 정당화하는 기초는 무엇인가? 이것은 먼저 귀납이 가능한지의 여부를 묻고, 우리는 왜 어떤 방식의 비증명적인 방식으로 추리해야 하는가에 관한 대안적인 설명을 시도하는 것이다.

이러한 문제들에 답하기 위해서 흄은 기본적으로 다음과 같이 진행한다. 그는 우리가 연역적으로 아는 것은 매우 제한되어 있고, 귀납은 완전하고 합리적인 정당화를 결여하고 있다는 것을 논증하는 것으로부터 시작한다. 이것은 흄의 비판적인 프로그램이다. 그러나 흄은 여기서 멈추지 않는다. 그는 비증명적 추리가 완전하게 정당화되지 않는 것이라고 인정된다면, 어떻게 우리는 어떤 비증명적 추리를 다른 것을 제치고 선택하게 되는가를 설명하는 것이 다음의 문제가 된다고 생각한다. 이것이 그의 구성적인 프로그램이다.

흄은 비증명적 추리에 대한 합리적 정당화를 거부하였지만, 그럼에도 불구하고 그는 우리가 연역적으로 확실하지 않은 여러 가지의 것들을 알고 있다고 가정하고 결국 과학에 의해서 전형적인 실험적 방법이라고 이해된 귀납이 그러한 신념을 형성하는 데 가장 좋은 방법이라고 가정한다. 이러한 맥락에서 문제되는 것은 그러한 지식이 가능한지의 여부에 관한 것이 아니라 그것이 어떻게 가능한가를 결정하는 것이다. 일단 지식이 가능한 것이라고 인정되면 흄이 그것의 가능성에 관한 물음에 대해 대답하는 것과는 독립적으로 인식적인 문제를 다루지 못할 이유가 없다. 만일 우리가 지식이 가능하다고 가정한다면 실제로 지식을 획득하는 방식들 중에 신념을 형성하는 데 우리가 따라야 할 방식이나 규칙이 있을 것이다. 만일 우리가 이것을 여러 가지 방식으로 분류할 수만 있다면 왜 어떤 것이 다른 것보다 좋은 것인지를 말할 수 있을지도 모른다. 흄은 이러한 분석을 통하여 보다 강한 개연적 추리를 가능하게 하는 기초로서의 규칙이 될 만한 것을 찾을 수 있으리라고 생각하였다.

이 부분에 대해서도 우리는 뉴턴의 영향을 발견할 수 있다. 뉴턴은 귀납적 추론을 통해서 그의 중력이론을 전개하였다. 그의 귀납적 추론을 가능하게 한 것은 바로 그의 '추리규칙'이다. 흄은 그러한 규칙들이 우리의 지성의 활동에 대한 경험을 반성함으로써 찾아질 수 있다고 생각하였다. 실제로 흄은 8가지의 '인과적 판단을 위한 규칙'을 제시하는데 그 중의 두 가지는 뉴턴의 추리규칙과 정확히 일치한다.

그러나 흄은 이보다도 더 기본적인 것으로부터 시작한다. 그는 도대체 신념이 어떻게 가능한가를 묻는 것으로부터 시작한다. 만일 연역적 확실성이 우리가 사실 세계에 관해 아는 것을 설명할 수 없다면 우리가 믿게 되고 개연적인 지식을 얻게 되는 것은 다른 수단을 통할 수밖에 없을 것이다. 우리가 어떻게 신념을 형성하는가 또 지각들을 결합하는가에 관한 일반적 설명으로서 흄은 습관이론을 제시한다. 습관에 관한 우리의 논의를 진행하기 전에 두 가지를 강조하고자 한다.

첫째, 이러한 접근방식은 정당화된 신념 혹은 추리에 대한 완전한 설명을 제공하려고 하는 것이 아니다. 오히려 흄은 그것의 기초에 초점을 맞추고 있다. 흄은 추리의 과정이 확실성보다는 신념을 전제하고 있다고 논증한다. 둘째, 이러한 신념들은 어떤 의미에서도 전적으로 합리적으로 정당화될 수 없다. 그러나 완전한 정당화가 없다고 해서 합리적인 정당화가 전혀 불가능하다는 것이 아니다. 그것이 의미하는 바는 우리의 신념들이 불가회의적인 혹은 불가오류적인 전제로부터 조심스럽게 추리된 추론의 산물이 아니라는 것이다. 오히려 그것들은 대부분 우리가 통제하기 어려운 자동적인 심리적 과정의 산물이다. 흄은 이것을 습관이라고 부른다.

흄은 지각들 사이의 결합의 시스템을 이해하는 것은 가능하다고 믿었다. 또한 그는 이러한 이해에 기초해서 이러한 결합이 이루어지는 여러 가지 방식들 가운데서 어떤 것은 정당하고 다른 것은 그렇지 않은가를 결정할 수 있고, 어떻게 우리의 신념들을 고쳐 나가고, 확장하고 교정하는 일이 가능한가를 이해할 수 있다고 생각했다. 이것이 흄의 적극적인 프로그램이다. 만약 흄이 이러한 프로그램을 수행하지 않았더라면, 그는 기껏해야 우리가 어떻게 믿게 되는가를 기술하는 기술심리학만을 제시하고 우리가 무엇을 믿어야 할 것인가에 관해서는 아무런 주장도 할 수 없을 것이다. 인식론으로서 성공하기 위해서 흄의 프로그램은 규범적인 것을 포함하지 않으면 안 되었다. 그는 어떻게 우리가 추리해야 하며, 왜 [모든 것은 아니더라도] 어떤 신념은 정당한 것인가에 대해서 말해야 하였다. 이러한 점을 논의하기 위한 기초로 우리는 먼저 신념의 본성을 살펴보아야 하고, 더욱 중요하게는 그것들을 발생시키는 메커니즘을 검토해야 한다. 이것이 흄이 말하는 '인간 본성의 원리를 설명하는 일'이다.

제13장

귀납적 추론의 심리적 토대

앞 장에서 우리는 흄에게 인과관계가 우리의 경험을 기반으로 한 추리를 통해서 추론되는 관계라는 것을 알았다. 또한 이 인과적 추리는 개연적 추리라는 것을 흄은 말하였다. 이제 뉴턴의 실험적 방법을 정신적 과제에 적용하고자 하는 흄은 실험적 방법의 토대가 되는 개연적 추리의 본성을 해명하고자 한다.

이제 흄은 탐구의 방향을 바꾸어서 다음과 같은 물음을 제기한다. "우리가 원인과 결과 중 하나로부터 다른 하나를 끌어내는 추론의 본성과 그 추론에 대해서 갖는 신념의 본성은 무엇인가?"[402] 이것은 본래 흄이 의도하였던 정신원리의 탐구에 해당하는 것이다. 그가 이러한 물음을 제기하는 것은 인과적 추론이란 두 대상 사이의 결합을 믿는 것을 의미하므로, 그러한 신념의 메커니즘을 해명하게 되면 자연히 인과적 결합의 본성도 해명되리라고 생각하였기 때문이다. 흄은 이 문제를 마치 "경험과 관찰에 의해서 결정되어야 할 자연철학의 문제와 같이"[403] 다루어

보려고 하였다. 그는 “뉴턴의 중력이론을 모델로 삼아서 어떤 비밀스런 혹은 신비한 원인을 상정하지 않고 궁극적인 성질에 관한 가설도 만들지 않으면서 인식현상을 설명하려고 하였다.”[404]

신념

『인성론』 제1권 제3부는 신념이란 무엇인가를 탐구하는 데 초점을 두고 논의하고 있다. 신념의 본성에 대한 이해는 두 가지 이유에서 특히 중요하다고 할 수 있다. 첫째, 신념은 흄이 생각하는 지식과 개연성의 개념을 이해하는 데 필수적이다. 왜냐하면 흄에서 지식과 개연성은 믿음의 정도 차이에 의해 구분되기 때문이다. 또한 신념의 본성에 대한 이해는 개연적 추리의 심리적 기초를 이해하게 해 준다. 둘째, 흄이 말하는 바와 같이 신념에 대한 고찰은 그 이전의 철학자들에 의해서 논구된 바가 없는 새로운 문제로서 흄의 인식론과 그 이전의 철학자들의 인식론의 차이를 이해하는 데 필수적이다. 이에 대해 흄은 이렇게 말한다. “이 신념이란 무엇인가? 그것은 어떤 대상에 대한 단순한 인지와 어떻게 다른가? 이것은 일찍이 어떤 철학자도 생각해 보지 못한 새로운 문제이다.”[405] 반면 흄은『인성론』에서 신념에 대해 이해하기 어려운 점을 이렇게 말한다.

> “어떤 사실에 대한 신념을 만들어 내는 이 정신작용은 여태껏 풀리지 않았던 철학의 가장 큰 난제 중의 하나였다. 물론 그럼에도 불구하고 그것을 설명하는 데 어려움이 뒤따른다는 사실을 아무도

눈치 채지 못했다. 내가 보기에는 이 문제는 상당한 난점을 안고 있다. 설사 이 문제를 완전히 이해했다는 생각이 들 때조차도 나는 내가 생각하는 바를 어떻게 표현해야 할지를 모르겠다."[406]

그러므로 신념에 관한 흄의 이론을 이해하는 데는 적지 않은 어려움이 있다. 그것은『인성론』에서 신념의 본성에 관한 흄의 설명이 여러 가지로 다르고, 서로 일치하지 않으며,『인성론』의 부록에서는 다시 새로운 주장이 추가되고 있기 때문이다.『인성론』이 전개됨에 따라서 우리는 신념에 관한 새로운 설명을 접하게 되며, 그의 최종적인 설명은「부록」에 제시된다고 볼 수 있다. 따라서 신념에 관한 흄의 이론을 이해하는 데 혼란을 피하기 위해서 우리는 신념에 대한 흄의 설명이 어떻게 변하고 발전하는지 추적해 보는 것이 좋을 듯하다. 여기서는 흄이 신념에 관해 최초로 설명한 이후에 어떤 난점 때문에 혹은 어떤 점을 보다 강조하기 위해서 그의 설명을 바꾸어 갔는지를 고찰해 봄으로써 그의 입장을 이해해 보려 한다.

신념에 대한 흄의 설명은 인과적 추론에 관한 그의 논의에서 처음 제시된다. 거기서 그는 어떻게 우리가 기억과 감각에 주어지지 않은 대상들에 대한 신념을 형성하는가를 설명하고자 하였다. 흄의 대답은 그러한 신념이 형성되는 것은 우리의 인과적 추론의 결과라는 것이다. 한편 인과적 추론은 대상들 사이의 '항구적인 연접'을 경험한 결과이다.

"우리가 가지는 원인과 결과의 개념은 서로 변함없이 연접하는 (always conjoin'd) 과거의 사례에서 서로 분리할 수 없다는 것이 발견된 어떤 대상들에 대한 개념이다. 우리는 그러한 연접의 이유를 캐

> 낼 수 없다. 우리가 보는 것은 사물 그 자체만으로, 변함없는 연접으로부터 대상들은 상상력 가운데서 어떤 결합(union)을 얻는다는 것을 발견한다. 하나의 인상이 우리에게 주어지면, 우리는 즉각적으로 그것의 통상적인 수반물에 관한 관념을 형성한다. 그리고 그 결과 우리는 이것을 하나의 의견 혹은 신념의 일부로 갖게 되는데 그것은 현재의 인상에 관련되거나 그것과 연합되는 관념이다(an idea related to or associated with a present impression)."[407]

이것은 어떤 대상이 감각에 주어지지 않은 상태에서 어떻게 관념을 갖게 되는지를 보여 주지만, 우리가 가진 신념의 본성을 설명하지는 못한다. 왜냐하면 우리가 어떤 것에 관한 신념을 갖지 않으면서도 그것에 관한 하나의 관념 혹은 개념을 가질 수 있다는 것이 분명하기 때문이다. 따라서 신념은 단순한 관념 이상의 것이다. 흄에 의하면 "어떤 대상에 대한 관념은 그것에 대한 신념의 본질적인 부분이지만 그렇다고 그 전체는 아니다. 우리는 우리가 믿지 않는 많은 사물들에 대해 생각할 수 있다."[408]

그렇다면 관념과 신념 사이에는 어떤 차이가 있는가? 이에 대해 흄은 다음과 같이 말한다.

> "어떤 대상의 존재에 관한 신념은 그 대상의 관념을 구성하는 관념들에 어떤 새로운 관념도 첨가하지 않는다. 내가 신에 대해서 생각할 때나, 내가 신이 존재한다고 생각할 때나 그리고 내가 신이 존재한다고 믿을 때나, 그에 대한 나의 관념은 늘어나지도 줄어들지도 않는다. 그러나 어떤 대상의 존재에 대한 단순한 인지와 그것에

대한 신념 사이에는 분명히 큰 차이가 있다. 그리고 그 차이가 관념들의 부분들이나 구성방식에 있는 것이 아니기 때문에, 그것은 우리가 그 관념을 인지하는 방식(the manner in which we conceive it)에 있음이 틀림없다고 해야 한다."[409]

다음으로 흄이 제기하는 물음은 "어떤 명제를 믿는 것과 믿지 않는 것 사이에는 어떤 차이점이 있는가?" 하는 것이다. 흄에 의하면, 지식의 경우에 그 대답이 간단하다.

"직관 혹은 증명에 의해서 증명되는 명제들에 대해서는 그 대답이 간단하다. 그 경우에는 동의하는 사람은 그 명제에 따르는 관념들을 인지할 뿐만 아니라, 즉각적으로든 다른 관념의 중재를 통해서든 어떤 특정한 방식으로 그것을 인지하도록 필연적으로 결정된다. 이치에 맞지 않는 것은 이해할 수 없는 것이다. 증명된 것과 상충되는 것은 상상력에 의해서도 인지될 수 없다."[410]

그러나 사실에 대한 명제의 경우에는 상황이 다르다.

"인과관계로부터의 추리, 사실의 문제에 대해서는 이러한 절대적 필연성이 주어지지 않는다. 또한 상상력은 그 물음의 양면을 모두 자유롭게 인지할 수 있다. 우리는 여전히 의심을 갖는 것과 믿는 것 사이에는 어떤 차이가 있는가를 묻는다. 왜냐하면 이 두 가지 경우 모두 똑같은 관념을 갖는 일이 가능하고 또 그것이 필요하기 때문이다."[411]

우리가 어떤 사실적 명제에 대해서 믿을 때나 그것을 의심할 때나 우리가 인지하거나 이해하는 내용에서는 차이가 없다. 그러나 우리는 어떤 명제를 믿으면서 동시에 그것을 의심할 수는 없다. 예컨대 우리는 "화성에는 생명체가 있다"라는 명제에 대해서 동의할 수도 있고 반대할 수도 있다. 그러나 그때 우리가 갖는 관념의 내용에는 차이가 없다. 여기서 흄은 신념에 대한 중요한 설명을 제시한다.

> "정신의 모든 지각은 두 가지 종류로 나뉜다. 그것은 인상과 관념이다. 그것들은 서로 다른 정도의 힘과 생동감을 갖는다는 점에서 서로 다르다. 우리의 관념은 인상으로부터 모사된 것이고 그것의 모든 부분을 표상한다. 우리가 어떤 특정한 대상에 대한 관념을 변화시키고자 할 때 우리가 할 수 있는 일이란 그것의 힘과 생동감을 증대시키거나 감소시키는 일뿐이다. 우리가 관념에 대해 그 이상의 변화를 주려고 한다면 관념은 다른 대상이나 인상을 반영하게 된다. 그것은 빛깔들의 경우와 마찬가지다. 어떤 빛깔의 특정한 색조는 어떤 변화를 주지 않더라도 새로운 정도의 생동감이나 밝기를 가질 수 있다. 만일 우리가 그 이상의 변화를 산출한다면 더 이상 같은 색조나 빛깔이 아니다. 그와 마찬가지로 신념은 우리가 어떤 대상을 인지하는 방식을 변화시키는 것에 불과하다. 그것은 우리의 관념에 대해 하나의 추가적인 힘과 생동감만을 부여할 수 있다. 따라서 하나의 견해 혹은 신념은 현재 주어진 어떤 인상과 관련되거나 연합된 생동감 있는 관념이라고 정의하는 것이 가장 정확할 것이다."[412]

여기서의 신념에 대한 정의는 두 가지 부분으로 나뉜다. 첫째, 신념은 힘과 생동감이 첨가된 관념이고, 둘째, 신념은 현재 주어진 인상과 관련되거나 연합된 것이라는 내용이다.

흄에 의하면 이러한 정의는 모든 사람들의 느낌이나 경험에 전적으로 들어맞는다. 우리가 동의하는 관념이 공상가의 산만한 공상보다 더 강력하고 견고하고 생생하다는 것보다 더 분명한 일은 없다. 흄의 예를 들어 보자. 어떤 두 사람이 똑같은 책을 읽고 있다. 그중 한 사람은 꾸며 낸 이야기라고 생각하고, 다른 한 사람은 그것을 참된 역사라고 생각한다. 다시 말해 전자는 그 책의 내용을 의심하는 것이고, 후자는 그 책의 내용을 믿는 것이다. 그들은 책 저자의 말로부터 같은 관념을 갖게 된다. 그러나 저자의 증언은 그들에게 같은 영향을 주지 못한다. 후자는 그 책에 담긴 모든 사건들에 대해 생생한 개념을 갖는다. 반면에 저자의 증언을 신용하지 않는 전자는 모든 사건들에 대해 희미하고 활기 없는 개념을 가질 뿐이다.

그러나 신념에 대한 이러한 정의는 흄에게 새로운 난점을 제기한다. 하나의 인상은 유사성, 근접, 인과의 세 가지 연합관계 중 어느 것에 의해서도 그와 연합된 관념을 산출할 수 있다. 그러나 유사성이나 근접에 의해 주어진 인상과 연합된 관념은 신념이라고 할 수 없다. 흄은 이 문제를 다음과 같이 파악한다.

> "만일 그 가설의 모든 부분들이 참이라면, 즉 이 세 종류의 관계가 같은 원리로부터 도출되고 우리의 관념들에 힘과 생동감을 주는 효과도 똑같고, 신념이 관념에 대한 보다 강하고 생생한 개념이라면, 마음의 작용은 원인과 결과로부터만 도출되는 것이 아니라 근

접과 유사성의 관계로부터도 도출된다고 말할 수 있을 것이다. 그러나 경험을 통해서 우리는 신념이 인과관계로부터 발생한다는 것을 알 수 있다."[413]

이 문제에 대한 흄의 해결은 복잡하지만, 해결의 핵심은 다음과 같다. 흄에 의하면, 어떤 유형의 인상을 경험하였을 때, 마음은 어떤 특정한 유형의 관념을 갖도록 결정된다. 그러나 "마음이 유사한 대상이나 근접한 대상을 생각해 내도록 하는 필연성을 지닌 방식은 없다. 그리고 설사 마음이 그러한 것을 생각한다고 하더라도 그것이 어떤 차이점이나 변화 없이 늘 같은 것에 제한하도록 하는 필연성은 적다."[414] 유사성과 근접성이라는 연합의 원리는 "변화가 심하고 불확실하기 때문에 그것은 상당한 정도의 힘과 안정성을 지니고 작용하기 어렵다."[415]

이러한 상황은 앞서 흄의 정의를 수정해야 할 필요를 제기한다. 현전하는 인상과 유사성과 근접성에 의해서 생성된 관념을 신념이라고 할 수 없다면, 신념은 현전하는 인상과 인과적으로 관련되거나 연합하는 생동감 있는 관념이라고 정의되어야 할 것이다. 그러나 이러한 정의에도 난점이 포함되어 있다. 흄은 인과적 필연성을 신념에 대한 정의의 일부로 포함하였다. 이것은 현전하는 인상과 인과적으로 연합하지 않는 관념이나 개념은 신념이 될 수 없다는 것이다. 그러나 흄은 현전하는 인상과의 인과적 연합으로부터 유래하지 않는 신념을 인정한다. 『인성론』 제1권 3부 9절 이후에서 우리는 흄이 인과적인 연합에 의존하지 않는 신념의 예를 제시하고 있음을 발견할 수 있다. 예컨대 교육으로부터 산출된 신념이 인과적 추론을 위해서 필요한 의도적인 준비 없이도 산출될 수 있다고 흄은 생각한다.[416] 그러한 교육으로부터 생기는 신념은 습관

(반복)에 의존하는 것이지만, 그것은 대상들의 변함없는 연접이나 유사한 대상들에 대한 인상에 의존하지는 않는다. 습관에도 의존하지 않는 신념이 있는데, 예컨대 광기 혹은 '시적인 열광'으로부터 발생하는 신념이 그것이다.

따라서 흄은 현전하는 인상과 연합되어야 한다는 것을 신념의 본성에 포함할 수 없게 되었다. 그리고 앞서 살펴본 그의 정의 중 첫째 부분, 즉 신념은 생생한 관념이라는 것만이 남게 된다. 그러나 그러한 정의도 역시 상당한 문제를 포함한다. 왜냐하면 그 정의와 관련하여 흄이 의미하는 바가 무엇인지가 명확하지 않기 때문이다. 여러 언명들 가운데서 흄은 서로 매우 다르거나 양립하기 어려운 견해를 보이기 때문이다. 그의 견해는 다음의 몇 가지로 집약된다.

① 신념은 생생한 관념이다.
② 관념의 생동감이 신념을 산출한다.
③ 신념은 관념의 생동감을 산출한다.
④ '생생하다'는 것은 믿어진 관념을 규정하는 방식이다.

흄은 『인성론』의 앞부분에서는 신념이 생생한 관념임을 명료하게 언급하고 있다. 다음과 같은 언명들이 주장 ① 의 예이다.

"하나의 견해 혹은 신념은 어떤 주어진 인상과 관련되거나 연합된 생동감 있는 관념이라고 정의하는 것이 가장 정확할 것이다."[417]
"신념은 활력 있고 강렬한 관념에 대한 인지이다."[418]
"신념은 강하고 생생한 관념에 지나지 않는다. …"[419]

그러나 나중에 가면 흄은 신념이 생생한 관념이 아니라, 생생한 관념에 의해서 산출되는 것이라는 ②의 견해를 보인다. 인과적 추론에 의해서 산출된 신념과 교육에 의해서 발생한 신념을 비교하면서 흄은 다음과 같이 말한다.

> "우리는 관념의 생동감이 신념을 산출한다고 말하는 것에 만족하지 말아야 한다. 우리는 그것들이 개별적으로는 같다고 주장해야 한다."[420]

다른 곳에서 밝힌 다음과 같은 언명은 신념이 관념의 생동감을 산출한다는 ③의 견해를 함의한다.

> "그렇다면 신념의 효과는 인상과 대등한 정도의 단순한 관념을 발생시키고, 그것에 정념에 대한 것과 유사한 영향을 주는 데 있다. 이러한 효과는 관념을 그 힘과 활력에서 인상에 접근하도록 만듦으로서 생긴다… 따라서 신념은 관념이 인상의 효과를 모방하게 만들기 때문에, 신념은 이러한 성질 때문에 관념을 인상과 닮게 만든다."[421]

이러한 세 가지 견해 중 어느 것이 본래적인 흄의 입장을 반영하는가를 결정하기는 어렵다. 그러나 흄의 「부록」에 나오는 설명은 이를 판단하는 데 도움을 줄 수 있을 것으로 생각된다. 또 「부록」에서 제시된 설명은 그의 초기 설명을 어떻게 해석해야 할 것인가의 문제에도 도움을 줄 수 있을 것이다.

먼저 흄이 인상과 관념의 차이를 힘과 생동감의 차이를 들어 설명하였음을 상기하도록 하자. 여기서 우리는 바로 이러한 입장이 흄이 단순한 인지와 신념의 차이를 힘과 생동감의 차이에서 찾도록 하였을 것이라고 추정해 볼 수 있다.「부록」에서 흄은 자신의 앞서의 논증이 근본적인 오류를 내포하고 있음을 인정하고 이를 다음과 같이 진술한다.

> "제1권 p.96에서 오류가 발견될 수 있다. 거기서 나는 같은 대상에 대한 두 가지 관념의 차이는 그 힘과 생동감의 차이에서 비롯된다고 말하였다. 나는 관념들 사이에는 그러한 개념으로는 적절히 포착할 수 없는 다른 차이가 있다고 생각한다. 같은 대상에 대해 두 가지 관념이 다른 것은 각각의 느낌(feeling)이 다르기 때문이라고 내가 말했더라면, 좀 더 사실에 가까운 말이 될 수 있었을 것이다."[422]

하나의 관념과 그것에 대응하는 인상 사이의 유일한 차이는 후자가 갖는 힘과 생동감의 정도라는 견해를 포기함으로써, 흄은 신념이 현전하는 인상과 관련된 생생한 관념이라는 초기의 견해를 거부하게 되었다. 그는 이제 신념의 본성에 대한 지금까지와는 다른 설명을 제시할 수 있게 되는데, 그가「부록」에서 제시하는 설명이 바로 그것이다. 흄에 의하면, 신념은 특별한 종류의 느낌이다. 그렇다고 해서 신념이 하나의 관념과 결합된 별개의 인상이라는 말은 아니다. 흄은 이 잘못된 견해에 대해 다음과 같이 기술한다.

> "단순한 인지(conception)와 비교할 때, 신념은 인지와는 구별될 수

있는 어떤 인상 혹은 느낌이다. 그것은 인지를 수정하는 것도 아니고 그것을 보다 생생하고 강렬하게 하는 것도 아니다. 그것은 좋음과 즐거움의 개념에 의지와 욕구가 부가되는 것과 같은 방식으로 그것에 부가되는 것이다."[423]

흄은 이러한 견해를 거부하는 이유를 제시한다. 먼저 "그것은 경험과 우리의 직접적인 의식에 정면으로 배치된다."[424] 추리는 "우리의 사고 혹은 관념의 작용"이며, "우리의 결론에는 관념 이외에 다른 어떤 것도 개입하지 않는다."[425] 내가 어떤 친구의 목소리를 복도에서 듣게 되면, 나는 그가 복도에 있다고 결론 내린다. 이러한 결론은 오직 관념들만을 포함한다. 이러한 관념들은 "그 느낌에서는 다르지만, 그것들을 수반하는 별개의 분리된 인상들이 존재하는 것은 아니다."[426]

이러한 경우는 하나의 관념을 수반하는 별개의 인상이나 느낌이 존재하는 경우와 대비될 수 있다. 내가 어떤 특정한 사실에 대한 의심을 가지고 있다고 상상해 보자. 나는 그러한 사실에 대한 인지와 함께 불편한 느낌을 가지고 있다. 이제 나에게는 그러한 의심을 해소할 수 있는 논증이 제시된다. 그러면 나는 신념에 도달하고 만족을 느낀다. 불편함과 만족은 그 인지로부터 구별되고 그것에 부과되는 특정한 느낌이다.

신념이 별도의 인상을 포함한다는 견해를 반박하는 그 밖의 이유들은 다음과 같다. ① 신념은 그러한 별도의 인상을 생각하지 않고도 충분히 설명될 수 있다. ② 신념의 원인은 어떤 별도의 인상에 대한 조회 없이도 설명될 수 있다. ③ 신념의 결과는 어떤 별도의 인상에 대한 조회 없이도 설명될 수 있다. 흄은 "왜 그 이상의 것을 찾거나 필연성 없는 상정을 추가하는가?"[427] 하고 묻는다.

그렇다면, 신념은 어떤 특정한 종류의 현상으로서 느낌을 동반한 관념이라 할 수 있다. 신념이란 '인지의 방식'이라는 주장에서 흄이 말하고자 한 것은 관념이 산출되는 방식이 아니라, 그것이 경험되는 방식이라는 것이다. "신념은 우리의 관념의 본성과 질서가 아니다. 그것은 관념이 인지되는 방식이며, 마음에 대한 관념의 느낌이다."[428] "동의되는(assented) 관념은 허구적인(fictitious) 관념과는 느낌이 다르다."[429]

신념이 별개의 인상이 아닌 반면에, 그것은 하나의 느낌을 포함하며 그 느낌은 묘사될 수는 있지만 정의될 수는 없다. 따라서 흄은 「부록」에서 신념에 대한 정의를 제시하려고 시도하지 않는다. 그 대신에 그는 그가 단순 인상을 규정하던 것과 같은 방식으로 신념을 규정하려 하였다. 그는 그 느낌에 대한 묘사를 제시하고, 그것의 원인과 결과를 말한다. 신념이 수반하는 느낌은 "하나의 우월한 강도(force), 혹은 생동감(vivacity), 혹은 견고함(solidity), 혹은 확고함(firmness), 혹은 한결같음(steadiness)"[430]이라고 묘사된다. 흄에 의하면 이러한 느낌에 의해서 신념과 환상이 구별될 수 있다. 즉 환상이 우리에게 주는 허구적 관념과는 달리, 어떤 다른 느낌을 수반하는 관념들이 있고 이 다른 느낌은 바로 우월한 강도, 생동감 등인데, 바로 그러한 관념이 신념이라는 것이다.

그러나 흄은 신념이 수반하는 느낌에 대한 이러한 묘사가 불완전하다는 것을 인정한다.

> "이러한 느낌이나 인지의 방식을 완전하게 설명한다는 것은 불가능하다. 우리는 그것에 가까운 어떤 것을 표현하는 낱말들을 생각해 볼 수 있다. 그러나 그것의 참되고 적합한 이름은 신념이다. … "[431]

이제 흄은 이러한 신념의 원인과 결과에 대해서 말한다. 그에 의하면 신념의 원인은 대부분 습관이라 할 수 있다. 인과적 추론의 경우에는, 이 습관이 변함없이 결합하는 대상들에 대한 우리의 경험을 말한다. 교육의 경우에는 단일한 개념의 반복을 말한다.

신념의 결과가 우리의 사고와 행동에 영향을 미친다. 신념은 "허구적인 것(fiction)보다 실재(reality)를 우리에게 잘 전달해 주며, 사고할 때 신념에 대해 더 숙고하게 하며, 정념과 상상력에 대한 우월한 영향을 신념에 부여한다."[432]

마찬가지로 "신념은「관념」에 보다 큰 강도와 영향력을 준다. 신념은 중요성을 보다 부각해 주며, 신념을 마음에 고정시키고, 우리의 모든 행동을 지배하는 원리가 되게 한다."[433]

흄의 최종적인 견해는 다음과 같다. 즉 신념은 하나의 강도나 생동감과도 동일한 것이 아니고, 생생한 관념의 원인이나 결과도 아니다. 따라서 흄은 하나의 관념이 믿어지지 않으면서도 강력하고, 생생할 수 있다고 일관성 있게 주장할 수 있었다. 그러므로 '시적인 열정'이 신념을 산출하지 않아도 하나의 관념을 생동감 있게 만들 수 있다는 그의 견해는 아무 문제가 없다. "그것에 따라 생동감을 불러일으키는 음률이 훌륭하다고 해도, 시에서는 가장 낮은 종류의 개연성을 갖는 것일지라도 우리가 추리할 때 우리 마음에서 일어나는 것과 똑같은 느낌을 가질 수 없다는 것이 명백하다."[434]

신념은 하나의 관념이 갖는 힘과 생동감이 아니기 때문에, 흄은 믿어진 관념은 믿어지지 않는 관념보다 덜 강력하거나 생생할 수 있다는 것을 일관성 있게 주장할 수 있다. 이러한 점들이 흄의 인식론에서 일반규칙의 역할을 이해하는 데 특히 중요하다. 흄에 의하면, "일반규칙에 입각한 반성은 우리의 관념들의 강도와 생동감이 증가할 때마다 우리의 신념을 증대시키지 않도록 해 준다."[435] 이 점에 대해서는 우리의 신념을 규제하는 데에 일반규칙의 중요성을 보여 주기 위해서 다시 고찰하겠다.

습관

흄에 의하면 우리가 신념을 가지고 있다는 것은 감각인상을 어떤 방식으로 결합하는 강한 경향을 가지고 있다는 것을 의미한다. 그렇다면 신념은 서로 결합된 지각들의 선호된 네트워크라고 이해하는 것이 적절하다.

이러한 신념에는 복잡한 귀납적 추리의 과정을 통해서 획득된 개연적인 지식뿐만 아니라 세계에 관한 우리의 가장 기본적인 신념 혹은 기대가 포함된다. 전자의 신념이 "사실에 대한 신념"[436]이라면, 후자의 신념은 "대상의 존재에 대한 신념"[437] 등을 의미한다. 이러한 신념은 세계에 관한 우리의 인식을 가능하게 하는 정신적 네트워크라고 할 수 있다. 이제 흄은 이러한 정신작용 혹은 신념이라는 현상이 어디서 유래하는 것인가를 검토하려 한다. 흄은 신념의 본성에 대해서 설명한 다음에 어떠한 원리 혹은 원인으로부터 그것이 유래하며 무엇이 관념에 대해서 생생함을 부여하는가를 검토하려는 것이다.

흄에 의하면 모든 신념이란 생동감을 수반하는 관념이며, 관념은 인상으로부터 비롯된다. 따라서 우리가 신념의 현상을 설명하기 위해서는 인상에서 어떻게 관련된 관념이 주어지며, 어떻게 인상이 가진 생동감이 이전되는가를 설명해야 한다.

흄은 자신이 확립하려는 인간 본성의 과학의 일반적인 원리를 다음과 같이 말한다. "어떤 인상이 우리에게 주어질 때 그것은 관련된 관념을 정신에 전달할 뿐 아니라, 그것의 힘과 생동감을 전이한다."[438]

도대체 이러한 정신작용은 어떻게 가능한가? 흄에 의하면 현재의 인상으로부터 어떤 관념을 불러일으키는 관계 혹은 이행의 원리는 유사성, 근접, 그리고 인과관계이다. 이러한 관계들이 어떤 신념을 불러일으키고, 결과적으로는 신념과 의견을 산출하게 된다.

그러나 이러한 관계, 혹은 관념연합이 그러한 신념을 산출하는 데 충분한 것인가? 우리에게 주어져 있는 것은 현재의 인상, 생동감 있는 관념, 인상과 관념 사이의 관계 혹은 연합뿐이고, 그 이외에는 어떤 것도 이러한 정신작용에 개입하지 않는다고 가정할 때, 그것으로부터 신념의 생성을 가능하게 하는 것은 무엇인가?

이 문제를 더욱 충분히 다루기 위해서 흄은 그 문제를 마치 "경험과 관찰에 의해서 결정되어야 하는 자연철학의 문제와 같이"[439] 다루어 보려고 하였다. "뉴턴의 중력의 이론을 논의의 모델로 삼아서, 그는 비밀스런 혹은 신비한 원인을 상정하지 않고, 궁극적인 성질에 관한 가설을 만들지도 않으면서 인식현상을 설명하려는 것이다."[440]

그는 먼저 관념이나 관념을 수반하는 신념의 진정하고도 실제적인 원인이 되는 것은 현재의 인상뿐이라고 생각한다. 왜냐하면 우리가 지금 검토하고 있는 신념의 현상은 단순히 내적인 것이어서, 인상이나 관념들의 대상들 사이에 미치는 힘과 성질들에 의해 생길 수 없는 것이기 때문이다. 따라서 흄은 "우리는 실험에 의해서 그러한 특별한 결과를 산출하는 특별한 성질을 발견하도록 노력해야 한다"[441]라고 말하고, 이를 위해서 세 가지의 사고 실험을 행한다.

그의 첫 번째 실험은 현재의 인상이 그것과 관련된 다른 관념을 산출할 인과적인 힘을 스스로 가지는가를 살피려는 것이다. 그러한 실험을 통해서 흄은 "우리는 현재의 인상이 그 자신의 힘과 작용력을 통해서 그리고 현재의 순간에만 제한되는 단일한 지각으로서 고찰될 때에는 아무런 결과도 가질 수 없다는 것이 발견된다"[442]라고 말한다.

이것은 우리가 하나의 인상만을 보아서는 아무런 결론도 이끌어 낼 수 없다는 것과, 오직 그것의 통상적인 결과를 관찰한 이후에만 어떤 신념이 산출된다는 것을 의미한다. 흄은 이러한 실험결과에 의해서 확인되는 사실을 이렇게 말한다. "우리는 모든 경우에 과거의 사례들에서 같은 인상을 관찰해야 한다. 그리고 그 인상이 다른 인상들과 항구적으로 연접하는(constantly conjoined) 것을 보아야 한다. 이것은 수많은 실험을 통해서 확인된 명백한 사실이다."[443] 이러한 사실을 두고 흄은 "마음의 작용은 물질의 작용과 동일하다. 우리는 그것들의 일정한 결합만을 지각한다"[444]라고 말한다.

흄의 두 번째 실험의 결론은 "현재의 인상을 동반하는 신념이 수많은 과거의 인상과 연접에 의해서 산출되며, 이러한 신념은 어떤 새로운 추리나 상상력의 작용 없이도 즉각적으로 발생한다"[445]는 것이다.

> "따라서 마음이 하나의 대상에 대한 관념이나 인상에서 다른 대상에 대한 관념 혹은 신념으로 옮아갈 때, 그것은 이성에 의해서 결정되는 것이 아니라, 다른 원리에 의해서 결정되는데 그것은 이러한 대상들에 대한 관념들을 연합시키고 그것들을 상상력 가운데서 결합시키는 원리이다."[446]

여기서 흄이 말하는 원리가 바로 습관이다. 습관은 우리 마음이 갖는 성향(disposition) 혹은 버릇으로서 경험에 의해 주입된 것이다. 즉 우리의 마음은 유사한 인상들을 반복적으로 경험하고 나면 어느 하나를 지각하면 바로 다른 것을 떠올리게 되는 하나의 성향을 갖게 된다는 것이다.[447] 흄은 습관을 다음과 같이 규정한다.

> "이제 우리는 어떤 새로운 추리나 결론 없이 과거의 반복으로부터 진행되는 모든 것을 습관이라고 부르겠고, 현재의 인상으로부터 도출되는 모든 신념은 오직 그러한 기원으로부터 생긴다는 것을 진리로서 확립하겠다."[448]

흄은 습관에 의해서 두 가지의 인상이 함께 결합하는 것에 익숙해지면 하나의 현상이나 관념이 다른 것에 대한 관념을 즉각적으로 전달한다고 말한다.

흄은 이러한 신념의 현상을 산출하기 위해서 습관적인 이행 이외에 무엇이 더 필요한지를 알기 위하여 세 번째 실험을 행한다. 여기서 발견되는 것은 상호 관련되는 관념들 사이의 습관적 이행이 있는데도 실제적으로 아무런 신념이나 설득이 없는 경우가 있을 수 있다는 점이다. 이에 대해 흄은 "이것은 현재 주어진 인상이 없이는 신념의 현상을 일으키는 작용이 일어나지 않는다는 것을 보여 준다. 어떤 인상이 주어지고 나서야, 우리는 그 인상을 관념과 비교하고, 그것들 사이의 차이가 힘과 생생함에만 있다는 것을 발견하게 된다"[449]라고 말한다. 여기서 흄은 "신념이란 하나의 현전하는 인상과의 관계로부터 진행되는 하나의 관념에 대한 보다 생생하고 강렬한 인지라고 다시 결론짓게 된다."[450]

이러한 실험을 통해서 흄이 인식하는 것은 대상들이 발견 가능한 결합을 가지고 있지 않을 뿐만 아니라, 우리가 어떤 하나의 대상이 출현하는 것에서 다른 것의 존재를 추론할 수 있는 것은 상상력에 작용하는 습관 이외에 다른 어떤 원리로부터 오는 것이 아니라는 것이다. 그것은 우리의 경험에 대한 반성으로부터 오는 것도 아니다. 흄에 의하면 "습관은 우리가 반성을 위한 시간을 갖기 이전에도 작용한다."[451]

그러나 흄은 몇 가지 경우에서 반성이 습관 없이 신념을 산출하는 사례들을 발견하였다. 이러한 사례들에서는 오히려 반성이 간접적이고 인위적인(oblique and artificial) 방식으로 습관을 산출하는 것이다. 흄은 "우리가 단 한 번의 실험에 의해서 특정한 원인에 대한 지식을 획득할 수 있다는 것이 철학에서뿐 아니라, 일상생활에서도 확실하다"[452]라고 말한다.

단 한 번의 사례를 가지고는 습관이 형성될 수 없기 때문에, 이러한 경우에 그 신념은 습관의 결과라고 인정될 수 없다는 것이다.

그러나 이러한 난점도 역시 같은 원리에서 해결된다. 즉 우리가 여기서 어떤 특정한 결과에 대한 단 한 번의 실험을 하였다고는 하지만 실제로 그러한 실험은 "같은 대상이 같은 조건(circumstance)에 놓이면 같은 결과를 산출한다"[453]라는 원리에 입각하고 있고, 이러한 원리는 충분한 습관을 통해서 확립된 것이며, 그것이 적용될 수 있는 어떤 의견에 대해서도 증거와 확고함을 부여한다.[454]

따라서 우리는 "관념의 결합은 단 한 번의 실험을 통해서는 습관화될 수 없으나 이러한 결합은 습관화된 다른 원리 아래서 파악된다"[455]라고 말할 수 있다.

한편 흄은 신념이 교육에 의해서 생길 수 있다는 것을 인정한다. 이에 대해서 그는 이렇게 말한다.

"내가 조사한 바에 의하면, 우리는 사람들 사이에 널리 퍼져 있는 견해 중의 절반 이상이 교육에 기인하고 있으며, 그렇게 암암리에 신봉되고 있는 원리들이 추상적인 추론이나 경험에 기인하는 원리들보다 더 많은 비중을 차지한다는 것을 알게 될 것이라고 확신하고 있다."[456]

그러면 교육에 의해서 형성된 신념은 습관의 메커니즘이 아닌 다른 원리에 의존하는가? 이에 대한 흄의 대답은 "교육은 인위적인 원인이지 자연적인 원인이 아니지만 그것의 격률은 빈번하게 이성에 상충된다. … 그것은 원인과 결과로부터의 우리의 추리와 같이 습관과 반복이라는 같은 기초 위에 서 있다"[457]라는 것이다.

흄은 이러한 실험의 결과가 함의하고 있는 바를 다음과 같이 덧붙인다.

첫째, "모든 개연적 추리는 감각작용의 한 종류에 불과하다. 우리가 우리의 취향과 정서를 따르게 되는 것은 시작(詩作)이나 음악 등에서뿐만이 아니라, 철학에서도 마찬가지이다."[458]

둘째, "내가 어떤 일군의 논증을 다른 것보다 선호하게 되는 것은 그것들이 끼치는 영향의 우월성에 대한 나의 느낌으로부터 결정되는 것 이외에 다른 것이 아니다."[459]

이러한 논의를 통해서 우리는 흄에게 습관이 세계와 우리를 결합시키는 신념 형성의 메커니즘이라는 것을 알았다. 이러한 해석이 옳다면, 우리는 습관과 지식의 가능성에 대한 흄의 언명들을 보다 잘 이해할 수 있게 된다. 그러면 이러한 습관에 대한 흄의 주장이 의미하는 바는 무엇인가?

첫째, 흄은 습관이 개연적 추리의 기초라는 것을 주장한다. 또한 그것이 모든 비증명적 지식에 대한 합리적 분석과 정당화를 제공한다는 것이다. 신념은 개연적인 추리에 의존한다. 개연적 추리는 예측과 관련되고, 우리가 귀납을 정당화하지 않는 한 그러한 예측을 정당화할 수 없다. 반면에 흄에 의하면 확실성은 관념들 사이의 직관적인 비교에 기초한 주장 이외에는 어떤 주장에 대한 우리의 신념을 설명할 수 없다. 추리는 어떤 하나의 관념 혹은 인상에서 다른 것으로의 운동을 요구하기 때문이다. 또한 그러한 경우에 그 추론은 확실할 수도 없고 그것들이 확실하다고 확신할 수도 없다. 따라서 확실성이나 합리성은 우리가 지각을 결합시키는 방식을 설명할 수 없다. 흄은 그러한 추리의 기반이 되는 것은 확실성이 아니라 신념이며, 습관은 우리의 신념을 설명해 주는 중요한 메커니즘으로서 귀납을 위한 기초를 제공한다고 설명한다. 따라서 신념에 대한 설명으로서 습관이라는 심리적 메커니즘을 제시하는 것은 개연적 추리의 정당화를 위한 설명을 제공하기 위한 한 방법이다.

둘째, 습관이라는 심리적 메커니즘은 흄이 지각들 사이에 만들어지는 결합이 왜 자동적인가를 설명할 수 있게 해 준다. 또한 어린아이들과 인간 이외의 동물들이 왜 이와 유사한 능력을 가지고 있으며 왜 그들이 경험으로부터 배우는가를 설명해 준다. 흄은 그들이 그러한 결론을 추리하지 않는 것이 분명하다고 주장한다. 자동적인 메커니즘이 그들의 행동을 설명해 준다. 흄이 하나의 메커니즘에 호소하는 것은 그가 어떤 인식적 설명에서 심적인 능력의 중요성을 강조하도록 한다. 사실상 그가 심적인 능력에 대해 강조하는 것은 흄을 다른 영국 경험론자들과 구분시켜 준다. 흄이 가지고 있는 관념이론은 불완전하고 간헐적인 지각만이 우리에게 주어져 있다면 우리의 경험의 정합성과 일치를 어떻게 설명할 것인가 하는 문제를 안고 있다. 로크나 버클리와는 달리 흄에게 마음은 경험의 단위를 단순히 조합하는 역할만 하는 것이 아니다. 즉 마음은 심적인 능력에 의해서 신념이라는 우리와 세계 사이의 연결고리를 마련한다. 이러한 심리적 작용에 대한 설명은 그의 인식론에 대한 폭넓은 기초를 마련해 주며, 다른 신념 형성의 방법보다 과학을 지지하는 이유를 제공해 준다.

셋째, 습관은 인과율에 대한 흄의 최종 분석에서 중요한 역할을 한다. 흄은 "원인과 결과에 관한 우리의 모든 추론들은 단지 습관에서 유래하며, 정확히 말해서 신념은 우리 본성의 인지적인 부분의 작용이라기보다는 감성적인 부분의 작용이다"[460]라고 말한다.

인과적 추론이 기초가 되는 "미래는 과거와 유사하다는 가정은 어떤 종류의 논증에 기초하는 것이 아니라 전적으로 습관에서 유래한다. 이 습관에 의해서 우리는 미래에도 우리가 익숙해 있는 대상들이 동일한 순서로 진행되리라고 기대하게 된다."[461]

마지막으로 흄에게 습관은 우리의 정념과 행동의 기초가 된다. 우리는 미래에 대한 신념이나 기대에 의거해서 행동한다. 신념은 인간의 삶에서 매우 중요한 역할을 한다. 미래에 관한 우리의 신념이나 기대는 이성에 의해 논리적으로 증명될 수 없다. 만약 우리가 관념들 사이의 관계를 나타내는 분석 명제와 현전하거나 기억되는 직접적인 경험적 자료만을 가지고 있다면 인간의 삶은 불가능할 것이다. 우리는 미래를 향한 어떤 예측이나 판단을 할 수 없을 것이기 때문이다. 우리의 일상적인 삶에서 우리는 신념에 기초해서 행동한다. 따라서 습관이 신념형성의 메커니즘이라면 습관은 우리 삶의 기반이라 할 수 있다. 이에 대해 흄은 이렇게 말한다.

"그러므로 생활의 길잡이는 이성이 아니라 습관이다. 습관만이 모든 예들에서 마음으로 하여금 미래가 과거와 일치하리라고 상정하게 한다. 이 과정이 아무리 쉽게 보일지라도 이성은 결코 영원히 그렇게 할 수 없을 것이다."[462]

흄은『탐구』에서도 "습관은 이러한 일치가 나타나도록 해 주는 원리이다. 습관은 인간생활에서 발생하는 모든 상황과 사건에서 우리 종의 생존과 행위의 규제를 위해서 필요하다. 하나의 대상이 그것과 일상적으로 연접하는 대상들에 대한 관념을 즉각적으로 촉발하지 않는다면, 우리의 모든 지식은 우리의 기억과 감각이라는 매우 좁은 영역으로 제한되고 말 것이다. …"[463]라고 말한다. 그러나 습관은 기본적으로 현존하는 인과적 질서에 기초한 자동적인 신념 형성의 메커니즘이기 때문에 그것은 정확하지 않은 신념, 또 그 메커니즘과 신념 산출을 둘러싼 상황에 대한 이성적 반성을 통해서 교정되어야 할 신념들을 산출한다. 이것이 우리가 일반규칙을 논하는 자리에서 흄의 시스템 내에서 이성의 역할이 상당히 중요하다고 주장할 근거를 함의한다.

상상력과 판단

흄에서 상상력은 습관에서 비롯된다. 습관은 우리를 현재의 인상으로부터 하나의 연합된 관념의 네트워크로 자동적으로 이끌어 간다. 이러한 네트워크는 경험에서의 대상의 습관적인 결합에 근거하고 있기에 일반적으로 합리적 반성의 영향을 받지 않는다. 그것은 우리가 추리하는 능력의 기반이다. 흄의 체계에 따르면 "모든 추리는 습관의 결과에 불과하며, 습관은 상상력을 일깨우고 어떤 대상에 대한 강한 개념을 주는 것 이외에 다른 영향을 주지 않는다."[464]

습관이 제공하는 기초로부터 우리는 경험을 추상하고, 여러 가지 복잡한 상황으로 확장시킨다. 따라서 이 말대로라면 흄은 "우리의 판단과 상상력은 서로 상충하는 법이 없으며, 습관은 상상력이 판단과 불일치하도록 만드는 것과 같은 방식으로 상상력에 작용하지 않는다"[465]라고 결론지어야 할 것이다. 그러나 흄은 습관과 판단이 상충하는 상황이 있을 수 있음을 지적한다. 즉 그는 판단력과 상상력이 같은 대상에 대한 서로 상반되는 생각을 초래할 수 있다고 말한다.

> "습관이 모든 우리 판단의 기초이지만 때때로 그것은 판단력과 반대되도록 상상력에 작용하여 같은 대상에 대한 느낌(sentiment)에서 서로 상충됨을 가져올 수 있다."[466]

이렇게 상상력과 판단이 상충하는 경우가 생기는 것은 우리의 인과적 판단의 대상이 되는 상황들이 복합적이기 때문이다. 우리의 신념은 관찰된 사건의 질서와 경험 속에서 그것의 반복에 기초하고 있기 때문에, 구체적인 상황에서의 실제적인 인과적 결합에 관한 판단에서 얼마든지 실수를 저지를 수 있다. 이것은 우리의 신념이 실제적인 인과적 질서를 충실하게 반영하는 광범위한 관찰에 기초한 것이긴 하지만, 관찰된 사건의 질서가 매우 복잡하고, 일반규칙이 엮어 내는 연관의 '전체 체계'가 다양하게 구성될 수 있기 때문이다. 이에 대해서 흄은 다음과 같이 설명한다.

"대부분 모든 종류의 원인에서 상황은 복합적이다. 그중 어떤 것은 본질적이고, 다른 것은 지엽적(枝葉的)이다. 어떤 것은 결과의 산출에 절대적으로 필수적이고, 다른 것은 단지 우연적으로만 결합된다. 이제 우리는 다음과 같은 것을 관찰할 수 있다. 즉 지엽적인 상황이 많고 현저하며, 본질적인 것과 빈번하게 결합하는 경우, 그것들은 상상력에 그러한 영향을 미쳐서, 후자가 결여되더라도 우리에게 통상적인 결과에 대한 개념을 갖게 해 준다. 또한 그것은 그러한 개념에 힘과 생동감을 부여하는데, 그것은 공상에 의한 단순한 허구의 경우에 비해 우월하다."[467]

이러한 상황은 다음과 같이 설명될 수 있다. 어떤 복합적인 대상 예컨대, (A<1> 과 A<2>)를 어떤 결과 B와 인과적으로 결합시켰을 경우, A<1> 혹은 A<2> 중 어느 것이라도 경험하게 되면, A<2>가 사실상 주변적인 상황임에도 불구하고 우리는 B를 판단하게 된다. 이러한 상상력의 성향은 다음과 같은 보다 일반적인 성향의 한 사례이다. "하나의 대상이 상당한 정도의 상황들에서 어떤 원인과 닮은 것으로 보일 때, 상상력은 그것의 통상적인 결과에 대한 생생한 개념을 자연스럽게 갖게 한다."[468]X= < A<1> & A<2 > >인 경우에 X와 Y사이의 이행을 확립한 이후에, X를 닮은 A<2>를 경험함으로써 우리는 Y라고 판단하는 것이다.

따라서 그러한 상황에서의 상상력과 판단 사이의 이러한 충돌을 해결하기 위해, 우리는 어떤 방식으로든 상상력에 의해서 획득된 신념들을 비판적으로 평가할 필요가 있다. 우리의 신념 네트워크를 교정하고 정당화하는 방법으로 흄이 제시하는 것은 우리의 신념체계의 본질에 대한 주의 깊은 반성이다. 그러한 역할을 하는 것이 우리의 판단력, 즉 지성이다. 흄에 의하면, 상상력은 변덕스럽고 불확실한 반면에, 판단력은 광범위하고도 일정하다.

그러나 사실의 문제에 관한 모든 추리를 습관으로 환원하였던 흄의 입장에서 습관에 기초한 상상력과 반대되는 판단이 허용될 수 있다는 사실을 어떻게 설명할 수 있는가? 이에 대해 흄은 이렇게 말한다.

> "그 일반규칙은 광범위하고도 일정한 것으로서의 판단에 부과된다. 그것은 변덕스럽고 불확실한 것으로서의 상상력에 대한 불복이다."[469]

흄은 상상력의 자연적 성향에서 비롯되는 판단에서 오류를 피하기 위해서는 먼저 인과적 상황의 복합성에 주의를 기울여야 한다고 믿는다. 흄은 "모든 주변적이고 피상적인 상황을 조심스럽게 제거하고 난 다음의 판단"이 되도록 주의를 기울여야 한다고 말하고 있다. "우리는 이러한 [상상력의] 성향을 그러한 상황의 본질에 대한 반성을 통해서 교정할 수 있다. 그러나 습관이 먼저 생기고 상상력에 선입견을 가져오는 것임은 분명하다."[470] 여기서 요구되는 것은 사건들 중에서 유효한 결합과 유효하지 못한 결합을 구분할 수 있게 해 주는 규범적인 지침이다. 그 지침은 될 수 있는 대로 넓고 안정된 기초를 가지고 있어야 하고, 정당화된 신념의 기반이 될 수 있어야 한다.

흄이 그러한 지침으로 제시하는 것이 바로 '일반규칙'이다. 그는 우리가 앞서 지적한 인과적 판단에서 생기는 난점들이 "일반규칙의 영향을 전제함"[471]으로써만 해소될 수 있다고 생각한다. 그렇다면 여기서 흄이 언명하는 '일반규칙'이란 어떤 것인가? 이것이 우리의 논의에서 가장 흥미롭고도 중요한 부분이 될 것이다.

제14장

귀납적 추론의 일반규칙

우리는 지금까지 자연주의적 해석의 전통에 입각하여 흄의 인식론을 검토해 왔다. 이 장에서 우리는 '일반규칙'(一般規則, general rule)에 대한 흄의 설명을 검토하고자 한다. 흄은 일반규칙을 여러 가지 방식으로 사용하고 인식론, 윤리학, 정치학을 막론하고 그의 거의 모든 저작에서 일반규칙을 적용하였다. 그럼에도 불구하고 흄에서 일반규칙이란 무엇인가, 그것은 그의 일반적인 인식이론과 어떻게 조화되는가, 또 흄이 그의 '인간본성의 과학'에서 어떻게 그것을 사용하는가에 관한 논의가 거의 이루어지지 않았다. 흄의 자연주의적 입장에 관한 가장 정통한 해석을 제시한 캠프 스미드조차도 전혀 이것을 언급하지 않은 것은 매우 놀라운 일이다.

예외적으로 일반규칙에 대한 중요한 논의를 전개한 사람은 헤른(T. K. Hearn)[472]이다. 일반규칙에 대한 필자의 해석은 그의 설명에 힘입은 바가 크다. 헤른의 논문이 나오기 이전에는 일반규칙에 대해서 거의 논의되지 않았을 뿐만 아니라 그것은 진지하게 주목할 만한 가치가 없는 임시 변통적 고안물에 불과하다고 치부되었다.

그러나 필자가 보기에 흄이 '일반규칙'에 대해서 말하는 것은 뉴턴의 '실험적 추리규칙'을 정당화하기 위한 시도이다. 흄은 뉴턴의 규칙들을 토대로 원인과 결과에 대한 판단, 즉 귀납적 추리를 진행하기 위해서는 그것을 규제할 원리가 필요하다고 생각하였다. 그 규제적 원리가 바로 일반규칙이다. 그렇다고 해서 귀납적 추론의 규칙에 대한 흄의 설명이 완벽하고 잘 발전된 것임을 주장하려는 것은 아니다. 필자가 주장하려는 것은, 흄은 우리의 신념과 인과적 판단의 기초가 그 자체로는 정당화될 수 없을 때 우리의 신념과 인과적 판단을 정당화하기 위해 어떤 규범적 지침을 구성할 수 있는가를 보여 주고자 하였다는 것이다.

일반규칙

흄이 "이성은 정념의 노예이고 또 그래야 한다"[473]라고 말할 때, 그것은 반성적 사고가 인식론 혹은 도덕이론에서 아무런 역할도 할 수 없다는 것을 의미하지는 않는다. 그것은 우리의 인식과 도덕적 판단을 규제하는 지침이 이성만으로는 획득될 수 없다는 것을 의미한다. 이를 이해하기 위해서는 일반규칙과 그것이 기초한 원리에 대한 깊은 논의가 필요하다. 일반규칙의 일반적 성격에 관해서 흄은 다음과 같이 말하였다.

"우리는 결국 몇 가지의 일반규칙들에 대해서 주목하게 될 것이다.

우리는 그것으로 원인과 결과에 대한 판단을 규제해야 한다. 이러한 규칙들은 우리 지성의 본성에 입각해서, 그리고 그것이 대상에 대한 우리의 판단에 작용하는 것에 대한 경험을 토대로 형성된다. 그것에 의해서 우리는 우연적인 상황과 유효한 상황 사이를 구분할 수 있게 된다."[474]

여기서 흄은 일반규칙에 관하여 두 가지를 말하고 있다. 첫째는 그 규칙들이 과거의 판단들에 대한 반성을 통해서 발견된 것임을 말하고, 둘째는 그것들이 "원인과 결과에 관한 우리의 판단을 규제할" 원리라는 것이다. 그러면 이제 이러한 일반규칙에 대한 흄의 설명을 구체적으로 분석하여 보기로 하자.

상상력의 규칙과 판단의 규칙

이제 흄은 조심스럽게 구분되어야 할 두 종류의 일반규칙을 도입한다. 그 첫 번째 유형의 규칙은 상상력의 성향을 기술한다. 그것은 곧 '상상력의 규칙'이다. 흄에 의하면 상상력은 "어떤 대상이 가장 중요하고도 유효한 상황에서 그것의 원인과는 다르다 할지라도, 상당한 정도로 그 원인과 유사하다면, 그 원인의 통상적인 결과에 대한 생생한 개념으로 자연스럽게 우리를 이끌어 간다."[475] 이러한 규칙은 우리가 특정한 경험을 일반화하여 그것을 새로운 상황에 적용하려는 방식이라고 할 수 있다. 이 규칙은 우리의 특정한 경험을 새롭고 더욱 복잡한 상황에 일반화하고 확장하게 하는 기능을 가진다. 흄은 이 규칙에 관해서 다음과 같이 설명한다.

> "우리가 한 대상이 다른 대상과 결합되는 것을 익히 보게 되면, 우리의 상상력은 반성에 선행하고 그것에 의해 방해받지 않는 자연적 이행(natural transition)에 의해서 첫 번째 대상으로부터 두 번째 대상을 생각해 낸다. 여기서 습관의 본성은 우리가 익히 본 것과 정확히 똑같은 대상이 주어졌을 때 강력한 힘으로 작용할 뿐만 아니라, 조금 그 정도가 떨어지지만 비슷한 대상이 발견될 경우에도 작용한다. 그러한 버릇은 상황들의 차이에 따라서 어느 정도 힘을 잃을 수도 있지만 웬만큼 상황이 같다면 완전히 파괴되지는 않는다. … 이 원리로부터 나는 유추에서 이끌어진 그러한 종류의 개연성을 설명하였는데, 여기에서 우리는 과거 사례들에서의 우리의 경험을 우리가 경험했던 것과 완전히 똑같지는 않지만 그것과 유사한 대상들로 전환시킨다. 그 유사성이 소멸하는 것에 비례해서 개연성은 줄어들지만 유사성의 흔적이 남아 있는 한 여전히 어느 정도의 힘을 갖는다."[476]

따라서 어떤 특정한 일련의 상황 C에 기초하여 하나의 판단이 주어졌을 때, 상상력은 상황 C<1> 혹은 C<2>에서도 같은 판단을 일반화하거나, 결정하는 성향을 갖는다. 몇몇 어리석은 아일랜드 사람을 관찰하고 나서 아일랜드 사람은 재치가 없다는 견해를 갖게 되면, 상상력은 이러한 판단을 분명히 재치가 있는 아일랜드 사람과 만나는 새로운 상황에까지도 확장하려는 성향을 가진다. 상상력의 이러한 성향이 바로 일반적 원리의 한 종류라고 생각된다. 다음과 같은 언명도 이러한 생각을 뒷받침할 수 있다.

> "습관은 그것이 유래한 사례들을 넘어서서 그것과 정확히 상응하는 다른 사례에 적용되고, 또한 그것과 정확히 같은 규칙 아래 있지 않고 단지 어떤 국면에서만 닮은 대상에 대해서도 영향을 미친다."[477]

앞서 살펴보았듯이 우리가 상상력과 판단 사이의 마찰과 그것에 대한 일반규칙의 영향을 이해할 수 있기 위해서는 먼저 또 다른 종류의 일반규칙에 주목해야 한다. 우리의 주된 논의 대상이 될 이 두 번째 유형의 일반규칙은 우리가 그것을 규제하지 않고 허용하게 되면 잘못된 신념이나 행동을 초래할 수 있는 자연적 성향을 바로잡는 기능을 한다. 또한 그것은 우리의 신념을 정당화하는 데 사용될 규범적 지침을 형성하도록 해 준다. 이것이 '판단의 규칙'이다. 흄은 이 일반규칙이 경험에 기초해서 일반화를 행하는 일에 대한 반성을 통해서 형성된다고 말한다. 이에 대해 흄은 이렇게 말한다.

> "우리는 다음으로 원인과 결과에 관한 우리의 판단을 규제하는 일반규칙에 대해서 주목해 보기로 하자. 이 규칙들은 우리의 지성의 본질에 따라서 또한 대상에 대한 우리의 판단에서 그 규칙의 작용에 대한 경험에 따라서 형성되었다."[478]

일반규칙에 대한 이러한 구분은 첫 번째 유형의 일반규칙의 불충분성에 대한 흄의 입장을 함축하고 있다. 그러한 일반규칙은 상상력이 갖는 일반화의 성향이라 할 수 있고, 일반규칙의 기원은 일반화하는 버릇 혹은 습관이 항구적으로 결합한 결과이다. 상상력은 어떤 일련의 상황으로부터 도출된 의견을 그와 유사한 다른 상황으로 확장하려는 성향을 갖는다. 이러한 종류의 일반규칙은 습관에 의한 상상력과 유사성이 결합한 결과로 도출된다. 반면에 두 번째 유형의 규칙은 우리의 신념체계에 대한 주의 깊은 반성에 의해서 얻어진다. 인과관계에 대한 반성으로부터 얻어지는 그러한 규칙은 인과적 판단의 규범적 지침으로서 사건들 사이에 효력 있는 결합과 효력 없는 결합을 구분할 수 있게 해 준다.

첫 번째 유형의 일반규칙이 보증되지 않는 신념으로 귀결되는 것이라면, 두 번째 유형의 일반규칙은 보증된 신념으로 귀결된다. 흄에 의하면 우리가 인과적 판단을 내리는 어떤 경우에도 이러한 두 가지 종류의 규칙이 개입되고 작용한다. 흄은 우리가 인과적 추론을 행할 때, 왜 그리고 어떻게 그 두 가지 종류의 일반규칙이 작용하는가를 다음과 같이 설명한다.

> "(우리가 인과적 추론을 행할 때,) 거기에는 두 가지 상황이 복합되는데, 그중 하나는 본질적인 것이고, 다른 하나는 지엽적인 것이다. 전자는 결과를 산출하는 데 필수적이고, 후자는 단지 우연적으로 수반된 것이다."[479]

이 경우에 먼저 상상력의 규칙이 작용한다. 왜냐하면 이 주변적인 요소들이 상상력에 영향을 미치기 때문이다. 우리는 이러한 성향을 그러한 상황의 본질에 관한 반성을 통해서 교정할 수 있다. 바로 이때 판단의 규칙이 작용한다. 흄은 이 규칙의 작용을 다음과 같이 설명한다.

"그것들[판단의 규칙들]에 의해서 우리는 우연적인 상황들을 효력 있는(effacious) 원인으로부터 구분하는 것을 배운다. 어떤 결과가 어떤 특정한 상황과의 결합 없이도 산출될 수 있다는 것을 발견할 때, 아무리 그 결과가 그 상황과 빈번하게 함께 온다고 해도 우리는 그 상황이 효력 있는 원인이 아니라고 결론짓는다. 그러나 이러한 빈번한 연접은, 일반규칙이 그것과는 상반된 결론을 내리게 함에도 불구하고, 필연적으로 상상력에 어떤 영향을 미친다. 이때 이 두 원리들 사이의 대립이 우리의 사고 가운데의 어떤 상충됨을 산출하고, 우리는 어떤 추론은 우리의 판단에서 온 것으로, 또 어떤 추론은 상상력에서 온 것으로 보게 한다."[480]

흄은 이러한 두 종류의 규칙을 일반규칙의 두 가지 성향이라고도 말한다. 흄은 상상력의 규칙을 '일반규칙의 제1성향'이라고 부르고, 판단의 규칙을 '일반규칙의 제2성향'이라고 부른다. 이 일반규칙의 두 가지 성향에 관한 흄의 설명에 의해서 일반규칙의 본성을 보다 잘 이해할 수 있다. 먼저 흄은 일반규칙의 첫 번째 영향에 대해서 다음과 같이 설명한다.

"어떤 대상이 상당한 정도의 상황에서 어떤 원인과 유사할 때면, 그 대상이 가장 중요하고 가장 효력 있는 상황들에서 그 원인과 다를지라도, 상상력은 그것의 통상적인 결과에 관한 생생한 개념으로 우리를 이끌어 간다. 여기에 일반규칙의 첫 번째 영향이 있다."[481]

우리가 이미 살핀 대로 상상력의 규칙을 따라서 얻어진 것은 "매우 비철학적인 종류의 개연성일 것이다. 그리고 이러한 개연성과 그 밖의 비철학적 개연성[482]을 교정하는 것은 오로지 판단의 규칙을 따름으로써만 가능하다."[483] 이렇게 개연성을 교정하는 과정에서 판단의 규칙이 작용한다. 흄은 이에 대해 이렇게 말한다.

> "그러나 우리가 정신의 이러한 작용을 재고해 보고 그것을 더욱 일반적이고 믿을 만한 지성의 작용과 비교해 보면, 우리는 그것이 불규칙한 본성을 가진 것이고, 확립되어 있는 추리의 원리 대부분에 대해서 파괴적이라는 사실을 발견하게 된다. 이것이 일반규칙의 두 번째 영향이고, 그것은 첫 번째 영향의 폐기를 함의한다."[484]

따라서 사실의 문제와 대상들 사이의 인과관계를 올바로 이해하기 위해서는 위의 두 종류의 일반규칙을 이해하는 일이 필요한데, 이 두 규칙들의 성격과 그것들 사이의 관계에 대해서는 상이한 해석들이 제시되고 있다.[485]

헤른은 이 두 가지 수준의 일반규칙이 엄밀하게 구분되어야 한다고 논증한다.[486] 헤른에 의하면 상상력의 규칙은 판단력의 규칙에 의해서 교정되어야 할 것으로서, 본질적으로 자연적 성향을 말한다. 판단력의 수준에서 일반규칙을 사용하는 것은 규범적이고, 그것은 상상력의 즉각적인 성향을 교정하는 것이다.[487] 헤른은 이러한 수준의 규칙의 정당화는 일차적으로 규칙의 실용성, 즉 규칙이 신뢰할 만한 경험을 예측하는 일을 가능하게 한다는 것에서 찾아져야 한다고 주장한다. 이러한 설명에서, 규칙은 완전한 확실성을 가진 효력 있는 원인을 말하는 것이 아니라 수락 가능한 신뢰성의 정도를 가진 원인을 말한다. 흄이 이러한 것을 암시하는 것은 사실이지만, 일반규칙들 사이의 엄격한 구분이 일반규칙이 상상력의 자연적 성향인가 혹은 인위적이고 반성적인 지성의 판단인가의 여부에 따른 구분이라고 생각하지 않을 수도 있다.

일반규칙의 본성에 관한 헤른의 설명과 마틴(M. A. Martin)의 설명[488]은 다음과 같은 점에서 일치한다.

① 일반규칙은 정당하지 않은 결론의 원천이다.

② 일반규칙은 교정의 능력을 갖는다는 점에서 규범적이다.

③ 규범적인 일반규칙은 우리의 '심적 활동과 작용'에 관한 반성으로부터 온다.

그러나 그들은 다음과 같은 점에서 의견을 달리한다. 그들의 차이점은 하나의 근본적인 불일치에서 비롯된다. 앞서 언급했듯이 헤른이 두 가지 서로 다른 종류의 일반규칙이 있다고 생각하는 데 비해서, 마틴은 오직 한 가지의 일반규칙이 있을 뿐이라고 주장한다. 헤른이 두 가지 종류의 규칙이 있다고 생각하는 것은 어떤 경우에는 규칙들이 단순한 상상력의 결과로서 정당하지 못한 판단을 초래하는 데 비해, 다른 경우에는 그 규칙들이 지성의 산물로서 정당한 판단을 가져오기 때문이다.

그러나 마틴은 이러한 헤른의 주장이 잘못된 것이라고 비판한다. 그에 의하면 헤른이 "상상력의 일반화하는 성향"이라고 하는 것은 단순히 유사성과 습관에 의해서 관념들을 결합시키는 상상력의 성향을 말할 뿐이다. 그런데 흄에 의하면 이것들은 인간 사고의 가장 기본적인 자연적 원리이다. 흄은 모든 판단을 하나의 같은 기본적인 원리로 설명하려고 시도한다. 동시에 그는 정당한 판단과 부당한 판단 사이의 구분을 유지하려 한다. 정당한 판단과 부당한 판단 사이의 구분은 그것들이 상상력의 성향으로부터 온 것인가의 여부에 의존할 수 없다는 것이 명백하다. 따라서 마틴에 의하면, 흄이 기술하고 있는 일반규칙의 두 가지 '작용'은 그 형식에서 동일하다.[489] 그는 다음과 설명한다.

일반규칙의 첫째 작용은 다음과 같다. 어떤 사람이 A유형의 대상이 B유형의 대상과 항구적으로 결합한다는 것을 경험하였다. 그리고 그에게는 a라는 대상이 주어져 있고 그것은 A유형의 대상과 유사하다. 이때 습관적인 이행에 의해서 그는 B유형의 대상에 관한 관념을 형성하게 되는데, 그 관념은 a의 인상에 의해 생동감을 갖게 된 것이다. 따라서 그는 B라고 판단하거나 믿는다.

일반규칙의 두 번째 작용에서도 그러한 작용의 형식은 동일하다. 어떤 사람이 A유형의 판단이 B유형의 판단과 항구적으로 연접하는 것을 경험하였다. 그런데 그에게 A유형의 판단을 닮은 판단 a가 주어져 있다. 그러면 습관에 의한 이행으로 그는 B유형의 판단에 관한 관념을 형성하는데, 이때 이것은 a에 의해 생동감을 갖게 된다.[490]

이러한 논의를 토대로 마틴은, 이 두 가지 경우를 규칙들의 각기 다른 유형이라고 부르고 그중 하나는 상상력의 성향에 기초한 것으로 보고 다른 것은 지성에 기초한 것으로 보는 헤른의 견해를 잘못된 것이라고 논박한다.

필자의 생각으로는 헤른에 대한 마틴의 비판은 지나친 감이 없지 않다. 헤른 자신도 "이러한 반성적 규칙들은 경험적인 것이 될 수밖에 없으며, 따라서 개연적 추리 혹은 습관의 산물"[491]이라는 것을 인정하기 때문이다. 나아가 일반규칙의 두 작용의 형식이 같다는 마틴의 견해는 근본적인 문제점을 가지고 있다. 그것은 그가 일반규칙으로서의 '원인과 결과를 판단하는 규칙'에 주목하지 않은 데서 기인하는 문제점이라고 생각된다.

우리가 다음 절에서 검토하겠지만 흄은 인과적 추론을 규제하는 판단의 규칙을 8가지로 집약하였다. 그것은 흄의 일반규칙의 두 번째 성향을 기술하는 것이기도 하다. 그러나 그 규칙들 중에는 상상력의 규칙이라고 할 수 있는 것들이 포함되어 있다. 그것들(규칙 1, 2, 3)은 상상력의 규칙인 동시에 판단의 규칙이기도 하다. 그러나 그 나머지 것들은 그 형식과 작용방식에서 상상력의 규칙과는 구분될 수 있다고 생각된다. 따라서 두 가지 종류의 일반규칙들이 근본적으로 습관의 산물이라는 흄의 견해를 그 작용의 형식에서도 동일하다고 해석해서는 안 된다고 생각한다. 하지만 흄이 하고자 한 것은 자연적 판단의 이론을 발전시키는 것이었고, 그것은 우리의 모든 판단에서 작용하는 일반적 원리를 밝히는 일이었음을 기억할 때, 비철학적 개연성들이 사실상 다른 모든 개연성들과 같은 원리로부터 도출된 것임을 인정할 수 있다.

일반규칙의 형성

그러면 그 규칙들은 어디서부터 유래하는가? 이에 대해 흄은, "이 규칙들은 우리 지성의 본성에서 형성되었고, 대상에 관하여 형성하는 우리의 판단에서의 그것들의 작용에 대한 경험에서 형성된다. 또한 이러한 규칙은 우리 지성의 자연적 원리에 의해서 제공될 수도 있다"[492]라고 말한다. "의식적으로 광범위하고 항구적인 일반규칙을 따르는 현명한 사람과 그 심리적인 버릇이 불규칙한 성질을 가지고, 대부분의 기존에 확립된 추리의 원리에 대해 파괴적인 일반 사람을 구분"함으로써, 흄은 우리가 현명한 사람의 인간적 본성에서 그 추리규칙을 발견할 수 있다고 생각한다. 따라서 우리는 "가장 일반적이고 진실한 지성의 작용으로부터 판단을 끌어내는"[493] 현명한 사람의 관찰 가능한 실천에서 흄의 규칙이 도출되었다고 생각할 수 있다.

그러나 다음과 같은 흄의 언명들은 주석가들이 흄의 주장을 오해하도록 만든다. 흄은 "사람의 성향과 성격에 따라서 어떤 때는 이러한 규칙이 또 어떤 때는 저러한 규칙이 우세하게 작용한다. 일반 사람(the vulgar)은 첫 번째 규칙에 의해 인도되고 현명한 사람(the wise)은 두 번째 규칙에 의해 인도된다"[494]라고 말하였다. 예를 들어 패스모어는 오늘날 흄의 주석가들 가운데서 이 일반규칙에 대해 가장 많은 주의를 기울인 사람임에도 불구하고, 이 언명들에 근거하여 흄의 두 가지 일반규칙 중 하나는 좋은 것이고 다른 하나는 나쁜 것이라고 주장한다. 그는 위의 흄의 언명을 "좋은 규칙[판단의 규칙]은 우리의 사고를 조정하여(coordinate) 판단의 체계를 구성하게 하는 데 반해, 나쁜 규칙[상상력의 규칙]은 그렇게 하지 못한다"[495]라고 해석한다. 그는 모든 일반규칙을 성향으로 간주하기 때문에, 흄이 이 규칙에 부여한 교정적 기능을 설명할 수 없다. 그러나 필자는 이러한 패스모어의 해석은 옳지 못하다고 생각한다. 흄은 규칙들을 좋은 것과 나쁜 것으로 구분하지 않았다. 오히려 그는 두 가지 규칙 모두가 인과적 추론에 필수적이라고 생각하였다. 위의 구절에서 흄이 가졌던 생각은 일반 사람이 상상력에 의해 작동되는 첫 번째 과정에서 그들의 추리를 멈추는 데 반해서 현명한 사람은 거기서 한 단계 더 나아가 판단의 규칙에 의해서 상상력에 의한 가설을 반성하고 그것을 증거에 의해서 확증하려 한다는 것이다.

그러나 여전히 의문이 남는다. 왜냐하면 패스모어가 주장하는 바와 같이 흄의 주장은 "우리는 이미 누가 '현명한 사람'인가를 알고 있다고 가정한다."[496] 또한 우리가 현명한 사람을 일반 사람으로부터 구분할 수 있다고 하더라도, 우리는 인간 본성에 관한 심리학으로부터 규범적인 방법론적 규칙들을 이끌어 내는 일이 정당하다는 것을 밝혀야 한다. 따라서 우리는 흄의 입장이 갖는 약점이 여기에 있음을 알 수 있다. 그러나 흄의 자연주의적 관점에서 보면 과학적 방법은 우리의 일상생활에서 지적 능력이 작용하는 원리를 정교화한 것에 불과하다. 즉, 그가 첫 번째 『탐구』에서 말하듯이, "철학적 결정은 순서를 세우고 교정한 일상생활의 반성일 뿐이다."[497]

흄은 그의 체계 내에서 드러나는 명백한 모순을 조심스럽게 해소하려 하였다. 그는 습관이 우리가 하는 모든 판단의 기초이며 동시에 상상력의 성향이라고 주장한다. 그러나 그는 비철학적인 개연성이 판단을 형성하기에는 부적합한 방법이라는 점을 인정한다. 이것은 단순한 상상력의 성향과는 다르고 그것과는 반대되는 판단의 능력을 가졌다는 것을 전제하는 것이 아닌가? 이에 대해 흄은 어떤 별개의 능력을 상정할 필요가 없다고 답한다. 판단의 정당성을 판정하는 기준은 그 판단의 유형이 참인지 여부에 달려 있다. 우리는 어떤 것이 과거 경험에서 성공적으로 판단하였던 유형과 유사한 것이라면 정당한 것으로 받아들인다. 반면에 그것이 '불규칙한' 것이라면 부당한 것으로 거부한다. 상상력의 성향에 기초한 판단을 교정하기 위해서 우리는 같은 성향에 기초한 판단을 사용한다. 따라서 흄은 자연적 판단에 관한 통일된 이론을 제시하였다고 할 수 있다. 그것은 "그것에 관해 영혼의 탁월한 능력만이 가질 수 있는 어떤 순수하고 지적인 견해"[498]에 호소할 필요 없이 판단을 교정하도록 하는 것이다.

일반규칙의 규범적 역할

지금까지 우리는 일반규칙의 구조와 형성에 대해서 검토하였다. 우리는 일반규칙이 어떻게 판단을 규제하고 교정하는 순수히 자연주의적인 방법을 제공하는가를 보았다. 흄에게 일반규칙은 우리가 특정한 경험을 일반화하여 그것을 새로운 상황에 적용하려 하는 방식이라고 말할 수 있다. 다른 한편 일반규칙은 경험에 기초해서 일반화를 행하는 반성적 행위의 결과이다. 그러나 흄은 여기서 한걸음 더 나아가고 있다. 즉 이는 일반규칙이 그의 철학에서 의미 있는 규범적 규칙으로서 역할을 한다는 것이다.

흄에 의하면, "우리의 지성의 작용과 … 대상에 관해서 우리가 형성하는 판단에서 그것의 작용에 대한 우리의 경험"을 조사함으로써 우리는 "보다 광범위하고 일정한" 작용과 "보다 변덕스럽고 불확실한" 작용[499]을 분리하는 것을 배우게 된다. 일반규칙은 광범위하고 일정한 작용에 따라서 형성된 것으로서 변덕스럽고 불확실한 작용에 따른 판단을 교정하는 데 기여한다. 따라서 일반규칙을 착실히 적용하는 것은 우리의 모든 판단이 광범위하고 일정한 원리와 일치하는 것을 보증한다. 흄은 우리의 판단을 보다 광범위하고 일정한 지성의 작용과 일치시키는 것이 바람직스럽고 합리적인 것이라고 분명히 믿었다. 우리는 이러한 작용을 판단에 부여하고, 반면에 변덕스런 작용을 상상력에 부여한다. 여기서 명백하지 않은 것은 왜 우리가 그러한 것을 인정하는가 하는 것이다. 우리의 판단을 지성의 보다 광범위한 작용에 일치시키는 것이 보다 합리적이라고 주장할 수 있는 근거는 무엇인가? 우리는 어떤 유형의 판단이 옳고, 어떤 유형의 판단이 그른가를 관찰함으로써 이러한 두 가지 작용을 구분할 수 있다. 그러나 인과적 추론에 관한 흄의 논의는 과거의 규칙성으로부터 미래의 규칙성으로의 추론에는 아무런 정당화가 있을 수 없다는 것을 보여 주는 것이었다. 따라서 과거에 광범위하고 일정한 원리에 따른 판단이 참인 경우가 많았다는 사실이 미래에도 그런 판단이 계속적으로 참일 것이라는 추론에 대한 근거가 될 수는 없다.

만일 우리가 광범위하고 일정한 상상력의 원리에 기초한 판단이 참일 수 있는 가망성이 더 많다는 것을 보일 수 없다면, 그러한 판단이 변덕스럽고 불확실한 원리에 기초한 것보다 더 합리적이라고 생각할 근거는 무엇인가? 이 문제는 나중에 재론될 것이다.

나는 흄이 오늘날 우리가 '과학적 방법'이라고 부르는 방식을 적용하는 것을 끊임없이 옹호하고 모든 '미신적인' 추리의 방식을 비판하였다는 것을 지적하려 한다. 이제 위의 물음에 답하고, 흄의 일반규칙을 과학적 방법의 문제와 연관 짓기 위해서 그의 '원인과 결과를 판단하는 규칙'을 살펴보기로 하자.

원인과 결과를 판단하는 규칙

『인성론』 제1권 제3부 제15절의 8가지 규칙들은 인과적 판단의 실천적 규칙으로서 흄이 제시한 것이다. 이 규칙에 대해서 흄은 다음과 같이 언급한다.

> "이것이 내가 나의 추리에서 채용하기에 적절하다고 생각하는 논리(論理,Logic)의 전부이다. 아마도 이것은 극히 필연적인 것은 아닐지라도 우리 지성의 자연적인 원리에 의해서 제공된 것이다. 우리의 스콜라주의적 두뇌들과 논리학자들은 그들의 이성과 능력에서는 일반 사람들보다 우월성을 보여 주지 않는다. 그것은 그들이 철학에서 우리의 판단을 인도할 장황한 규칙과 법칙의 체계를 만들어 내서 우리가 그들을 모방하는 경향을 갖도록 만드는 것과는 다르다. 이러한 성격의 규칙들은 만들어 내기는 쉬우나, 그것을 적용하기는 극히 어렵다. 그리고 가장 자연적이고 단순한 실험철학조차 인간 판단의 최대한의 영역을 요구한다. …"[500]

이 규칙들은 원인과 결과가 근접하고, 변함없이 결합하고, 유사한 원인은 유사한 결과를 산출할 것 등을 요구한다. 이 규칙들은 흄 당시의 실험철학자들이 인정할 수 있는 일련의 지침을 제시한 것이라고 볼 수 있다. 왜냐하면 흄의 규칙 목록은 뉴턴의 『프린키피아』에서 제안된 것과 흡사하기 때문이다. 흄은 추리의 기초가 적절히 이해되고 나면 이러한 규칙들이 매우 간단하고 쉽게 정식화될 수 있을 것이라고 믿었음이 분명하다.

오늘날에는 세계에서 일어나는 사건들 사이의 연관을 추리하는 방식으로 실험과학이 보편적으로 인정받기 때문에, 흄의 작업이 가진 중요성이 쉽게 간과되는 듯하다. 그러나 흄의 시대에는 사정이 다르다. 데카르트는 연역적이고 선험적인 모델을 주장하고 있었다. 그 모델에 의하면 과학은 물질의 본질적 속성에 대한 성찰을 통해서 발전하며, 일단 이러한 본질적 속성들이 발견되면, 모든 현상은 그러한 속성들로부터 연역적으로 도출될 수 있다는 것이다. 여기에는 실험이 개입할 여지가 없었다.[501] 우리가 앞서 검토한 바와 같이 뉴턴 과학의 인식론적, 방법론적 함의를 올바로 이해하고 적용하는 것은 당시로서는 쉬운 작업이 아니었다. 특히 인과적 추론 혹은 실험적 추리의 방법을 적용하기 위한 규칙을 정식화하는 일은 완전히 새로운 시도였다고 할 수 있다.

우리가 이미 살펴본 대로 일반규칙 중 두 번째 것은 교정적이고, 반성적이며, 규정적이다. 흄은 원인과 결과에 관한 판단을 규제하는 데 사용하는 이러한 규칙들 중의 몇 가지를 "고정시켰다."

이 여덟 가지의 규칙들 중 앞의 세 규칙은 우리가 인과관계에서 찾아야 할 것, 즉 공간적 및 시간적 근접(규칙 1), 원인의 선행성(규칙 2), 항구적 연접(규칙 3)을 규정하고 있다. 규칙 4는 동일 원인-동일 결과의 원리 및 그 역을 말한다. 규칙 5는 일치법이고, 규칙 6은 차이법이다. 규칙 7은 공변법이며, 규칙 8은 규칙 4의 변형이다. 이것들은 허셜(J. Herschel)의 『예비적 고찰』[502]보다도 앞서는 것으로서, 밀(J. Mill)의 「귀납의 규준(Canons of Induction)」이라고 알려진 것에 대한 명료한 정식화이다.

이 규칙들 중 앞의 세 개는 흄의 분석을 통해 명료화된 인과적 결합의 본성을 규정하는 것이다.

「규칙 1」 "원인과 결과는 공간과 시간에서 근접해야 한다."

이 규칙은 시간적 및 공간적인 근접성에 관한 것이다.

「규칙 2」 "원인은 결과에 선행해야 한다."

이 규칙은 원인의 선행성을 규정한다.

「규칙 3」 "원인과 결과 사이에는 항구적 연접이 있어야 한다. 이 관계를 구성하는 것은 주로 이 성질이다."[503]

이 규칙은 항구적 연접에 관한 언급이다.

흄은 다음과 같은 이유에서 이 규칙이 인과적 결합을 정의하는 특징에 포함되어야 한다고 생각하였다. 즉 "하나의 대상은 그것이 원인이라고 간주되지 않으면서도 다른 대상에 근접하거나 선행할 수 있다. 우리는 필연적 연관을 생각해야 한다. 그리고 그 연관이 앞서 언급한 두 가지보다도 훨씬 중요하다."[504]

「규칙 4」 "동일한 원인이 언제나 동일한 결과를 산출한다. 동일한 원인이 아니고서는 동일한 결과가 산출될 수 없다."[505]

이 규칙은 자연과학의 전제라 할 수 있는 '자연의 제일성'을 가리키는 것으로서, 뉴턴의 '추리규칙' 중의 「규칙 3」과 일치한다고 볼 수 있다. 다음과 같은 흄의 언명은 이러한 주장을 뒷받침해 준다.

"이러한 원리들은 우리가 경험으로부터 이끌어 낸 것인데, 우리가 철학적 추리를 하는 데 대부분 그 원천이 된다. 왜냐하면 어떤 명료한 실험을 통해서 우리가 어떤 현상의 원인과 결과를 발견하게 되면, 이 관계의 첫 번째 관념에서 도출되는 항구적 반복을 기다림이 없이 즉각적으로 우리가 관찰한 것과 같은 종류의 모든 현상에 확장한다."[506]

「규칙 3」은 뉴턴의 실험철학의 방법에서 핵심적인 규칙이다. 흄은 자신의 네 번째 규칙을 '뉴턴의 가장 중요한 철학하는 일의 규칙'이라고 규정한다.[507]

또한 흄의 「규칙 4」는 밀이 후에 자연의 제일성이라고 명명한 원리이기도 하다. 밀은 다음과 같이 말한다.

"우리는 먼저 귀납이 무엇인가에 관한 바로 그 언명 가운데 하나의 원리가 포함되어 있다는 것을 발견한다. 그것은 자연의 경로에 관한 가정인데 말하자면 자연 가운데는 병렬적 케이스가 있다는 것이다. 즉, 한 번 일어난 일은 그 일과 유사성을 가진 상황이 주어지면 또 다시 일어나게 되고, 같은 상황이 반복되는 만큼 자주 일어난다는 가정이다."[508]

그러므로 우리는 「규칙 4」가 뉴턴의 「규칙 3」으로부터 발전된 것이며, 밀의 '자연의 제일성'을 예비한 것이라고 말할 수 있다. 위의 인용구에서 볼 수 있듯이 그것은 규칙 5, 6, 7이 의존하는 방법론적 전제이다. 다음의 규칙 5, 6, 7은 흄이 구체적인 귀납적 방법을 염두에 두고 있었음을 보여 준다고 생각된다.

「규칙 5」 "여러 가지 다른 대상들이 동일한 결과를 산출한다면, 우리가 대상들에서 공통적이라고 발견하는 어떤 성질로 인해서 그럴 것이다. 동일한 결과가 동일한 원인을 함축하기 때문에 우리는 유사성을 발견하는 그 상황에 인과관계를 부여해야 한다."[509]

간단히 말해서 이 다섯 번째 규칙은 만일 다른 대상들이 같은 결과를 산출한다면 대상들의 공통적 성질을 결과에 대한 원인이라고 간주해야 한다는 것이다. 이 규칙은 뉴턴의 「규칙 2」와 일치한다.[510] 또한 이 규칙은 밀의 규준(Mill's Canon) 중의 일치법과 비교될 수 있다.[511]

「규칙 6」 "두 가지 닮은 대상들의 결과에서 나타난 차이는 이 대상들을 차이 나게 하는 그 개체로부터 유래한다. 동일한 원인은 동일한 결과를 산출하기 때문에 어떤 하나의 상황에서 우리의 기대가 만족되지 않는다면 우리는 이러한 불규칙성이 원인에서의 어떤 차이로부터 유래하는 것이라고 결론지어야 한다."[512]

이 규칙은 만일 두 가지 대상들이 산출하는 결과에 차이를 보인다면 그 대상들 사이의 차이점이 발생한 결과에서도 차이가 있다는 차이법에 관한 것이다. 이 규칙은 다음과 같은 밀의 제2규준을 예비한 것이라고 생각된다.

"만일 탐구 중에 있는 현상이 발생한 한 사례와 그것이 발생하지 않은 다른 한 사례가 한 가지만을 제외하고 다른 모든 상황을 공통적으로 갖는다면, 전자에서만 일어나고 바로 두 사례가 차이나는 그 한 상황이 그 현상의 결과이거나 원인 혹은 원인의 불가결한 부분이다."[513]

「규칙 7」 "어떤 대상이 어떤 원인이 증가하거나 감소함에 따라서 증가하거나 감소할 때, 그것은 그 원인의 여러 가지 다른 부분들로부터 발생하는 여러 다른 결과들의 결합으로부터 유래한 복합된 결과라고 간주되어야 한다. 원인 중의 한 부분의 부재나 존재는 여기서 그것에 상응하는 정도의 결과의 부분들의 부재나 존재를 수반하리라고 가정된다. 이러한 항구적 연접은 그 하나가 다른 하나의 원인이라는 것을 증명하기에 충분하다."[514]

이 규칙은 원인에서의 변화를 일정하게 따라가는 결과의 강도의 변화로부터, 그 합성된 결과는 작용하는 원인적 요소들의 수에 비례한다는 것이 추론될 수 있다는 것을 말한다. 이 규칙은 밀이 '공변법'이라고 명명하였던 다음과 같은 그의 다섯 번째 규준과 동일한 것이라고 해석될 수 있다.

"다른 현상이 어떤 특정한 방식으로 변할 때마다 어떤 방식으로 변하는 현상은 무엇이든지 그 현상의 원인이거나 결과이고, 그렇지 않으면 어떤 인과적 사실에 의해 그것과 연관되어 있다."[515]

「규칙 8」에 대해 언급하기 전에, 필자는 뉴턴과 흄이 과학의 목적과 방법을 귀납적 방법에 의한 원인의 발견이라고 보는 데 일치한다는 사실을 보이기 위해서 뉴턴의 「규칙 4」를 다시 상기시키고자 한다.[516] 뉴턴의 「규칙 4」는 귀납적으로 추론된 결과들이 관찰이나 실험에 기초하지 않은 가설에 의해서 논박되어서는 안 된다는 것을 말하고 있다.

> 「규칙 8」 "아무런 결과도 가져옴이 없이 완전한 형태로 존재하는 경우가 있는 대상은 그 결과의 유일한 원인이 아니다. 대상은 영향과 작용을 낳는 어떤 다른 원리의 도움을 필요로 한다. 동일한 원인으로부터는 동일한 결과가 시간적으로나 공간적으로 인접하여 따라오기 때문에 한순간에 그것들 사이의 분리는 이러한 원인이 완전한 것이 아님을 보여 준다."[517]

이 규칙은 만일 어떤 대상이 아무런 결과를 산출함이 없이 존재한다면 그것은 그 결과의 유일한 원인이 될 수 없다는 것을 진술한다. 흄은 뉴턴 정신에 입각해서 관련 없는 요소들을 배제하는 실험을 고안하는 일의 중요성에 대해 언급한다.

이러한 여덟 가지 규칙들은 흄이 "그의 추리에서 채용하기에 적절하다고 생각하는 논리를 망라한 것이다."[518] 또한 이 규칙들은 흄이 『인성론』 제2권 제2부 제2절에서 보게 되는 "이러한 체계를 확증하기 위한 실험"에서 사용하는 추리규칙이다. 패스모어는 제2권의 이 부분을 "『인성론』 가운데서 가장 뉴턴적인 부분"[519]이라고 부른다.

또한 흄이 실제로 이 규칙을 사용할 때, 규칙들이 밀의 규준과 유사하다는 점이 보다 잘 드러난다.[520] 따라서 흄이 자만심과 수치심에 대해서 논의할 때, 흄은 "이것이 명백하게 어리석은 것으로 보이기 때문에, 우리는 자만심과 수치심이 분명한 원초적 성질에 의해서 정념에 적응하는 것이 아니며, 그것의 효력이 의존하는 그것들에 공통된 하나 혹은 그 이상의 상황이 있다고 결론지어야 한다"[521]라고 말한다.

이것은 내용적으로 「규칙 5」에 의해 제시된 것으로서 밀의 '일치법'에 상응한다. 「규칙 6」을 사용한 예로는 사랑과 미움에 관한 흄의 논의를 들 수 있다. 흄은 "어떤 대상 혹은 성질이 결여됨으로써 통상적이거나 자연적인 결과가 산출되지 않을 때, 우리는 그것의 존재가 그 결과의 산출에 기여한다고 확실히 결론내릴 수 있을 것이다"[522]라고 말한다. 그것은 밀의 '차이법'과 같다.

일반규칙의 정당성

일반규칙에 관한 흄의 설명이 해결해야 할 물음 중의 하나는 "왜 인간은 일반규칙을 형성하고 현재의 관찰 및 경험 상반되는 방식으로까지 판단에 영향을 주도록 허용하는가"[523]에 대한 것이다. 흄의 대답은 "그것은 원인과 결과에 관한 우리의 모든 판단이 의존하는 원리와 똑같은 원리에 따라 진행한다. 원인과 결과에 관한 우리의 판단은 습관과 경험으로부터 온다"[524]라는 것이다. 여기서 명백한 의문이 제기된다. 만일 일반법칙이 궁극적으로 습관에 기초해 있고, 비철학적 개연성과 철학적 개연성이 같은 원리에 입각한 것이라면 일반규칙을 따르는 판단이 정당하다는 것은 어떻게 정당화될 수 있는가의 문제이다.

일반규칙의 정당성에 관한 흄의 옹호는 다음과 같이 집약될 수 있겠다. 흄에 의하면 적절히 형성된 일반규칙에 따르는 것은 우리의 추리에 내재한 기본적인 원리들을 일관성 있게 적용하는 것을 보증한다. 이러한 원리들은 우리의 사고나 행동의 기초이며, 우리가 질서 있고, 정합적이고, 안정된 판단의 일관성 있는 체계를 얻을 수 있는 유일한 길은 이러한 원리를 준수하는 것뿐이다. 그 원리들은 전통적인 방식-그것들을 따를 때 참된 판단에 도달한다는 것을 보이는 것-으로는 정당화될 수 없지만, 불규칙적인 원리보다는 합리적으로 선호될 수 있다는 것을 보여줄 수 있다는 것이다.

이러한 점에서 흄과 그에 앞서는 합리론자들은 비교될 수 있을 것이다. 데카르트와 말브랑쉐는 자연적 판단이 실수와 착각의 원천이라고 생각하였다. 그들에 의하면, 과학적 사고의 원리는 오직 지성의 작용에서 발견 가능한 추상적인 사고의 수준에서만 발견 가능하다. 그러한 수준은 일반 사람들이 도달할 수 없는 것이다. 이와 반대로 흄은 과학적 사고의 원리가 우리의 가장 기본적인 자연적 판단에 내재해 있다고 주장한다. 그에 의하면, 우리가 음식을 장만하고, 산보하고, 노크 소리에 문을 열고 할 때, 대부분의 보통 농부들은 가장 세련된 철학자와 정확히 같은 추리의 원리를 사용한다.

비록 흄은 좋은 추리의 원리가 가장 어리석은 추리자의 기본적인 신념에도 내재되어 있다고 주장하지만, 그는 보통 사람의 소위 '상식적' 견해들이 단번에 그 타당성이 인정될 수 있는 것이라고 결론짓지는 않았다. 그는 그러한 신념 중의 많은 것이 거짓이라고 주장한다. 그러나 이것은 과학적 사고의 원리가 보통 사람의 기본적인 신념에 내재해 있다는 견해와 모순되는 것은 아니다. 보통 사람의 추리와 진정한 철학자의 추리의 차이는 방법론(methodology)에 있다. 과학적 방법은 일상적인 삶의 판단에 내재한 '영속적이고, 저항할 수 없고, 보편적인' 원리들을 일관성 있게 적용할 것을 요구한다.

제15장

뉴턴 과학의 인식론적 정당화

이 마지막 장에서 우리는 지금까지의 논의를 종합하고 평가해 보려 한다. 이 저작의 목표는 흄의 철학적 작업이 뉴턴의 과학에 대한 인식론적 정당화를 위한 노력이었음을 밝히려는 것이었다. 이를 위해서 필자는 흄이 뉴턴이 제기한 새로운 인과 개념의 필요성을 해결하기 위해서 새로운 인과 개념을 제시하였음을 밝혔다. 흄은 인과관계를 파악하기 위해서는 우리가 귀납적으로 추론할 수밖에 없으며, 우리의 귀납적 추론은 인간이 가진 심리적 메커니즘에 토대를 두고 있음을 밝혔다. 여기서 제기되는 귀납적 추론의 문제는 귀납을 정당화하는 문제가 아니라, 오히려 귀납적 추론의 본성을 밝히고, 좋은 귀납적 추론을 수행하기 위한 일반규칙을 제시하는 일이었다. 이제 이러한 작업을 통해서 등장하는 흄의 지식 개념을 살펴보려고 한다. 흄이 그러한 개념의 지식을 실험적 추리의 방법을 통해서 획득될 수 있다는 것을 보이는 데 성공하였다면, 뉴턴 과학을 정당화하려는 그의 목표는 어느 정도 달성된 것이라고 볼 수 있을 것이다. 따라서 이 장에서는 흄의 지식 개념을 집약하고, 실험적 추리의 방법이 실제로 적용되는 사례를 검토할 것이다. 다음으로 뉴턴의 실험철학의 목표와 방법을 흄의 그것과 비교하여 보고 양자의 추리규칙을 비교해 보려 한다. 그럼으로써 실험철학의 방법을 통해서 성립하는 뉴턴의 과학이 흄의 인식론적, 방법론적 논의를 통해서 정당화되는 최종적인 국면을 살펴보려고 한다.

신념의 강도

우리가 13장에서 논의한 흄의 신념이론 가운데 특히 주목해야 할 것은 신념에는 어떤 강도가 있다는 사실이다. 신념의 강도에 대한 흄의 견해는 개연성에 관한 흄의 견해의 기초가 되기 때문에, 조금 중복되는 감이 없지 않지만 이 문제를 논의하고 지나가려 한다. 흄은 그의 철학 전반에 걸쳐서 그가 '힘', '생동감', '생생함', '강력함', '확고함' 등으로 지칭하는 지각의 성질에 대해서 자주 언급하고 있으며, 이것들을 그의 논증에 많이 이용하고 있다. 이러한 여러 가지 용어들이 말해 주는 바와 같이 흄은 이러한 용어들 중 어느 것도 만족스럽게 생각하지 않았다. 그는 "모든 사람들이 그의 가슴 속에서 틀림없이 의식하는 이러한 느낌을 낱말로 기술하기는 불가능하다"[525]라고 말한다. 그러나 신념에 관한 흄의 견해를 검토하기 위해서는 흄이 이러한 느낌을 표현하기 위해 사용하는 낱말들을 열거하기보다, 어떤 한 낱말을 사용하는 것이 필요할 것이다. 이에 우리는 '생동감'이라는 낱말을 사용하기로 하자.

생동감이라는 것은 흄이 인상과 관념을 구별하기 위해서 도입한 것이다. 직관적으로 인상이 감각, 정념, 혹은 정감인데 비해서, 관념은 사고와 추리에 포함된 지각이다. 흄은 우리가 이 두 종류의 지각을 생동감의 정도에 따라 구별할 수 있다고 주장한다. 모든 인상은 어떤 관념들보다도 생동감이 강하다. 흄은 약간의 예외가 있다는 것을 인정하지만 일반적인 경우에 인상과 관념 사이에 생동감의 차이는 분명하다고 생각하였다.

다음으로 생동감은 신념과 인지(conception)를 구분하는 데 사용된다. 신에 대한 관념을 가지는 것과 신에 대한 신념을 가지는 것은 같지 않다. 흄은 후자의 경우가 전자의 경우와 다른 것은 오직 인지의 방식이 다르기 때문이라고 설명한다. 신념에서 관념은 어떤 느낌을 수반하는데, 이러한 느낌이 생동감이다.[526]

일반적으로 흄은 신념이 인상이 아니라 관념이라고 하였다. 따라서 신념의 생동감은 인상의 생동감보다는 덜하고, 개념의 생동감보다는 강한 어떤 중간적인 생동감이라고 할 수 있다.

세 번째로 흄은 생동감을 가지고 기억과 다른 신념들을 구별한다. 신념이 다른 개념들과 달리 커다란 생동감에 의해서 구별되듯이, 기억도 커다란 생동감에 의해서 다른 신념과 구별된다.[527]

그러나 생동감을 이러한 방식으로 적용하는 것은 타당하지 않을 수 있다. 즉 우리 자신을 반성해 보면, 인상이 항상 관념보다 생생하거나 강력한 것은 아니다. 또 우리의 신념이나 기억이 환상보다도 덜 생생할 수 있다. 우리가 앞에서 살핀 대로 『인성론』에 대한 흄의 「부록」은 이러한 반박에 답하고자 하는 것이다. 흄은 관념의 생동감이라는 것이 그가 원하는 것을 표현하기 위한 적절한 성질이 아니라는 것을 인정하는 것으로 보인다. 그러나 그는 인상과 관념, 신념과 환상, 기억과 그 밖의 신념 등을 구별하는 어떤 느낌이 있다는 것을 부정하지는 않는다. 결국 이러한 느낌에 대한 참되고 적합한 이름이 바로 신념이라는 것이 흄의 결론이었다.[528] 흄은 "신념은 마음에 의해 느껴지는 어떤 것이며, 신념에 의해 판단에 의한 관념과 상상력에 의한 허구를 구별한다"[529]라고 말한다.

흄에서 신념은 단순한 환상과는 다른 방식으로 정념이나 행동에 영향을 준다고 생각되는 것이 사실이다. 그러나 흄은 이것이 신념의 본질을 이루는 것으로 여기지는 않았다. 생동감이란 우리 신념의 속성으로서 "우리의 사고에서 신념의 비중을 강화하고 신념이 정념과 상상력에 보다 강한 영향력을 갖도록 한다."[530] 따라서 우리는 우리가 갖는 신념에 의거해서 행동한다.

흄의 철학에서 '생동감'은 단순한 환상으로부터 신념을 구별해 주는 어떤 느낌을 지시하는 특별한 개념으로 이해되어야 한다. 그러나 다음과 같은 반론이 있을 수 있다. 즉 생동감에 대한 이러한 규정이 신념이 생동감의 정도에서의 차이에 의해서 환상과 구별된다는 앞서의 주장과는 상반된다는 것이다. 또 다른 한편으로 생동감이 신념과 동일한 것일 수 없다는 반론도 가능하다. 왜냐하면 흄은 생동감을 가졌으되 신념은 아닌 관념이 있을 수 있다는 것을 인정하기 때문이다.

따라서 이러한 상반된 반론들을 고려하여 우리는 '신념'의 두 가지 의미를 구분해 볼 수 있다. 즉 최상의 정도의 생동감에 의해서 규정되는 신념은 절대적인 것이고 그 정도(강도)를 가릴 수 없는 것이다. 이러한 의미에서 믿는다는 것은 "우리가 인지하는 것이 참임을 인정하는 것"[531]이다. 이에 반해서, 생동감과 동일시되는 의미에서의 신념은 상대적이고, 정도가 인정되고, 절대적인 의미에서의 신념을 함의하지 않는다. 이러한 구분을 명확히 하기 위해서 우리는 절대적인 의미에서의 신념을 '신념'으로 표현하고, 상대적인 의미의 신념에 대해서는 '신념의 강도'라는 표현을 사용할 수 있다. 이러한 용법에서, 신념은 최상의 생동감을 의미하며, 신념의 강도는 생동감과 일치한다. 또한 이제 이러한 규정으로부터 신념이 최상의 신념의 강도라는 것을 알 수 있게 된다.

흄의 생동감이라는 개념과, 주관적(subjective) 혹은 개인적(personal) 확률이라고 하는 개념, 즉 확률이 사람들의 신념의 강도를 의미한다는 해석 사이에는 분명한 유사성이 있다.[532] 만일 우리의 해석이 타당하다면 그것이 가질 수 있는 함의를 생각해 보자.

우리는 생동감, 즉 신념의 강도를 확률과 같이 0부터 1까지의 등급으로 나눌 수 있다. 그러면 완전한 관념에 불과한 것은 0의 생동감을 가지고 가장 생동감이 있는 것은 1의 생동감을 가지는 것이라고 할 수 있다.

어떤 가설에 대해서 우리가 가지는 신념의 강도, 즉 생동감을 V(h)로 표시하고, P(h)는 가설의 확률을 의미한다고 해 보자. 그러면 P(h) = 1/2 인 경우에 V(h) = 0 이 된다. 생동감은 네거티브한 것일 수 없기 때문에, P(h) < 1/2 인 경우는 V(h) = 0 인 것으로 생각되고, P(h) =1 인 경우에만 V(h) = 1 이 된다. 생동감과 확률 사이의 가장 자연스러운 관계는 아래와 같은 등식이 된다.

$$V(h) = \begin{cases} P(h) - P(-h), \ \ P(h) > 1/2 \text{ 인 경우에만.} \\ 0, \text{ 그 밖의 경우.} \end{cases}$$

이것과 등식이면서, 보다 간결하게 표현하면,

V(h) = max { P(h) - P(-h), 0} 이 된다.

이러한 구성은 일어날 가망성과 일어나지 않을 가망성이 반반인 어떤 사건에 대한 관념은 생동감이 0이라고 하는 것을 고려한 것이다.

개연성과 지식

지식 개념에 대한 흄의 논의는『인성론』제1권 제3부 제8절에서 발견된다. 이 절의 주제는 철학적으로 정당화될 수 없는 방식으로 결정되는 개연성에 관한 것이다. 흄은 이러한 개연성을 '비철학적' 개연성이라고 부르고, 여기에는 네 가지 종류가 있다고 보았다.

개연성에 관한 흄의 논의는 신념에 관한 논의로 이어지고, 그것은 같은 주제로 취급된다. 흄은 신념의 본성에 대해 논의하고 어떻게 우리가 신념을 형성하는가를 논의한 다음, 주제를 신념의 여러 가지 정도가 형성되는 방식에 관한 논의로 바꾼다. 그리하여 흄은 완전한 확실성을 갖지 못하는 판단을 기술하기 위하여 '개연성'이라는 개념을 사용한다. 그의 관심은 어떻게 그리고 왜 우리는 우리의 판단에서 신념이나 확신의 정도를 형성하는가 하는 것이다.

앞서도 언급했듯이, 사실상『인성론』의 가장 중요한 주제는 '개연적 추리'이다. 흄은 그의 의도를 조심스럽게 독자들에게 알린다.『인성론』제1권 제3부 제2절에서 개연성에 관한 논의를 시작하면서 흄은 [그 자신을 포함해서] 철학자들이 우리의 추리를 지식과 개연성으로 나누었고, 이때 전자는 관념들 사이의 관계에 기초한 것이고, 후자는 그 밖의 형태의 추리를 의미한다고 말하고 있다. 물론 여기서 인과적 판단은 개연성에 속하는 것으로 분류된다. 그러나 흄은 "인과관계(causation)에 관한 여러 논증들이 개연성을 능가할"[533] 가능성을 배제하지 않았다.

흄은 추리를 다음의 세 가지 종류로 나누는데, 이는 각 추리가 갖는 명증성(明證性, evidence)의 정도, 즉 신념의 정도에 따른 구분이다.

> "지식(知識, knowledge)은 관념들 사이의 비교로부터 오는 확신(確信)을 의미한다. 증명(證明, proof)이란 원인과 결과 사이의 관계로부터 도출되는데, 이것은 의심과 불확실성으로부터 완전히 벗어난 것이다. 개연성이란 불확실성이 여전히 포함된 명증성이다."[534]

그는 이어서 "개연성으로부터 증명까지는 등급(等級,gradation)이 존재하다"라고 말한다. 그러한 등급은 잘 감지할 수 없으며(insensible), "이러한 종류의 명증성들 사이에는 차이가 존재한다."[535] 이러한 구절에서 흄이 말하고자 하는 것은 귀납적 추론에 의해서 우리가 얻게 될 개연적 지식에는 명증성의 차이가 존재하며, 그것은 우리의 신념의 정도를 반영한다는 것이다. 또한 흄은 귀납적 추론에 의해서 우리가 상당한 정도의 확실성을 갖는 증명에 도달할 가능성이 있다는 것을 말하고자 하는 것이다.

흄에 의하면 신념의 정도를 매기는(proportioning) 방법에는 두 가지가 제시될 수 있다. 바로 우연의 개연성(확률)과 원인의 개연성이다.

우연의 개연성은 주사위를 굴리는 것과 같은 것인데, 이때 신념은 '우월한 수의 우연'에 따라서 매겨진다. 만일 어떤 주사위가 4면에 같은 숫자를 가지고 다른 2면에는 다른 숫자를 가지고 있다면 우리는 4면에 새겨진 숫자가 나올 개연성이 높다고 결론짓는다. 원인의 개연성의 경우에 신념은 어떤 주어진 원인에서 도출되는 것으로 관찰되는 결과가 갖는 빈도(頻度, frequency)에 따라서 매겨진다. 이 두 가지 경우에서 흄은 어떻게 신념의 정도가 그의 신념이론에 의해서 설명 가능한가를 보여 준다. 그의 설명은 현재의 목적에는 그다지 중요하지 않다. 중요한 것은 이러한 두 가지 방법이 개연성의 철학적 형식을 구성한다는 것이다. 흄에 의하면, 철학자들은 이것을 신념의 정도를 평가하는 정당한 방법이라고 평가하고 그것들이 "신념과 의견의 합당한 기초"[536]라고 생각한다.

비철학적 개연성에 관한 그의 논의는 우리가 정당화하지 못하거나 부당하다고 간주하는 판단의 형식도 정당한 개연성과 같은 원리, 즉 같은 자연적인 신경생리학적 메커니즘에 의존한다는 것을 보여 주려는 시도이다.

흄에 의하면 비철학적 개연성에는 네 가지 유형이 있다. 그 각각은 부당한(unjustified) 것이기는 하지만 신념에 대한 흄의 설명에 의해서 충분히 설명되는 어떤 판단의 '원리'에 기초한다. 그것은 다음과 같은 원리들이다.[537]

① 어떤 기억된 사실에 기초한 논증은 그 사실이 최근의 것인가 혹은 오래된 것인가의 여부에 따라 그 신빙성이 결정된다.

② 최근의 실험은 오래된 실험보다 우리에게 많은 영향을 미친다.

③ 요구된 추론이 긴 것일수록 우리의 판단에 대한 영향이 적다.

④ 성급하게 형성된 일반규칙은 우리의 판단에 영향을 미치는 편견을 산출한다.

신념 혹은 의견은 "현재의 인상과 관계하거나 연합하는 생생한 관념"[538] 이라고 일반적으로 규정된다. 개연성은 약하고 낮은 정도의 신념이다. 우리의 신념의 대부분을 산출하는 메커니즘이 있다면, 본래 주어진 인상이 약할수록, 하나의 연합된 관념으로 전환되는 생생함도 적어진다. 그 결과는 약한 신념이다.

첫 번째 종류의 비철학적 개연성은 오래된 기억이 최근의 것보다 덜 생생하고 따라서 그것과 연합된 관념으로 전환할 때 생동감의 정도가 낮다는 사실에 의해서 설명된다. 시간이 감에 따라 신념의 강도가 약해진다. 그것이 약화됨에 따라 우리의 사고 속에서의 무게도 덜해지고, 우리 행동에 대한 영향도 적어진다. 이것이 사람들이 실수에서 배우지 못하는 이유이기도 하다. 실수에서 배우기 위해서는 기억된 사실과 현재의 사실에 대해 똑같은 무게를 부여할 수 있어야 한다. 그리고 이것을 할 수 있는 것이 판단력 있는(judicious) 추리이다. 그러나 모든 사람이 다 판단력 있는 추리가는 아니다. 따라서 어떤 후회스러운 행동은 점점 멀어지고, 그것에 대한 기억은 생생함을 잃고 마는데, 그 생생함이야말로 우리의 현재 행동에 영향을 줄 정도로 어떤 관념을 활발하게 하는 데 필요하다.

제2의 원리는 첫 번째 원리와 유사하다. 다만 첫 번째의 원리가 기억된 사실의 권위에서의 변화에 의존한다면 두 번째의 원리는 기억된 논증의 권위에서의 변화에 의존한다. 흄 자신의 예를 보자.

> "자신의 친구가 폭음으로 말미암아 죽는 것을 본 술주정뱅이는 그 사실에 잠시 동안 충격을 받고 그 자신도 그렇게 되지나 않을까 두려워한다. 그러나 그의 기억이 점차 소멸해 감에 따라 그는 다시 안심하게 되고 그 위험을 덜 확실하거나 덜 실재적인 것처럼 생각하게 된다."[539]

이러한 사실은 다음과 같은 신념의 메커니즘에 의해서도 설명된다. "활력 있는 인상은 희미한 인상보다 강한 확신을 산출한다. 왜냐하면 활력 있는 인상은 관련되는 관념에 전달되는 보다 본질적인 힘을 갖기 때문이다. 활력 있는 인상과 관련된 관념들은 커다란 힘과 생생함을 얻는다."[540]

제3의 원리는 어떻게 '증명'(불확실성이 없는 판단)이 '개연성'(불확실성이 개재된 판단)으로 퇴행할 수 있는가를 설명해 준다. 흄에 의하면, 만일 우리의 확신의 정도가 본래적 인상으로부터 연합된 관념에 전달되는 생생함의 정도에 의해 생기는 것이라면, "이러한 생생함은 거리에 비례하여 소멸하고, 그 각각을 이행하는 데에서 어떤 것을 잃게 된다."[541]

비철학적 개연성의 마지막 형식은 성급히 정식화된 일반규칙이다. 이 네 번째 종류의 비철학적 개연성을 설명하면서 '일반규칙'에 대한 흄의 설명이 시작된다. 흄에 의하면 이 개연성은 "우리가 매우 성급하게 우리 가운데 형성하는 일반규칙으로부터 도출되는 것으로서, 이것이 바로 우리가 편견이라고 부르는 것의 원천이다."[542] 그러한 편견의 예로 흄은 "아일랜드 사람은 재치가 없고 프랑스 사람은 속이 차지 않았다"[543]와 같은 것을 든다. 흄에 의하면 그러한 편견 때문에 "실제로 아일랜드 사람과 어떤 것에 대해 이야기하면 매우 유쾌하고, 프랑스 사람과의 대화는 매우 사려 깊은 것이 됨에도 불구하고, 우리는 그들이 지닌 감각과 이성에 상관없이 그들에 대해서 열등생 혹은 멋쟁이임에 틀림없다는 편견을 지녀 왔다"[544]는 것이다.

앞서 흄이 말한 대로 이러한 편견의 원천은 일반규칙이다. 그런데 흄에 의하면, 성급히 형성된 규칙들을 따름으로써 선입견을 낳고, 판단에서 오류가 생기지만, 반면에 선입견을 수정하고, 비철학적 개연성을 교정하는 유일한 방법도 역시 조심스럽게 형성된 일반규칙들을 따르는 것이다.

흄의 실험적 추리의 방법과 그 적용

흄에서 실험적 방법이란 현상으로부터 가장 단순한 원인을 찾는 방법을 의미한다. 그러면 우리는 어떤 절차를 통해서 원인을 찾아가는가? 이러한 원인의 탐구 방법으로서 흄의 실험적 방법이란 구체적으로 무엇을 의미하는가? 지금까지의 논의를 바탕으로 하여 생각할 때, 흄이 『인성론』에서 적용하고자 하는 실험적 추리의 방법은 두 가지 구성요소를 갖는다고 볼 수 있다. 그중 하나는 개연성을 측정하는 방법이고 다른 하나는 '원인과 결과를 판단하는 규칙'이다.

(1) 우연과 개연성

흄의 실험적 추리의 방법에 관해서 논의하기 위해서는 『인성론』 제1권에서의 우연(偶然, chance)과 개연성에 관한 분석이 검토되어야 한다. 거기에는 두 가지 이유가 있다.

첫째, 귀납적 추론에 관한 흄의 분석은 우연과 개연성에 대한 논의 없이는 완결될 수 없다. 왜냐하면, 해킹이 바로 지적하듯이, 항구적인 연접으로서의 원인에 대한 흄의 설명은 그 부분 없이는 합당한 것이 될 수 없기 때문이다."[545] 흄은 "성인의 나이에 도달한 사람은, 아무도 더 이상 이것[제일적인(uniform) 규칙성]을 알 수 없다"[546]라고 말한다. 이것은 성인의 마음이 더 이상 완전한 관념의 연합을 인정하지 않는다는 말이다. 과거에 어떤 기록된 사례에 대한 완전한 연합이 있었다고 해도, 마음은 그것의 제일성(uniformity)을 확립하기를 주저하고, 오직 개연성만을 인정한다. 왜냐하면 사실상 우리가 항구적인 연접을 경험하는 일은 거의 드물며, 성인이 되어서는 항구적인 연접을 경험하게 되더라도, 그 연접이 전적으로 항구적이라고 믿지 않기 때문이다. 따라서 흄은 비록 규칙적이기는 하지만, 항구적이지는 못한 연접에 관한 개연성이론을 필요로 한다.

둘째로, 앞서 살펴보았듯이, 흄은 그가 개연성이라고 부르는 것과 증명이라고 부르는 것, 혹은 우리가 신념의 등급(grades of belief)이라고 불러야 할 것과 지식의 확실성(the certainty of knowledge) 사이의 연속성(continuum)에 대해 최초로 언급하였다. 그렇다면 언제 충분한 개연성이 증명으로 변하고, 신념이 지식으로 변하는가 하는 물음이 제기된다. 흄은 '신념'으로부터 지식으로의 이행이 '감지 불가능한 경로'(insensible passage)라고 말한다. 흄의 개연성이론은 다시 두 부분으로 나누어진다. 그중 하나는 원인의 개연성에 관한 것이고, 다른 하나는 우연의 개연성에 관한 것이다. 흄은 실험적 방법에 이 두 가지가 모두 필요하다고 생각하였다.

흄은 원인의 개연성에 관한 이론이 감추어진 원인을 발견하는 수단이 된다고 생각한다. 흄에 의하면 소용돌이치는 우연의 세계의 배후에는 감추어진 비밀의 원인이 있다는 것이다. 우리가 어떤 현상의 원인을 쉽게 발견할 수 없는 것은 원인의 상충성 때문이다. 여기서 흄은 일반 사람들의 태도와 철학자들의 태도를 구분한다.

"사물을 겉모습만 보고 판단하는 일반 사람들은 사건들의 불확실성을 원인에서의 불확실성 탓으로 돌린다. 그것은 그 원인이 작용하는 데 아무런 방해나 장애를 받지 않는데도 그것이 통상적인 영향을 발휘하지 못하는 일이 종종 있다고 보는 것과 같다. 그러나 철학자들은 자연의 모든 부분에는 매우 다양한 원천(spring)과 원리(principle)들이 있다고 보고, 그 원천과 원리들은 그것의 미세함(minuteness) 혹은 소원함(remoteness) 때문에 감추어져 있다고 생각한다. 따라서 그들은 사건들의 상충성(contrariety)이 원인에서의 우연성(contingency) 때문이 아니라, 상반된 원인들의 비밀스런 작용에 의해서 일어날 수 있음을 안다. 엄밀한 조사에 의해서, 결과의 상충성이 항상 원인의 상충성을 드러내고, 그들 상호 간의 방해와 반대작용에 의해 진행된다고 말할 때, 이러한 가능성은 그 이상의 관찰에 의해서 확실성으로 전환된다."[547]

예를 들어 일반 사람들은 시계가 멈춘 것을 보고 그 시계는 가끔 선다고 말하면서, 시계가 멈춘 것을 우연으로 돌린다. 하지만 시계수리공은 시계가 멈춘 것이 우연(chance)이 아니라 숨겨진 원인 [알려져 있지는 않으나 알 수 없는 것은 아닌 원인], 예컨대 소량의 먼지 등이 작용한 결과라는 것을 쉽게 지각한다.

그러나 흄은 상충된 원인을 가진 사건에 대한 일반 사람들이나 철학자들의 설명은 근본적으로 다르지 않다고 생각한다. 흄에 의하면 그들의 추론은 같은 종류의 것이고 같은 원리에 기초하고 있다는 것이다.[548] 여기서 말하는 원리란 우리가 앞서 검토한 습관과 신념의 메커니즘, 그리고 그것에 기초한 일반규칙을 말한다.

그렇다면 일반 사람들의 추론과 철학자들의 추론(실험적인 추론)은 어떤 점에서 차이가 나는가? 그것은 일반규칙에 따르는 판단을 하는가의 여부와 개연성에 대한 측정 혹은 판단을 올바르게 하는가의 여부에 달려 있다.[549] 달리 말해서 흄에서 실험적 추론이란 관찰된 상대적 빈도를 기초로 판단하는 것을 말한다. 그리고 이러한 추론은 '원인과 결과를 판단하는 규칙'을 전제로 하는 인과적 추론이다. 흄은 관찰된 사건의 빈도와 개연성 사이의 연관성에 대해 다음과 같이 말한다.

> "관념의 연합을 산출하는 습관이 대상들의 빈번한 연접으로부터 발생할 때, 그것은 점차 완전성에 도달한다. 그리고 우리의 관찰 아래 들어 온 각 사례들로부터 새로운 힘을 획득한다. 처음 사례는 별로 힘이 없다. 두 번째 사례는 그것에 무엇인가를 첨가한다. 우리의 판단이 완전한 확신에 도달하는 것이 이러한 완전한 단계들을 거쳐서이다. 개연성으로부터 증명으로 이러한 상승이 감지되지 못하는 경우가 많다."[550]

그러나 흄은 이러한 관찰된 빈도에 의한 개연성, 즉 원인의 개연성이 우연의 개연성으로 환원될 수밖에 없다고 생각한다. 그것은 우리가 과거에 관찰한 사건들이 모두 우연적일 수 있기 때문이다.[551] 흄이 말하는 우연적 개연성은 사건들의 빈도를 의미하는 것이 아니다. 우연의 개연성은 관찰된 증거가 우리에게 부여하는 주관적 신념의 정도라고 할 수 있다. 원인의 개연성과 우연의 개연성은 일치할 수 있다. 하지만 개연성 자체의 의미가 무엇인가에 차이가 있다. 즉 원인의 개연성은 단순한 사건의 빈도인데 비해서, 우연의 개연성은 주관적 신념의 정도 혹은 강도를 표시하는 개연성이다.

흄은 어떻게 정신이 과거의 경험을 토대로 불확실한 미래에 대한 생각을 가질 수 있는가, 어떻게 정신은 과거의 관찰 빈도에 따라서 자연적으로 신념의 정도를 갖게 되는가를 다음과 같이 기술한다.

> "각각의 새로운 실험은 붓의 새로운 획을 더함으로써 모양을 늘리거나 확대함이 없이 관념의 색깔에 추가적인 생동감을 부여한다."[552]

> "모든 과거의 실험은 같은 무게를 가진다. 어느 한 쪽에 무게를 더해 주는 것은 실험의 수의 우월성뿐이다."[553]

흄은 『탐구』 제1부 10절에서 가능한 증거에 입각해서 개연성을 판단하는 방법을 정식화하고 있다.[554] 먼저 흄은 증명과 개연성을 구분하는데, 흄이 '증명'과 반대되는 것으로 제시하는 '개연성'은 과거의 사례에서 어떤 특정 종류의 사건이 일어난 경우와 그렇지 않은 경우가 병존하는 경험을 토대로 한 논증이다. 우리는 그러한 상황이 몇 번 일어났고 몇 번 일어나지 않았는가에 비례해서 사건을 기대한다.

> "모든 경우에서 우리는 반대 실험을 비교해 보아야 한다. 그리고 우월한 증거의 정확한 강도를 알기 위해서는 많은 수에서 보다 적은 수를 빼야 한다."[555]

(2) 실험적 추리의 방법 적용

흄은 이러한 실험적 추리의 방법을 기적(奇蹟, miracle)의 발생에 관한 문제에 적용한다.[556] 기적의 발생 가능성에 대한 판단에는 증인들의 증언의 신뢰가능성 여부가 문제되기 때문에, 증언(testimony)에 대한 우리의 확신도 같은 방식으로 계산되어야 한다고 흄은 주장한다. 흄에 의하면 증언에 대한 우리의 확신은 과거의 경험에 기록된 바에 따라서 변화되어야 한다.

> "증인과 인간의 증언에서 유래한 증거가 과거의 경험에 기초하는 것과 마찬가지로, 그것은 경험에 따라서 변화한다. 또한 그것은 어떤 특정한 종류의 보고와 어떤 종류의 대상 사이의 연접이 항구적인가 아니면 변화가능(variable)한가에 따라서, 증명이라고 여겨질 수도 있고, 개연성이라고 여겨질 수도 있다."[557]

여기서 흥미로운 것은 증언에 대한 판단에서 우리는 진리를 말하는(혹은 거짓을 말하는) 인간의 일반적인 성향 이상의 것을 고려해야 한다고 흄이 주장한다는 사실이다.

"정신착란인 사람이나 거짓이나 악행을 행하는 사람은 우리에게 아무런 권위"를 가질 수 없다. 그러나 그것만 고려해서는 충분하지 않다. 흄은 반대관계에 있는 증거가 여러 가지 다른 원인으로부터 유래할 수 있다고 주장한다. 그리고 그는 "상반되는 증언", "증인의 성격이나 숫자", "증언을 전하는 방식"뿐 아니라, "같은 종류의 특정한 요소들"[558]에 대해서 언급한다. 흄이 관심을 가지는 특정한 경우란 다음과 같은 것이다.

> "증언이 확립하려는 사실이 비통상적이고 경이로운 것인 경우에

증언으로부터 나오는 증거는 그 사실이 얼마만큼 비통상적인가에 비례하여 다소 감소될 수 있다."[559]

보고된 사건들이 발생할 가망성(likelihood)을 판단할 때에 여러 가지 요소(factor)들이 관련되지만, 흄이 가장 관심을 갖는 것은 "우리가 익히 보는 증언과 실재 사이의 부합성(conformity)과 우리에게 관찰되지 않은 한 사건의 가망성을 저울질하는 것이다."[560] 어떻게 우리는 이 경쟁하는 고찰(consideration)들을 비교할 수 있는가? 흄은 먼저 준-역학적인 설명을 제시한다.

"여기 두 가지의 경험이 경합하고 있다. 한 경험의 강도(force)가 미치는 만큼 다른 경험의 강도를 파괴한다. 더 우세한 쪽이 그 나머지의 강도에 의해서 작용할 수 있다."[561]

기적을 자연의 법칙을 위반하는 것이라고 규정한 다음, 흄은 그 자체로 보면 기적의 발생을 확증하는 완전한 증거에 해당하는 증언의 경우를 생각해 본다. 기적은 자연 법칙의 위반이고, 자연 법칙을 뒷받침하는 증거는 예외가 없기 때문에, 즉 '증명'을 이루기 때문에, 자연 법칙에 대한 신념의 강도가 기적에 대한 신념의 강도를 상쇄한다. 하나의 증명이 다른 것을 파괴하고 나면, 우리는 증언된 사건이 발생할 것인가 혹은 그 증언이 거짓인가를 문제 삼지 않게 된다. 이러한 기적의 본성이 주어지면, 어떤 증언도 우리의 동의를 얻기에 충분하지 못하다.

이 단계에서 흄은 약간 경솔한 것처럼 보인다. 그는 마치 자연의 법칙과 그에 대한 위반, 즉 기적의 발생에 대한 증명이 그것보다 우세한 반대

증명에 의해서 극복될 수 있는 것처럼 말한다. 그러나 증명은 그가 설명한 대로 예외 없는 경험에 기초한 완전한 확신을 제공하기 때문에, 우세한 증명을 생각하는 것은 정합적이지 못하다.

그러나 그의 일반적인 주장은 살아남는다. 흄은 단순히 보다 큰 개연성과 작은 개연성에 관하여 도식화된 방식으로 말하고 있는 것이다. 그 증언이 얼마나 믿을 만한 것인가는 상관없이, 그것은 자연의 법칙을 위반하는 사건의 본래적인 비개연성을 극복할 수 없다. 증언이 최대한 믿을 만하다고 가정하자. 그 경우도 여전히 상쇄되는 것이다. 두 가지 증명이 서로를 파괴한다. 그리고 우리는 그 증언이 거짓이라는 것보다 기적이 발생하였다는 것을 믿을 이유를 가지고 있지 않다. 더욱이 기적이 발생하였다는 증언의 신뢰성이 관련된 자연 법칙에 대한 우리의 확신보다 조금 크다고 가정하자. 우리는 우리가 증언의 신뢰성에 대해서 갖는 확신의 정도와 똑같은 정도의 확신을 가지고는 기적의 발생을 믿을 수 없다. 흄에 의하면, 오히려 "이 경우에도 논증들 사이의 상호 파괴가 있고 우세한 것은 열세한 것을 빼고(deducting) 난 다음, 남는 힘의 강도에 맞는 확신을 줄 것이다."[562]

이러한 판단에 '원인과 결과를 판단하는 규칙'이 작용하고 있음은 분명하다. 우리는 단지 증언이 거짓일 가망성이 자연의 법칙이 위반될 가망성보다 적은 경우에만, 증언에 기초해서 기적과 같이 가망성 없는 사건이 발생하였다는 것을 믿어야 한다. "분명한 결론은 다음과 같다. 그리고 그것은 우리가 주목할 가치가 있는 일반적인 격률이다. 어떤 증언도 그것이 거짓인 경우가 그것이 확립하려는 사실보다 더 기적적인 종류의 증거가 아닌 한 어떤 기적을 확립하기에 충분하지 않다."[563]

이와 같은 실험적 추리의 방법이 우리가 살펴본 '기적에 관해서'뿐만 아니라, 『인성론』에서 정념론, 『도덕의 원리에 관한 탐구』, 『자연종교에 대한 대화』에서의 설계논변(Argument from Design) 비판 등에서 사용되고 있다.

뉴턴의 실험철학과 흄의 방법론적 정당화

흄은 그가 읽었거나 그의 논의에서 참조하는 저자에 대해 언급할 때, 각주 등을 통하여 어떤 부분을 조회하고 있는지를 밝히는 일을 거의 하지 않았다. 따라서 흄 철학의 어떤 부분이 누구의 영향을 받은 것인지를 확실하게 알기 어렵다. 그러나 지금까지의 우리의 논의를 바탕으로 할 때, 우리는 적어도 다음의 몇 가지 점에서 흄의 인간학과 뉴턴의 실험철학 사이의 유사성을 발견할 수 있다. 그리고 그러한 부분에서 뉴턴이 흄에게 끼친 영향이 드러난다.

첫째, 우리는 흄의 목표와 뉴턴의 그것이 유사하다고 인정할 수 있다. 뉴턴은 현상들 사이의 기능적인 관계를 발견하려고 할 뿐만 아니라, 그 현상의 '진실하고도 충분한 원인'을 찾으려 하였다. 흄도 같은 의도를 가졌음이 그의 추리규칙에서 잘 나타난다.

또한 흄은 정신과학자의 목표를 현상을 '가장 단순하고도 가장 적은 수의 원인으로' 설명하는 것으로 잡고 있다.[564] 인간학에 관한 흄의 초기 저작의 가장 큰 특징은 그가 가장 단순하고도 가능한 원리로 인간의 삶의 현상들을 설명하려는 데 목적을 두었다는 것이다. 단순성이라는 이러한 목표는『인성론』과『초록』의 서론에서도 강조되고 있다.『초록』에서 흄은 그의 분석과 종합의 방법에 대해서 다음과 같이 말한다.

> "만일, 여러 가지 현상에 대해 고찰할 때, 우리가 현상들을 하나의 공통된 원리로 분해하고, 그것을 다시 다른 원리로 환원한다면, 우리는 궁극적으로 모든 나머지가 의존하는 몇 개 안 되는 간단한 원리에 도달할 것이다."[565]

『인성론』 제2권 서두에서 흄은 세련된 '자연주의자'의 목표가 여러 가지 결과들을 설명하는 '몇 가지의 단순한' 원리들을 발견하는 것이라고 말한다.[566] 또한 흄은 같은 책의 후반부에서 단순성을 그의 시스템의 '주요한 힘과 아름다움'이라고 말한다.[567]

둘째, 뉴턴과 흄은 그러한 단순한 원인을 찾기 위한 방법으로 실험적 방법을 사용하였다. 우리가 앞서 검토한 바와 같이 과학 혁명에 대한 뉴턴의 최대의 공헌은 실험적 방법을 확립한 점에 있다. 그가 제시한 새로운 방법은 귀납적인 방법이며 단순히 관찰에 기초할 뿐만 아니라, 수학적 원리나 법칙에 도달할 수 있는 것이기도 하였다. 또한 뉴턴은『광학』의 마지막 부분에서 "만일 이러한 [실험적] 방법에 의해서 자연철학이 그 모든 부분에서 마침내 완전하게 된다면, 동일한 방법으로 정신철학도 그 영역을 확장해 갈 수 있을 것이다"라고 말함으로써, 실험적 방법의 적용범위를 자연현상에만 한정하지 않았다.

인간학에서 흄의 방법은 물리과학에서 뉴턴의 방법과 비교된다. 흄이 '정신과학의 뉴턴'이 되려고 하였다는 것은 일반적으로 인정되고 있다. 흄이『인성론』의 부제를 '실험적인 방법을 정신적 주제에 도입하려는 시도'라고 붙인 것은 뉴턴의 프로그램을 정신과학에서 실현해 보려는 그의 의도를 반영한다.

흄은 그가 실험적 방법을 채용하는 것을 정당화하기 위해서 이렇게 말한다. "마음의 본질은 외부적 대상의 본질만큼이나 우리에게 잘 알려져 있지 않다. '조심스럽고 정확한 실험'의 사용은 마음 그 자체에 대한 관찰이 아니라, 마음의 '결과'에 관한 '관찰'과 연관된다. 그 설명력 있는 원인은 마음의 작용 그 자체이다. 친교, 일, 쾌락에서 사람들의 행동은 마음의 결과이다."[568] 흄의 실험적 방법은 인간의 행동에 대한 관찰로부터 인간의 마음의 원리를 추론하기 위한 것이다.

물론 흄은 정신과학자가 마음의 원리를 발견하기 위해 그것에 접근하는 일은 물리과학자가 외적 세계의 원리를 발견하기 위해 자연에 접근하는 것보다 직접적이지 못하다고 생각한다. 이러한 사실은 인간학에서 실험실에서의 실험과 같은 것을 수행하는 일이 불가능하다고 흄이 생각한 이유를 상기하면 쉽게 드러난다. 흄의 견해에 의하면 정신과학자가 발견하려고 하는 것은 마음의 '자연적 원리'이다. 그러나 그에 따르면, "반성과 사전계획이 나의 자연적 원리의 작용을 방해하여, 현상으로부터 어떠한 결론도 형성할 수 없도록 만들어 버린다."[569] 하지만 이러한 난점에도 불구하고, 흄은 인간학에서 하는 실험이 물리과학에서 하는 실험과 근본적으로 다르지 않다고 생각하였다.

셋째, 흄은 뉴턴의 중력이론에서 복합적인 인간의 사고와 행위를 설명하는 단순하고 설명력 있는 힘의 모델을 제공받는다. 그의 관념연합의 법칙은 뉴턴의 인력의 개념을 유추한 것이라 할 수 있다.『인성론』제1부에서 흄은 그의 중심적인 원리인 관념연합의 원리의 원인이 거의 알려져 있지 않다고 말한다.[570] 이러한 점에서 그는 자신의 절차와 뉴턴의 그것 사이의 어떤 유추를 이끌어 내고자 한다.

넷째, 가설의 사용에 대해서도 그들은 유사한 입장을 보인다. 뉴턴은 『프린키피아』의 서문에서 물체의 끌어당김과 반동의 원인이 되는 힘은 아직 알려지지 않았다고 말하였다. 그는 그러한 힘에 관한 가설을 세우지 않겠다고 선언하였다. 반면에 그는 입자가설을 받아들인다. 흄 역시 '가장 확실한 원리'라고 내세우는 '추측과 가설'만을 거부한다. 그는 "인간의 본성의 궁극적이고 본질적인 성질을 발견하는 체하는 어떠한 가설도"[571] 거부한다고 주장한다. 반면에 조심스럽게 제시된 가설에 대해서는 거부하지 않는다. 그는 중력에 관한 뉴턴의 유물론적 설명에 동의할 뿐만 아니라, 관념의 연합을 설명하기 위한 역학적 가설을 제시하기도 하였다. 사실상 『인성론』을 통해서 흄은 그가 생각하는 가장 최상의 원리, 즉 관념연합에 대한 정념의 의존성에 관한 원리를 가설로 내세운다. 『인성론』에서 흄은 이 원리가 아무리 확실하더라도 여전히 의심과 불확실성의 여지가 있는 사변에 기초해 있다고 말한다.[572] 흄은 가설이 경험에 의존해 있고, 독단적으로 주장된 것이 아니라면 정당할 수 있다고 생각한다.

다섯째, 흄에게 끼친 뉴턴의 영향 중 가장 중요한 것은 우리가 앞서 살펴본 '원인과 결과를 판단하는 규칙'에 대한 것이다. 우리는 흄의 규칙들 중 「규칙 4」와 「규칙 5」가 뉴턴의 추리규칙과 일치한다는 사실을 알았다. 뉴턴의 '추리규칙'에 대한 흄의 탄복은 앞서 인용한 다음과 같은 언명에서 명백하다. 『도덕의 원리에 관한 탐구』(1751)에서 흄은 뉴턴의 규칙에 관하여 다음과 같이 언급한다.

"여기서 어떤 한 사례에서 커다란 힘과 에너지를 갖는 것으로 판명된 어떤 원리는 같은 에너지를 그와 유사한 모든 사례들에 대해서 부여한다. 이것이 뉴턴의 철학하는 규칙(philosophizing) 중에서 가장 중요한 것이다."

또한 그가 뉴턴의 규칙을 받아들여서 그의 논증에 사용하고 있다는 사실은 설계 논변에 대한 그의 비판 속에서도 잘 나타나 있다.

이에 덧붙여 강조해야 할 것은 흄이 뉴턴의 실험적 추리의 방법을 받아들여서 '인간 본성의 학'을 확립한 데서 그치는 것이 아니라는 점이다. 오히려 흄은 '인간 본성의 학'을 기반으로 뉴턴의 과학을 인식론, 방법론적으로 정당화하고자 하였다. 흄이 새로운 원인 개념을 제시한 것이나, 인과관계를 개연적 추리에 의해서 발견되는 관계라고 본 점, 인과적 추리의 근거를 습관이나 자연적 성향에서 찾고자 한 점, 그리고 뉴턴의 '추리규칙'을 '일반규칙'에 의해서 정당화하려고 한 점, 그리고 신념의 강도에 따라서 지식과 개연성을 구분하려고 한 그의 인식론적 시도는 모두 뉴턴 과학을 정당화하려는 흄의 기획이라고 해석된다. 특히 그러한 정당화의 토대를 인간의 내적 본성, 즉 습관과 자연적 성향에서 찾고자 한 것은 칸트의 『순수이성비판』에서의 작업을 선취한 것이라고도 해석할 수 있다. 이런 점에서 우리는 흄을 '프러시아의 흄'(Prussian Hume)의 독단의 잠을 깨운 '스코틀랜드의 칸트'(Scottish Kant)라고 부를 수 있겠다.

맺는 말

지금까지 우리는 뉴턴의 실험철학이 흄의 철학에 어떤 영향을 미쳤으며, 흄의 철학은 뉴턴 과학이 제기하는 철학적 문제들을 어떻게 해결하였는가를 고찰하였다. 이것은 흄의 철학을 당시의 과학적 활동에 비추어서 이해하려는 노력인 동시에, 흄의 철학에 대한 자연주의적 해석에서 간과했던 부분을 해명하려는 노력이었다. 우리의 논의의 주요 골자는 다음과 같이 집약될 수 있다.

1

흄의 철학적 프로그램의 적극적인 목표는 극단적인 회의주의에 대한 대안을 제시하고, 당시의 과학을 인식론적으로 뒷받침하며, 실험적 추리의 결과와 일치하는 상식을 옹호하는 것이었다.

2

근대과학의 새로운 패러다임으로 등장한 뉴턴의 실험철학은 기하학에 기초한 데카르트의 정교한 연역체계에 대해 실험적 방법의 우월성을 입증해 주는 것이었다. 그것은 과학에서 실험적 방법에 대한 압도적인 지지를 가져왔을 뿐 아니라, 철학적 탐구의 모델을 수학으로부터 뉴턴적인 역학으로 대치하려는 시도를 가져왔다. 동시에 인과의 개념, 귀납의 방법 등의 인식론적 문제들을 제기하였다.

3

흄은 뉴턴의 자연철학의 실험적 방법을 정신철학의 영역으로 넓혀 감으로써 자신의 철학적 프로그램을 진행하려 하였다. 그러나 흄은 실험적 방법을 다른 주제들에 적용하기 위해서 그 방법이 제기하는 인식론적, 형이상학적 문제를 먼저 논의하지 않으면 안 되었다. 특히 뉴턴의 새로운 실험적 방법이란 자연현상의 인과관계를 해명하기 위한 것이었고, 그 때 원인이란 개념의 의미도 아리스토텔레스나 데카르트의 방법이 기초하는 원인의 개념과는 구별되기 때문에, 신념, 인과관계, 인과적 판단, 귀납적 추론의 본성 및 규칙에 대한 분석은 마땅히 선행되어야 할 과제였다.

4

로크와 버클리의 철학은 인과의 개념, 과학적 방법, 새로운 과학의 개념을 이해하기 위한 방법 등에 대한 논의를 담고 있고, 그들은 적어도 원인의 개념, 방법의 문제에 관련해서는 흄이 다루는 문제들에 대한 기초를 마련해 주었다고 할 수 있다. 로크는 그의 인식론을 통해서 경험적 지식의 본성을 논의함으로써, 뉴턴 과학에 대한 경험론적 기초를 마련한 것으로 생각된다. 반면 로크의 인식론과 뉴턴의 실험철학은 인과관계의 개념과 과학적 방법에 대한 입장에서 상당한 차이를 보인다. 버클리의 자연과학 비판에서 문제시되었던 것은 과학과 형이상학 사이의 관계였다. 버클리의 과학철학의 최대의 성과는 그가 원인의 개념을 새롭게 분석하여 기호로서의 원인개념을 확립함으로써 과학과 형이상학의 경계를 구획하고, 과학이 그 나름의 원인, 원리, 방법을 추구하고 하나의 지식으로 성립할 가능성을 마련하였다는 데 있다고 할 수 있다.

5

흄은 철학적 관계로서의 인과관계와 자연적 관계로서의 인과관계를 구분한다. 철학적 관계로서의 인과관계는 관념들 사이의 비교의 관점에서 인과관계를 보는 것으로서 인접성, 선행성, 항구적 연접을 요소로 한다. 여기서 필연적 연결은 단지 항구적 연접만을 의미한다. 자연적 관계로서의 인과관계는 관념이 연합하는 방식에서 파악된 인과관계이다. 여기서 필연적 연결은 심리적인 작용에 의해서 주어진다.

6

인과관계를 알기 위해서는 현재 감각에 주어진 자료를 넘어서야 하기 때문에 추론을 요구한다. 인과적 추론은 비증명적 추리이다. 인과관계에 대한 흄의 분석은 뉴턴의 물리학이 함의하는 원인과 결과의 개념을 전제하고 있다. 흄은 본질, 형상적 원인, 인과적 힘에 대한 선험적 인식이 가능하며 그것으로부터 모든 결과가 설명될 수 있다는 주장을 반박한다. 그에 의하면 우리가 할 수 있는 것은 결과로서의 현상들 사이의 항구적 연접을 기술하는 법칙 아래 포섭될 수 있는 원인을 추리하는 것뿐이다.

7

흄은 모든 경험과학이 연역보다는 개연적 추리를 사용하는 귀납적 방법에 의존한다고 생각한다. 이러한 흄의 생각은 뉴턴의 실험철학의 영향이라고 할 수 있다. 뉴턴이 지적한 대로 귀납에 의한 논증이 증명적인 것이 되지 못한다면, 다시 말해 만약 개연적 추리에서 관념들 사이의 관계가 필연적인 것이 아니고 그 추론이 확실하지 않다면, 개연적 추리에서 관념들과 추론들은 서로 어떻게 연결되는가 하는 물음이 제기된다. 흄이 제기하는 귀납적 추론의 문제는 두 가지로 구분된다. 그중 하나는 개연적 추리의 정당성을 비판적으로 검토하는 문제이고, 다른 또 하나의 문제는 강한 개연적 추리를 행하기 위한 규칙을 구성하는 문제이다.

8

흄에 의하면 귀납적 추론은 신뢰할 만한 신념형성의 메커니즘인 습관에 의존한다. 신념에는 복잡한 귀납적 추론의 과정을 통해서 획득된 개연적인 지식뿐만 아니라 세계에 관한 우리의 가장 기본적인 신념 혹은 기대가 포함된다. 이러한 신념은 세계에 관한 우리의 인식을 가능하게 하는 정신적 네트워크라고 할 수 있다. 신념은 강도를 갖는데 그것은 개연성 측정의 기반이 된다.

9

흄을 귀납회의론자 혹은 연역주의자라고 보는 견해는 타당하지 않다. 귀납적 추론이 유사성의 테제를 가정한다는 흄의 언명은 뉴턴의 방법론에 비추어서 해석되어야 한다. 또한 흄이 귀납적 추론의 결론에 대한 우리의 신념에는 비교될 수 있는 강도가 있다고 주장하는 점에서 흄의 입장은 귀납적 개연주의로 해석되어야 한다.

10

흄이 귀납적 추론의 문제를 다룬 것은 이성에 대한 합리주의적 개념을 반박하기 위한 것이었다. 흄의 의도는 증명적 추리는 사실적 지식을 산출할 수 없으며, 귀납은 증명적 추리가 가질 수 있는 종류의 논리적 필연성을 가질 수 없다는 것을 보이려는 데 있었다. 이러한 두 가지의 증명은 합리주의에 대한 흄의 반박으로 귀결되며, 합리주의에 대한 흄의 반박은 귀납에 대한 그의 '비판'의 핵심을 이룬다. 그것은 뉴턴의 귀납적 방법으로 과학에 관한 합리주의적 모델을 대신해야 한다는 주장으로 볼 수 있다.

11

흄은 추리가 갖는 명증성의 정도, 즉 신념의 정도에 따른 추리를 세 가지 종류로 나누는데, 그것은 각각 지식, 증명, 개연성이다. 흄에 의하면 신념의 정도를 매기는 방법에는 두 가지의 철학적 구분이 주어지는데, 우연의 개연성과 원인의 개연성이 바로 그것이다. 이것들은 신념의 정도를 평가하는 정당한 방법이라고 평가되고, 또한 '신념과 의견의 합당한 기초'라고 생각된다.

12

흄에 의하면 우리의 귀납적 추론에는 두 가지 유형의 일반규칙이 작용한다. 그중 하나는 일반규칙의 제1성향으로서, 그것은 편견과 판단에서 오류를 낳는 상상력의 성향이다. 그러나 이러한 자연적 성향을 바로 잡는 기능을 하는 또 다른 유형의 일반규칙이 있다. 이 규칙들은 교정적이고 반성적이며 규정적이다. 흄은 이것을 일반규칙의 제2성향이라고도 부른다. 그것들에 의해서 우리는 우연적인 상황들을 효력 있는 원인으로부터 구분하는 것을 배운다.

13

흄은 우리의 인과적 판단을 규제할 8가지의 일반규칙을 정식화하고 이를 '원인과 결과를 판단하는 규칙'이라고 부른다. 이러한 규칙들은 우리의 지성의 본성에 입각해서 그리고 그것이 대상에 대한 우리의 판단에 작용하는 것에 대한 경험을 토대로 형성된 것이다. 이 규칙들은 우리가 신념을 형성하는 데에서 따라야 할 합리적 규칙이다. 이 규칙 중 두 가지(규칙 4와 규칙 5)가 뉴턴의 '추리규칙'과 일치한다. 이러한 규칙들에 따르는 것은 우리의 추리에 내재한 기본적인 원리들을 일관성 있게 적용하는 것을 보증한다. 그것들은 전통적인 방식으로 정당화될 수 없지만, 불규칙적인 원리보다는 합리적으로 선호될 수 있다는 것을 보여 준다.

14

흄의 실험적 추리의 방법은 그의 개연성이론과 '원인과 결과를 판단하는 규칙'을 기초로 한 것이다. 흄은 신념의 정도를 측정함으로써, 여러 신념들 사이에서 더 나은 것을 선택할 수 있다고 생각한다. 그는 신념의 정도를 측정하는 방법을 정식화하고 이를 여러 주제에 적용한다. 이러한 그의 입장은 귀납적 방법을 통해서 고도의 개연성을 가진 이론으로 나아갈 수 있다는 뉴턴의 생각과 일치한다. 일반규칙은 그러한 실험적 추리에 함께 사용되며 개연성의 측정을 가능하게 해 주는 규칙이다.

15

흄은 '인간 본성의 학'을 기반으로 뉴턴의 과학을 인식론, 방법론적으로 정당화하고자 했다. 그가 ① 새로운 원인 개념을 제시하고, ② 인과관계를 개연적 추리에 의해서 발견되는 관계라고 새롭게 해석하며, ③ 인과적 추리의 근거를 습관이나 자연적 성향에서 찾고자 하고, ④ '일반규칙'을 제시함으로써 귀납적 추론의 방법을 제시하며, ⑤ 신념의 강도에 의해서 지식과 개연성을 구분한 것은 모두 뉴턴 과학을 정당화하기 위한 것이었다. 특히 정당화의 토대를 인간의 내적 본성에서 찾고자 한 것은 칸트의 『순수이성비판』에서의 작업을 선취한 것이라고도 해석할 수 있다.

16

이제 이러한 논의를 거쳐 우리에게 남겨진 과제가 있다면 다음과 같은 점들을 지적할 수 있다.

첫째, 흄에게 개연성의 측정과 일반규칙의 적용이 어떻게 상호작용하느냐를 보다 분명히 밝혀야 한다. 이와 관련하여 개연성의 측정과 평가에 도움을 줄 베이즈주의의 정리와 같은 것이 흄의 체계 내에서 구성될 수 있는가를 보다 구체적으로 검토할 필요가 있다. 만일 우리가 뉴턴의 중력이론에 관한 추론을 그러한 정리를 통해서 재구성할 수 있다면, 우리는 과학적 추론의 구조에 대한 보다 새로운 이해를 갖게 될 것이다.

둘째, 귀납적 추론에 대한 흄의 분석을 오늘날 과학철학의 맥락에서 비판적으로 검토해 볼 필요가 있다. 특히 항구적 연접, 인과적 필연성, 과학의 법칙, 귀납 정당화 등에 관한 흄의 견해를 현대 과학철학의 여러 성과에 비추어 분석해 보는 작업이 요구된다고 할 수 있다.

셋째, 흄의 개연성이론에서 원인의 개연성과 우연의 개연성 사이의 관계를 보다 더 분명히 밝혀야 할 것이다. 이는 확률의 본성에 대한 현대적인 논의에 새로운 빛을 던져 줄 것으로 보인다.

넷째, 이 책은 흄의 철학이 갖는 뉴턴 과학과의 밀접한 관련성에 주목함으로써 과학과 철학의 상호작용의 한 단면을 보여 줄 수 있었다고 할 수 있다. 그러한 여기서의 논의는 주로 인식론적, 방법론적 관점에 한정된 것이다. 이러한 관점에서 흄은 분명히 뉴턴주의자였다. 그러나 우리는 뉴턴의 과학이론 중에서 중핵적인 부분인 시간과 공간이론을 흄의 입장과 비교해 보지 않았다. 여기서도 흄이 뉴턴주의자였는지를 밝히는 일을 과제로 남긴다.

참고문헌

김성환(2008),『17세기 자연철학』, 그린비.

정병훈(1992),「흄의 귀납적 추론의 문제와 뉴턴의 실험적 방법에 관한 연구」, 연세대학교.

E. 캇시러, 박완규 역(1995),『계몽주의 철학』, 민음사.

존 로지, 정병훈, 최종덕 역(1995),『과학철학의 역사』, 동연.

파울 파이어아벤트, 정병훈 역(2019),『방법에 반대한다』, 그린비.

르네 데카르트, 원석영 역(2008),『철학원리』, 아카넷.

토머스 S. 쿤, 김명자, 홍성욱 역(2013),『과학혁명의 구조』, 까치.

마이클 프리드만, 박우석 외 역(2010),『이성의 역학』, 서광.

스티븐 에프 메이슨, 박성래 역(1987),『과학의 역사 I』, 까치.

존 로크, 정병훈 외 역(2014),『인간지성론』, 한길사.

Aristotle.(1947). *Physics, Introduction to Aristotle*, The Modern Library

_______(1947). *Posterior Analytics. Introduction to Aristotle*, The Modern Library

Alexander, H. G.(ed.)(1956). *The Leibniz-Clarke Correspondence*, Manchester: Manchester University Press.

Alexander, Peter.(1985). *Ideas, Qualities and Corpuscles*, Cambridge: Cambridge University Press.

Anderson, Robert Fendel.(1966). *Hume's First Principles*, Lincoln: University of Nebraska Press.

Axtell, James L.(1965). "Locke, Newton, and the Elements of Natural Philosophy", Paedagogica Europae I: 235-45.

________________.(ed.)(1968). *Some Thoughts Concerning Education*, in Educational Writing of John Locke, Cambridge.

Ayer, A. J.(1980). *Hume*, Oxford: Oxford University Press.

Bacon, Francis.(1960). *The New Organon and Related Writings*, ed. Fulton H. Anderson, Indianapolis: The Bobbs-Merrill Company,Inc.

Basson, A. H.(1958). *David Hume*, Pelican History of Philosophy, Baltimore: Penguin.

Bayle, Pierre.(1965). *Historical and Critical Dictionary, selections*, trans. Richard H. Popkin, New York: The Bobbs-Merrill Co.

Bechler, Zev(1991), *Newton's Physics and The Conceptual Structure of the Scientific Revolution*, Dordrecht: Kluwer Academic Publishers.

Bennet, Jonathan.(1971). *Locke Berkeley Hume*, Oxford: Clarendon Press.

Berkeley, George.(1975). *Philosophical Works*, Introduction and Notes by M. A. Ayers, London: Everymans Library.

_________________.(1707~1708). *Philosophical Commentaries*, Berkeley's notebooks of 1707-8 in Berkeley(1975).

________________.(1710). *A Treatise concerning the Principles of Human Knowledge in Berkeley*(1975)

________________.(1721). *De Motu* in Berkeley(1975).

________________.(1713). *Three Dialogues Bewteen Hylas and Philonous in Berkeley*(1975).

________________.(1965). *Principles, Dialogues, and Philosophical Correspondence*, ed. Colin Murray Turbayne, New York: Macmillan Publishing Co.

Berlin, Isaiah.(1956). *The Age of Enlightenment*, New York: New American Library.

Beauchamp, Tom, Rosenberg, Alexander.(1981). *Hume and the Problem of Causation*, New York: Oxford University Press.

Blake, Ralph M., Ducasse, Curt J., and Madden, Edward H.(1960). *Theories of Scientific Method: The Renaissance through the Nineteenth Century*, Seattle: University of Washington Press.

Bracken, Harry M.(1974). *Berkeley*, London: The Macmillan Press Ltd.

Bricke, John.(1980). *Hume's Philosophy of Mind*, Princeton: Princeton University Press.

Brook, Richard J.(1973). *Berkeley's Philosophy of Science*, The Hague: Martintinius Nijhoff.

Buchdahl, Gerd.(1969). *Metaphysics and Philosophy of Science*, Oxford: Basil Blackwell.

Burtt, E. A.(1952). *The Metaphysical Foundations of Modern Science*, Atlantic Highlands: Humanities Press.

Butterfield, Herbert.(1962). *The Origins of Modern Science*:1300-1800, Collier Books Edition, 『근대과학의 기원』, 차하순 역(1980), 서울: 탐구당.

Butts, Robert and Davis, John.(ed.)(1970). *The Methodological Heritage of Newton*, Toronto: University of Toronto Press.

Butts, Robert E.(1970). "Whewell on Newton's Rules of Philosophizing" in Butts(1970), pp.132-149.

Capaldi, Nicholas.(1975). *David Hume, The Newtonian Philosopher*, Boston: Twayne.

Chappell, V. C.(ed.)(1963). *The Philosophy of David Hume*, New York: Random House.

______________.(ed.)(1968). *Hume*, Notre Dame : University of Notre Dame Press.

Church, Ralph W.(1935). *Hume's Theory of The Understanding*, Westport : Greenwood Press.

Clarke, Desmond M.(1982). *Descartes' Philosophy of Science*, University Park: The Pennsylvania State University Press.

Cohen, I. Bernard.(1956). *Franklin and Newton*, Cambridge: Harvard University.

________________.(1966). "Hypotheses in Newton's Philosophy", *Physis* 8: 163-184.

________________.(1971). *Introduction to Newton's 'Principia'*, Cambridge: Harvard University Press.

________________.(1980). *The Newtonian Revolution*, Cambridge : Cambridge University Press.

Cohen, I. Bernard, Smith, George.(2002). *The Cambridge Companion to Newton*, Cambridge: Cambridge University Press.

Dancy, Jonathan.(1987). *Berkeley*, Oxford: Basil Blackwell.

Daston, Lorraine.(1988). *Classical Probability in the Enlightenment*, Princeton: Princeton University Press.

Descartes, Rene.(1911). *The Philosophical Works of Descartes*, trans. Elizabeth S. Haldane and G. R. T. Ross, Cambridge: Cambridge University Press.

________________.(1927). *Descartes* Selections, ed. R. M. Eaton, New York: Charles Scriber's sons.

________________.(1954). *Philosophical Writings*. A selection, trans. and ed. Elizabeth Anscombe and Peter Thomas Geach, London : Nelson.

________________.(1983). *Discourse on the Method of Rightly Conducting the Reason*, "이성을 잘 인도하고 뭇 학문에서 진리를 찾기 위한 방법서설", 『방법서설. 성찰. 데카르트연구』, 최명관 역(1983), 서울: 서

광사.
DiSalle, Robert.(2002). "Newton's Philosophical Analysis of Space and Time" in Cohen, I. Bernard & Smith, George E.(ed.), *The Cambridge Companion to Newton*, New York: W. W. Norton Co.
Ducasse, C. J.(1960). *Causation and the Types of Necessity*, New York: Dover Publications.
Fales, Even.(1990). *Causation and Universals*, London: Routledge.
Farr, James.(1987). "The Way of Hypothesis: Locke on Method", *Journal of the History of Ideas* 48: 55-72.
Fetzer, James H.(1988). *Probability and Causality*, Dordrecht: D. Reidel Publishing Co.
Flage, Daniel E.(1990). *David Hume's Theory of Mind*, London: Routledge.
Flage, D.E. and Bonnen, Clarence.(1999). *Descartes and Method: A search for a method in Meditations*, London: Routledge.
Flew, Antony.(1961). *Hume's Philosophy of Belief*, London: Routledge and Kegan Paul.
__________.(1986). *David Hume: Philosopher of moral Science*, Oxford :Basil Blackwell.
Foglin, Robert J.(1985). *Hume's Scepticism in the Treatise of Humman Nature*, London: Routledge & Kegan Paul.
Force, James. E.(1990). "Hume's Interest in Newton and Science" in Force and Popkin(1990), pp.181-206.
Force, James E. and Popkin, Richard H.(1990). *The Context, Nature, and Influence of Issac Newton's Theology*, Dordrecht: Kluwer Academic Publishers.
Forster, Malcolm R.(1988). "Unification, Explanation, and the Composition of Causes in Newtonian Mechanics", *Studies of History and Philosophy of Science* 19: 55-101.
Foucault, M.(1970). *The Orders of Things: An Archaeology of the Human Sciences*, London: Tavistock Publications.
Glymour, Clark.(1980). *Theory and Evidence*, Princeton: Princeton University Press.
Greig, J. Y. T.(1931). *David Hume*, New York: Oxford University Press.
Hacking, Ian.(1975). *The Emergence of Probability*, Cambridge: Cambridge University Press.
__________.(1978). "Hume's Species of Probability", *Philosophical Studies* 33: 21-37.
Harper, William.(1989). "Consilience and Natural Kind Reasoning in Newton's Argument for Universal Gravitation" in *An Intimate Relation: Studies in the History and Philosophy of Science*, ed. J. R. Brown and J. Mittelstrass, Dordrecht: Kluwer Publishers, pp.115-152.
Harrison, Jonathan.(1976). *Hume's Moral Epistemology*, Oxford: Clarendon Press.
Hearn, Thomas K.(1970). "'General Rules' in Hume's Treatise" *Journal of the History of Philosophy* 8: 405-422.
Hempel, Carl G.(1981). "Turns in The Evolution of the Problem of Induction" *Synthesis* 46: 389-404.
Hendel, Charles.(1963). *Studies in the Philosophy of David Hume*, New York: Library of Liberal Arts.
Herschel, John F.(1987). *A Preliminary Discourse on The Study of Natural Philosophy* with a new Forward by Arther Fine, Chicago: The University of Chicago.
Holland, John H., Holyoak, Keith J., Nisbet, Richard E., and Thagard, Paul R.(1989). *Induction: Processes of Inference, Learning, and Discovery*, Cambridge, Massachusetts: The MIT Press.
Hookway, Christopher.(1990). *Scepticism*, London: Routledge.
Howson, Colin and Urbach Peter.(1989). *Scientific Reasoning: The Bayesian Approach*, La Salle: Open Court.
Hume David.(1740). *Abstract in A Treatise of Human Nature, Analytic Index* by L.A. Selby-Bigge, Second, Edition with text revised and notes N. H. Nidditch, Oxford: Clarendon Press, 1978.

___________.(1782). *The History of England. From the Invasion of Julius Caesar to the Revolution in 1688*, 8 vols., London.

___________.(1886). *The Philosophical Works*, ed. Thomas Hill Green and Thomas Hodge Grose, 4 vols., London, rep. edn. Darmstadt: Scientia Verlag Aalen,1964.

___________.(1932). *The Letters of David Hume*, 2 vols., ed. J. Y. T. Greig , Oxford: The Clarendon Press.

___________.(1947). *Dialogues concerning Natural Religion*, ed. Norman Kemp Smith, Edinburgh: Thomas Nelson & Sons Ltd.

___________.(1967). *A Letter from a Gentleman to his Friend in Edinburgh*, ed. Ernest C. Mossner and John V. Price, Edinburgh: The University Press.

___________.(1975). *Enquiries concerning Human Understanding and concerning the Principles of Morals*, ed. L. A. Selby-Bigge 3rd edn. revised by P. H. Nidditch, Oxford: Clarendon Press.

___________.(1978). *A Treatise of Human Nature*, Analytic Index by L. A. Selby-Bigge, 2nd edn. with text revised and notes N. H. Nidditch, Oxford: Clarendon Press.

Hurlbutt III, Robert H.(1963). *Hume, Newton, and the Design Argument*, Lincoln: University of Nebraska.

Jammer, Max.(1957). *Concepts of Force: A study in the Foundations of Dynamics*, Cambridge: Havard University Press.

Janiak, Andrew.(2008). *Newton as Philosopher*, Cambridge: Cambirdge University Press.

Janiak, Andrew, Schliesser, Andrew.(2012). *Interpreting Newton*, Cambridge: Cambidge University Press.

Jeong, Byung-Hoon.(1991). "William Whewell's Theory of Scientific Discovery", 한국과학사학회지 13: 56-72.

Jessop, T. E.(1952). "Some Misunderstandings of Hume", Revue Internationale de Philosophie, No. 20. reprinted in Chappell 1966, pp.35-52.

____________.(1963). "Berkeley's Philosophy of Science", *Hermathena* XCVII.

Keen, Clive Nigel.(1975). "Naturalism, Scepticitism and Reason in Hume's Treatise", Diss. McMaster University.

Kemp Smith, Norman.(1905). "The Naturalism of Hume" Mind 14: 149-173, 335-347.

__________________.(1941). *The Philosophy of David Hume: A Critical Study of its Origins and Central Doctrines*, London:Macmillan and Co.

Kim, Hyo-Myung.(1982). "Constant Conjuction and Necessity: A Study in Hume's Theory of Causation", Diss. Indiana University.

Koyre, Alexander.(1965). *Newtonian Studies*, Cambridge: Harvard University Press.

Kuypers, Mary Shaw.(1966). *Studies in the Eighteenth Century Background of Hume's Empiricism*, New York: Russell & Russell.

Kyburg, Jr., Henry.(1968). "The Rule of Detachment in Inductive Logic" in Lakatos(1968), pp.99-119.

Lakatos, I.(ed.)(1968). *The Problem of Inductive Logic*, Amsterdam: North-Holland Pulishing Co.

Lang, Helen S.(1992). *Aristotle's Physics and Its Medieval Varieties*, Albany, State University of New York Press.

Laird, John.(1932). *Hume's Philosophy of Human Nature*, London: Methuen & Co. Ltd.

Laudan, Laurens.(1967). "The Nature and Sources of Locke's Views on Hypotheses", *Journal of History of Ideas* 28: 211-223.

_______________.(1968). "Theories of Scientific Method from Plato to Mach: A bibliographical review", *History of Science* 7: 28-31.

Laudan, L. L.(1970). "Thomas Reid and the Newtonian Turn of British Methodological Thoughts" in Butts and Davis(1970), pp.103-131.

Laymon, Ronald.(1976). "Newton's Bucket Experiment", *Journal of the History of Philosophy* 16: 399-413.

______________.(1983). "Newton's Demonstration of Universal Gravitation and Philosophical Theories of confirmation" in *Testing Scientific Theories*, ed. J. Earman, Minneapolis: University of Minnesota Press, pp.179-199.

Lennon, Thomas M.(1982). "Hume's Conditions for Causation: Further to Grey and Imaly", *Hume Studies* 8:119-124.

Lentz, John.(1970). "Hume's Defence of Causal Inference" in Chappel(1970).

Livingston, Donald W.(1971). "Hume on Ultimate Causation", *American Philosophical Quarterly* 8: 63-70.

_________________.(1984). *Hume's Philosophy of Common Life*, Chicago: The University of Chicago.

Livingston, Donald W. and King, James T.(eds.)(1976). *Hume, A Re-evaluation*, New York: Fordam University Press.

Locke, John.(1823). *Works*, London: Tegg,etc. Locke(1968)

_________.(1975). *An Essay Concerning Human Understanding*, 1690. ed. P. H. Nidditch, Oxford: Oxford University. 『인간지성론』, 정병훈 외 역(2014), 한길사.

Luce, A. A.(1934). *Berkeley and Malebranche*, Oxford: Clarendon Press.

Mackie, J. L.(1974). *The Cement of The Universe: A Study of Causation*, Oxford: The Clarendon Press.

____________.(1980). *Hume's Moral Theory*, London: Routledge.

Mall, R. A.(1973). *Experience and Reason*, Hague: Martinus Nijhoff.

_________.(1975). *Naturalism and Criticism*, Hague: Martinus Nijhoff.

Martens, Rhonda(2000), *Kepler's Philosophy and the New Astronomy*, Princeton: Princeton University Press.

Martin, Marie Ann.(1987). "General Rule in The Philosophy of David Hume" Diss. University of Massachusetts.

Mandelbaum, Maurice.(1964). *Philosophy, Science, and Sense Perception*, Baltimore: The Johns Hopkins Press.

Maudlin, Tim.(2012). *Philosophy of Physics*, Princeton : Princeton University Press.

McMullin, Ernan.(2001). "The Impact of Newton's Principia on the Philosophy of Science", *Philosophy of Science* vol. 68, No.3, pp.279-309

Merrill, Kenneth R. and Shahan, Robert W.(1976). *David Hume, Many Sided Genius*, Norman, Oklahoma: The University of Oklahoma.

Milton, J. R.(1987). "Induction before Hume", *British Journal for Philosophy of Science* 38: 75-92.

Mounce, H.O.(1999). *Hume's Naturalism*, London, Routledge.

Monteiro, J. P.(1981). "Hume's Conception of Science", *Journal of the History of Philosophy* 19: 327-42.

Murphy, Richard T.(1980). *Hume and Husserl*, Hague: Martinus Nifhoff.

Myhill, John.(1957). "Berkeley's De Motu - An Anticipation of Mach" in *George Berkeley*, University of California Publications in Philosophy, Berkeley. vol.29.

Nagel, Ernest.(1950). *John Stuart Mill's Philosophy of Scientific Method*, New York: Hafner Publishing Co.

Newton, Issac.(1952). *Opticks*, Chicago: The University of Chicago.

_____________.(1959). *The Correspondence of Isaac Newton* Vol.III, edited by H. W. Turnbull and J. F. Scott, Cambridge: Cambridge University Press.

______________.(1971). *Principia, Sir Issac Newton's Mathematical Principles of Natural Philosophy and His System of the World*, tranlated by A. Motte, revised by F. Cajori, Berkeley: University of California Press.

Newton-Smith, W. H.(1985). "Berkeley's Philosophy of Science" in John Foster and Howard Robinson, ed. *Essays on Berkeley*, Oxford: Clarendon Press, pp.149-161.

Norton, David Fate.(1982). *David Hume, Common-Sense Moralist, Sceptical Metaphysician*, Princeton: Princeton University Press.

________________.(ed.)(1993). *The Cambridge Companion to Hume*, Cambridge: Cambridge University Press.

Noxon, James.(1973). *Hume's Philosophical Development: A Study of his Method*, Oxford: The Clarendon Press.

Passmore, John.(1980). *Hume's Intentions*, London: Duckworth.

Phillipson, Nicholas.(1989). *Hume*. London: Weidenfeld & Nicolson.

Pitcher, George.(1977). *Berkeley*, London: Routledge & Kegan Paul.

Popkin, Richard H.(1979). *The History of Scepticism from Erasmus to Spinoza*, Berkeley: University of California Press.

_________________.(1980). *The High Road to Pyrrhonism*, ed. Richard A. Watson and James E. Force, San Diego: Austin Hill Press.

Popper, K. R.(1959). *The Logic of Scientific Discovery*, New York: Basic Books.

____________.(1963a). *Conjectures and Refutations*: The Growth of Scientific Knowledge, London: Routledge and Kegan Paul.

____________.(1963b). "A Note on Berkeley as Precursor of Mach and Einstein" in Popper(1963).

____________.(1972). *Objective Knowledge*, Oxford: Clarendon Press.

Price, H. H.(1940). *Hume's Theory of the External World*, Oxford: The Clarendon Press.

___________.(1968). "The Permanent Significance of Hume's Philosophy" in *Human Understanding*, Sesonske & Flemming, eds. Belmont: Wadsworth,1968.

Pritchard, H. A.(1950). *Knowledge and Perception*, Oxford: The Clarendon Press.

Randall Jr., John Herman.(1962). *The Career of Philosophy*, vol.1, From the Middle Age to the Enlightenment, New York and London.

Rescher, Nicholas.(1980). *Induction*, Pittsburgh: University of Pittsburgh Press.

Robinson, J. A.(1966). "Hume's Definitions of 'Cause'" in Chappel(1966), pp.129-47.

Robinson, Wade L.(1976). "David Hume: Naturalist and Meta-sceptic" in *Hume: A Re-evaluation* ed. Donald W. Livingstan and James T. King, New York: Fordham University Press,1976, pp.23-49.

________________.(1977). "Hume's Causal Scepticism" in *David Hume: Bicentenary Papers*, ed. G. P. Morice, Austin: University of Texas, 1977, pp.156-166.

Rogers, G. A. J.(1978). "Locke's Essay and Newton's Principia", *Journal of History of Ideas* 39: 237-55.

________________.(1979). "The Empiricism of Locke & Newton" in S.C Brown(ed.), *Philosophers of the Enlightenment*(R.I.P.Lecture, vol. 12), Sussex: Harvester Press, pp.1-30.

________________.(1982). "The System of Locke and Newton" in Contemporary Newtonian Research ed. Zev Bechler, Dordrecht: D. Reidel Pub. Co.,1982, pp.215-237.

Russell, Bertrand.(1917). "On the Notion of Cause" Mysticism and Logic, Garden City, N.Y.: Doubleday.

Ryan, Alan.(1970). *The Philosophy of John Stuart Mill*, London: Macmillan Press.

Salmon, Wesley C.(1967). *The Foundations of Scientific Inference*, Pittsburgh: University of Pittsburgh

Press.

________________.(1968). "The Justification of Inductive Rules of Inference" in Lakatos(1968).

________________.(1978). "Unfinished Business: The Problem of Induction", *Philosophical Studies* 33: 1-19.

Silver, Bruce.(1973). "Berkeley and The Principle of Inertia" *Journal of the History of Ideas* 34: 599-608.

Skyrms, Brian.(1986). *Choice and Chance: An Introduction to Inductive Logic*, 3rd edn. Belmont: Wadsworth Publishing Company.

Stayer, M.S.(ed.)(1988). *Newton's Dream*, McGill-Queen's University Press.

Stove, D. C.(1968). "Hume, Probability, and Induction" in Chappell(1968), pp.187-212.

___________.(1973). *Probability and Hume's Inductive Scepticism*, Oxford: Clarendon Press.

Stroud, Barry.(1977). *Hume*, London: Routledge & Kegan Paul.

Strawson, P. F.(1985). *Skepticism and Naturalism: Some Varieties*, New York: Columbia University Press.

Stein, Howard.(1970). "Newtonian Space-Time" in Rober Palter(eds), *The Annus Mirabilis of Sir Isaac Newton*, 1666-1966, Cambridge, Ma: MIT Press.

Talmor, Ezra.(1980). *Descartes and Hume*, Oxford: Pergamon.

Thayer, H. S.(1953). *Newton's Philosophy of Nature*, Selections from his writings, New York: Hafner Press.

Tipton, I.C.(ed.)(1977). *Locke on Human Understanding*, Oxford: Oxford Press.

Todd, William B.(1974). *Hume and The Enlightenment*, Edinburgh: The University Press.

Traiger, Saul.(ed.)(2006). *The Blackwell Guide to Hume's Treatise*, Oxford: Blackwell Publishing.

von Wright, G. H.(1957). *The Logical Problem of Induction*, London.

________________.(1971). *Explanation and Understanding*, Ithaca, N.Y.: Cornell University.

Warnock, G. J.(1982). *Berkeley*, Notre Dame: University of Notre Dame.

Westfall, Richard.(1971). *The Construction of Modern Science: Mechanisms and Mechanics*, New York: John Wiley & Sons, Inc.

___________.(1980). *Never At Rest: A Biography of Isaac Newton*, Cambridge: Cambridge University Press.

__________________.(1988). "Newton and the Scientific Revolution", in Stayer, M.S.(1988)(ed.), *Newton's Dream*, McGill-Queen's University Press.

Wexler, Victor.(1979). *David Hume and The History of England*, Philadelphia: The American Philosophical Society.

Whewell, William.(1842). *The Philosophy of the Inductive Sciences*, London: John W. Parker and Son.

________________.(1860). *On the Philosophy of Discovery*, London.

Wilson, Fred.(1983). "Hume's Defence of Causal Inference" *Dialogue* XXII: 661-694.

____________.(1986). "Hume's Defence of Science" *Dialogue* XXV: 611-628.

Winkler, Kenneth P.(1989). *Berkeley: An Interpretation*, Oxford: Clarendon Press.

Wolff, Robert Paul.(1968). "Hume's Theory of Mental Activity" in Chappell(1968).

Woolhouse, R. S.(1971). *Locke's Philosophy of Science and Knowledge*, New York: Barnes & Noble.

________________.(1988). *Metaphysics and Philosophy of Science in the 17th and 18th Centuries*, Dordercht: Kluwer Publishers.

Wright, John.(1983). *The Sceptical Realism of David Hume*, Minneapolis: University of Minnesota Press.

________.(2009). *Hume's A Treatise of Human Nature An Introduction*. Cambridge: Cambridge University Press.

Yaldon-Thomson, D. C.(1983), "Recent Work on Hume: A Survey of Hume Literature 1969-1979" *American Philosophical Quarterly* 20: 1-22.

Yolton, John W.(1971). *Locke and The Compass of Human Understanding*, Cambridge: Cambridge University Press.

Yost, Jr. R. M.(1951). "Locke's Rejection of Hypotheses about Sub-Micro- scopic Event" *Journal of the History of Ideas* XII: 111-30.

Zabeeh, Farhang.(1973). *Hume, Precursor of Modern Empiricism*, The Hague: Nijhoff.

주석

1. 쿤은 패러다임을 "어느 일정한 시기에 전문가 집단에게 모범이 되는 문제와 풀이를 제공하는 보편적으로 인식된 과학적 성취"라고 규정한다. 쿤(2013), p.55.
2. Westfall(1988), p.16.
3. McMullin(2001), p.289.
4. 이 책에서는 18세기의 맥락에서 뉴턴의 과학이론이나 과학의 방법에 대해 논의할 때, 뉴턴의 과학을 뉴턴의 '자연철학'으로 지칭하고, 뉴턴의 실험적 방법을 강조할 때는 코츠(Roger Cotes)의 용법에 따라서 뉴턴의 '실험철학'이라고 지칭하겠다. '과학' 혹은 '과학자'란 용어가 오늘날과 같은 의미로 사용된 것은 19세기 중엽에 들어서서 윌리암 휴월(W. Whewell) 등의 제안에 따른 것이다. 그래서 17~8세기에 과학과 철학이 아직 분화되기 이전의 상태를 의미하는 '자연철학'이란 말이 당시의 자연 탐구를 지칭하기에 더 적절하다고 생각된다.
5. 쿤은 과학의 역사에는 '과학혁명'이라고 부를 수 있는 혁명적인 변화가 존재한다고 생각하였을 뿐 아니라, 그것이 어떤 구조를 가지고 있다고 보았다. 어떤 탐구영역의 문제들을 푸는 능력에서 압도적인 힘을 가진 지배적인 이론이 등장하였을 때, 쿤은 이를 '패러다임'이라고 부른다. 패러다임이 확립되는 것은 곧 그 분야의 과학이 성립하는 것을 의미한다. 패러다임은 정상과학을 지배한다. 정상과학은 패러다임이 제공하는 문제들에 대한 퍼즐풀이 활동이다. 그런데 패러다임으로부터 유도되지 않는 현상인 변칙사례들이 누적되면, 패러다임은 위기에 봉착한다. 위기의 상황에서 이전 패러다임이 해결하지 못하는 변칙사례들을 깔끔히 해결하는 새로운 패러다임의 후보가 등장하면, 기존의 패러다임과 새로운 패러다임의 경쟁이 시작된다. 쿤은 그것들 사이의 경쟁이 새로운 패러다임의 승리로 종료되어 패러다임의 전환이 이루어지는 것을 과학혁명이라고 지칭한다.
   '패러다임 1 → 정상과학 1 → 변칙사례 누적 → 위기 → 패러다임 2 → 정상과학 2'로의 진행이 과학혁명의 구조이다. 쿤(2013) 참조.
6. Mandelbaum(1964), Buchdahl(1969), Woolhouse(1971), Alexander(1985), Brook(1973), Noxon(1973), Force and Popkin(1990), Janiak(2008), Janiak & Schliesser(2012) 등의 저작들은 이러한 경향을 보여 준다.
7. Laudan(1970), p.104.
8. Laudan(1970), p.109.
   라우던(Laurens Laudan)에 의하면 19세기 초반부터 영국의 여러 철학자들, 특히 브라운, 허셜, 휴얼, 밀, 해밀튼, 드 모르간, 제본스 등은 뉴턴의 과학철학에 대해 깊은 관심을 갖고 『프린키피아』의 일반주석, '철학에서의 추리규칙'등에 대한 논의를 중심으로 뉴턴의 과학과 과학철학이 갖는 인식론적, 방법론적 함의를 발견하려고 노력하였다. 라우던은 이것이 18세기의 고전적 경험주의와 비교하여 상당한 변화라고 평가하고 이러한 변화를 가져온 계기를 찾고자 한다. Laudan(1968), pp.28-31 참조.
9. 라우던에 의하면 이러한 물음에 대한 대답은 스코틀랜드 상식주의 철학의 지도적 인물이었던 리이드(Thomas Reid, 1710~1796)의 방법론적 저작을 통해서 주어질 수 있다는 것이다. 라우던은 귀납, 인과, 그리고 가설에 관한 뉴턴의 입장을 채택한 최초의 주요한 영국철학자는 리이드라고 주장한다. 또한 라우던은 뉴턴을 로크, 버클리, 흄과 같은 고전적인 영국 경험론자들과 연관시키는 것은 적어도 과학철학적인 관점에서는 크게 잘못된 견해라고 주장한다. 그에 의하면, 이 세 철학자들은 놀랍게도 과학적 방법에 관해서는 경험론자가 아니라는 것이다. 이러한 주장을 뒷받침하기 위해서 라우던이 제시하는 근거는 다음과 같이 집약된다. ①로크는 뉴턴의 방법론적 선언이 제시되기 이전에 이 세상을 떠났기 때문에, 로크의 철학에서 뉴턴적 방법의 영향을 찾는 것은 의미가 없다. ②버클리가 뉴턴의 귀납주의적 과학을 알고 있었다는 것은 의심할 여지가 없지만, 그가 발전시킨 과학적 방법과 개념 형성에 관한 이론은 뉴턴의 그것과는 너무나 거리가 멀다. 버클리의 『운동론』(De Motu)은 뉴턴의 경험주의와 귀납주의에 대한 부적절한 비판이다. ③흄은 뉴턴의 방법론적인

언명들에 관해 거의 혹은 전혀 몰랐으며, 흄이 방법론적 주제(귀납 혹은 인과관계)에 대해 논의하는 경우에도 그 당시 뉴턴의 이론에 관한 통상적인 해석과는 전혀 상반되는 결론에 도달하고 있었다. ④뉴턴의 물리학, 특히 그의 시공간이론과 신학이론이 로크, 버클리, 흄에게 영향을 주지 않았다고 주장할 수는 없지만, 과학적 방법과 과학철학에서 그들이 뉴턴의 영향 가운데 있었다고 주장할 만한 증거도 없다. 이 책의 목표 가운데 하나는 이러한 라우던의 주장을 논박하는 것이다. 즉, 라우던의 주장을 뒷받침하는 위의 근거들 중에서 적어도 ③과 ④는 사실과 어긋나며, ①과 ②도 정확한 평가라고 보기 어렵다는 것을 논증하려는 것이다. 라우던의 해석이 특히 흄의 인식론적 혹은 방법론적 입장에 대해 뉴턴이 끼친 영향에 관한 연구가 충분히 제시되어 있지 않은 데서 비롯된 것임을 밝히고자 한다.

10. Kemp Smith(1905), pp.149-173, 335-347. Kemp Smith(1941).

11. 흄의 자연주의에 관한 캠프 스미드의 설명에서 가장 중요한 부분들은 다음과 같은 것이다.
①이성은 본능이나 감정에 종속되어야 한다.
②'자연적' 신념은 다른 모든 신념들의 기초로서 이성이나 다른 증거에 의해서 뒷받침될 수 없으며, 도덕이나 미적 판단과 마찬가지로 인간존재의 내적구조로부터 발생하는 것이다.
③이성은 그 자체가 우리가 기본적 신념을 일반화하는 것을 허용하는 본능이며, 경험의 영역을 넘어서 확장될 수 있다.
④버클리나 다른 회의론자들이 객관적인 세계는 알 수 없는 것이라고 주장하는 점은 옳지만, 그것은 문제가 되지 않는다. 왜냐하면 지식은 세계의 궁극적인 성질에 관한 물음보다는 경험에 관한 실천적인 문제에 관한 것이기 때문이다.

12. 여기서의 흄의 자연주의는 다음과 같은 포괄적인 의미를 갖는다. 첫째, 흄의 자연주의는 자연과학적 방법을 철학에 도입하려는 시도를 의미할 수 있다. 흄은 그의 『인성론』의 부제를 "실험적 추리의 방법을 정신적 주제(moral subjects)에 적용하려는 시도"라고 달았다. 이때의 자연주의는 자연과학적인 방법이 자연현상만이 아니라, 정신현상에도 적용될 수 있음을 주장하는 방법론적 일원론을 의미하게 된다. 둘째, 흄의 자연주의는 모든 학문들이 가장 근본적인 인간학에 기초해야 한다는 입장을 의미할 수 있다. 흄은 『인성론』에서 "수학, 자연철학, 그리고 자연종교 마저도" '인간 본성의 학'에 의존한다고 말하였다.
Hume(1978), p.xv. 따라서 그의 '인간학'(the science of man)은 자연과학에 종속되지 않는다. 이때의 자연주의는 인간학을 자연화한다(naturalizing)는 의미에서 자연적(natural)이거나 자연주의적(naturalistic)인 것이 아니다. 셋째, 흄의 자연주의는 순수하게 경험적이거나, 논리적이거나, 합리적인 모든 것이 인간 본성의 작용에 종속된다는 주장을 의미할 수 있다. 흄은 우리가 판단하고, 숨쉬고, 느끼는 일을 자연이 결정한다고 주장하였다. "시작(詩作)과 음악에서뿐 아니라, 철학에서도 우리는 우리의 기호와 느낌에 따라야 한다."
Hume(1978), p.103. Mall(1975), pp.44-45 참조.

13. Stein, Howard(1970), McMullin, Ernan(2001), DiSalle, Robert(2002), Janiak, Andrew(2008), Janiak, Andrew & Schliesser, Andrew(2012)

14. 이러한 작업은 뉴턴이 이 17세기의 천재들의 어깨 위에 올라서 있었다는 사실을 감안하면, 어쩔 도리가 없는 작업이라고 생각된다. 웨스트폴도 "뉴턴의 위대함을 그가 홀로 선 것이 아니었으며 코페르니쿠스, 케플러, 갈릴레오, 데카르트, 호이겐스 등 많은 사람 이후에 왔다는 사실과 연관되지 않은 것으로 본 적이 없다는 것을 말하는 것이 옳다고 생각된다"라고 말한다. Westfall(1988), p.5.

15. Westfall(1988), p.4.

16. 뉴턴 사상에 대한 본격적인 철학적 연구는 20세기 들어 시작되었다. 20세기 전반부에 뉴턴 연구를 이끌었던 제1세대 뉴턴 연구자는 헬렌 메쩌(Helene Metzger), 알렉산더 코이레(A. Koyre), 그리고 버르트(E. A. Burtt) 등이다. 버르트는 데카르트, 홉즈, 보일, 뉴턴 등의 근대과학 혹은 근대 자연철학의 형이상학적 기초를 해명하였다. 아우슈비츠에서 비극적인 죽음을 당한 메쩌는 화학의 역사에서의 뉴턴의 위치, 철학적이고 신학적인 문제에서의 뉴턴의 위치를 논의하였다. 코이레는 갈릴레오로부터 뉴턴에 이르는 인물들이 제기한 철학적, 역사적 이슈를 다루었다.
제2세대라고 부를 만한 연구자들은 제2차 세

계대전 이후 1950~60년대에 등장하였다. 미국의 코헨(I. B. Cohen), 영국의 웨스트폴이 대표적이다. 1947년에 과학사 분야에서 미국의 첫 번째 박사학위를 취득한 코헨은 1972년 코이레와 함께 『프린키피아』를 편집하여 출간하는 등 전문가들에게 뉴턴의 텍스트를 전달하는 중책을 감당하였다. 웨스트폴은 1958년 예일대학에서 17세기 영국의 과학과 종교에 대한 연구로 박사학위를 취득한 이후, 수십 년간 뉴턴 연구에 투신하였다. 그는 인디아나 대학의 과학사 및 과학철학과에서 가르쳤다. 특히 그의 『뉴턴 물리학에서의 힘』(1971)은 뉴턴의 물리학이론에 대한 이해를 가져오는 데 크게 기여하였다. 그들의 작업이 가능하였던 것은 1930년대에 뉴턴의 유고들을 모으고, 편집하고, 간행하는 데 기여한 경제학자 케인즈(J.M. Keynes)의 노력이 밑바탕이 되었음이 기억되어야 한다.

1960~70년대에는 스타인(Howard Stein), 맥과이어, 맥뮬린(E. McMullin)이 활약하였다. 스타인은 1970년에 가장 영향력 있었던 논문 'Newtonian Space-Time'을 간행하였고, 그의 독창적인 기여는 프리드먼(M. Friedman), 하퍼(William Harper), 디살레(R. DiSalle)를 비롯한 많은 뉴턴 연구자들에게 영향을 주었다. 필자는 이들 중 하퍼 교수에게서 뉴턴을 배웠다. 맥과이어는 뉴턴의 연금술에 관심을 가졌고, 시간, 공간, 힘과 같은 핵심개념을 연구하였다. 맥뮬린은 뉴턴의 철학적 견해에 관한 체계적인 작업을 전개하였다. 이들을 뉴턴 연구의 제3세대라고 부를 수 있겠다. 제4세대 연구자들로서 철학적 관점에서 뉴턴을 연구하는 연구자로는 앞의 세 사람 이외에 가버(Daniel Gaber), 스미드(G. Smith), 야니악(A. Janiak), 슐리써(E. Schliesser) 등이 있다.

17. Cohen(1980), pp.159-160.

18. 미적분의 또 다른 발명가는 독일의 철학자이자 수학자인 라이프니츠이다. 라이프니츠와 뉴턴 중 누가 미적분을 먼저 발명하였는가에 대한 오랜 논쟁이 있었지만, 결국 그 두 사람이 거의 같은 시기에 각기 독립적으로 발명한 것으로 결론이 났다.

19. Cohen(1980), p.xii. 코헨은 뉴턴적 스타일이 전적으로 뉴턴에게 독창적이라고 주장하지는 않는다. 그는 그것이 갈릴레오적인 스타일과 유사하다고 본다.

20. 역제곱(逆제곱, inverse square)은 어떤 힘의 크기가 거리의 제곱에 반비례하는 것을 가리키는 말이다.

21. Cohen & Westfall(1995), xii

22. Cohen & Westfall(1995), p.3

23. 뉴턴이 남긴 노트에서 로크의 『인간지성론』에 담긴 내용과 매우 가까운 글들이 발견되는 것이 이러한 주장을 뒷받침한다. 로크의 인식론과 뉴턴의 과학 사이의 관계에 관한 연구 중 특히 주목할 것은 로저스의 연구이다. 이전의 주석가들이 로크의 인식론이 뉴턴에게 영향을 미친 바에 대해서 거의 관심을 갖지 않았던 것에 반해, 로저스는 로크의 인식론이 뉴턴의 실험철학으로부터 영향 받은 바보다는 그것에 영향을 준 바가 크다고 논증하고 있기 때문이다. 이러한 입장에서 로저스는 『인간지성론』이 뉴턴의 방법론을 받아들인 작품이라는 해석을 반박하고 오히려 로크가 뉴턴의 저작 속에서 그가 이미 언급한 바 있는 자연과학의 방법론적 원리들의 사례를 확인하였을 것이라고 주장한다. Rogers(1978), Rogers(1979), Rogers(1982)참조.

24. Westfall(1980), p.143

25. 쿤(2013), pp.150-1.

26. Westfall(1988), p.5.

27. 쿤(2013), p.152.

28. 쿤(2013), p.152.

29. 쿤(2013), p.152.

30. 여기서 우리는 아리스토텔레스주의와 플라톤주의의 대립을 좀 더 이해할 필요가 있다. 만일 수학의 우월한 지위를 주장하고 물리학에서의 실제적인 가치를 부여한다면, 그것은 바로 플라톤주의의 입장이라고 할 수 있다. 반대로 수학을 하나의 추상적 과학으로 여기고 그것이 실제적 사물을 다루는 물리학과 형이상학보다 그 가치가 떨어지는 것으로 여긴다거나, 물리학이 경험 이외의 다른 기초를 필요로 하지 않고 지각에 직접적으로 기초해야 한다고 여겨서 수학은 이차적이고 하나의 보조적인 역할을 수행하는 것으로 만족해야 한다고 생각한다면, 그것은 아리스토텔레스주의의 입장이다. 여기서 자연 탐구를 위한 두 가지 경쟁적인 방법이 성립하는데, 그중 하나는 순수하게 물리적이고 경험적인 방법이며, 다른 하나는 수학적인 방법이다. 이런 구분에 의하면 갈릴레오를 비롯한 근대 과학자들은 분명히 플라톤주의자였으며, 자

연현상의 탐구에서 수학적 방법을 지지하였다고 볼 수 있다. 그런 입장에서 갈릴레오는 지식의 원천으로서 감각지각을 포기해야만 하였고, 지적이고 선험적인 지식이 실재의 본질을 파악하기 위한 유일한 수단이라고 선언해야 하였다. 낙하하는 물체의 운동은 수의 법칙에 종속된다. 운동은 수에 의해 지배된다. 성질에 대한 수학적 연역을 제공하는 것은 불가능하다. 데카르트와 마찬가지로 갈릴레오는 성질의 개념을 포기하고 그것을 주관적이라고 선언하면서 자연의 영역으로부터 배제하게 된다. 이 수학적인 방법에 매료된 것은 그들이 플라톤주의를 받아들였기 때문이다.

31. Westfall(1988), p.7.

32. 케플러는 그의 『신천문학』(Astronomia Nova)과 『우주의 조화』(Harmonice Mundi)에서 행성 운동의 세 법칙을 제안하였다. 제1법칙(타원의 법칙): 모든 행성은 태양을 두 개의 초점 가운데 하나로 가진 타원궤도를 돈다. 제2법칙(면적의 법칙): 행성과 태양을 연결한 선이 같은 시간에 휩쓰는 면적은 항상 같다. 제3법칙(조화의 법칙): 태양에서 행성까지의 평균거리의 세제곱은 주기의 제곱에 비례한다. 이 법칙들은 아리스토텔레스가 생각한 행성의 등속원운동 개념을 반박하였다.

33. 파이어아벤트(2019), pp.129–130.

34. 운동학은 거리, 시간, 속도 등 기하학화할 수 있는 성질을 가지고 물체의 운동을 기술하는 것을 목적으로 하는 과학이다. 갈릴레오는 『두 새로운 과학』에서 자유낙하의 법칙과 포물선 운동법칙을 제시하였다.

35. Newton(1971), pp.xx–xxi.
이 책에서는 18세기의 맥락에서 뉴턴의 과학이론이나 과학의 방법에 대해 논의할 때, 뉴턴의 과학을 뉴턴의 '자연철학'으로 지칭하고, 실험적 방법을 강조할 때는 코츠의 용법을 따라서 뉴턴의 '실험철학'이라고 지칭하겠다.

36. 방법에 대한 논의는 지식의 개념과 범위, 인식의 본성과 구조 등 인식론적 관점과 밀접히 결합되어 있다. 우리의 지식의 원천을 무엇으로 보는가에 따라서 인식의 방법도 달라질 것이기 때문이다. 그뿐만 아니라 방법론은 형이상학적 문제, 대상의 구조와 본질에 대한 존재론적 관점과도 분명히 관련되어 있다. 기계론적 관점, 입자론적 관점, 제일성질과 제이성질의 구분 등에 대해서 어떤 입장을 가지는가 하는 것이 방법론적 입장을 결정할 수도 있다. 또한 새로운 방법론이 형이상학적 문제에 대한 해결 방법으로 제시되는 경우도 있다. 뉴턴의 "나는 가설을 만들지 않는다"는 슬로건이 전형적인 경우인데, 그것은 뉴턴의 중력이론에 대한 대륙의 데카르트주의 과학자들의 비판을 극복하기 위한 방법론적 조처였다고 볼 수 있다.

37. 뉴턴은 과학적 방법의 이론가는 아니었다. 그러나 뉴턴은 그가 채용하고 있는 방법을 설명하는 일에 무관심하지 않았으며, 그의 저작 중에서 발견할 수 있는 방법론적 언명도 적지 않다. 따라서 우리는 그러한 방법론적 언명들을 모아서 과학적 방법에 관한 그의 입장을 집약할 수 있고, 그것을 토대로 그의 작업을 분석할 수 있을 것이다. 뉴턴의 방법에 관한 언명들은 주로 『프린키피아』의 「일반주석」과 『광학』의 「물음 31」에 담겨 있다. 뉴턴의 중력이론과 그것을 발견하는 데 사용된 방법은 최근의 과학철학의 중요한 관심사 중의 하나이다. 이 논문에서의 뉴턴의 방법에 대한 논의는 Glymour(1980), Laymon(1983), Forster(1988), Harper (1989) 등의 논문들에 힘입은 바가 크다.

38. 데카르트의 가설의 방법에 대해서는 이 책 제5장에 상세히 설명되어 있다.

39. Newton(1971), p.547.

40. Newton(1952), p.404.

41. Newton(1952), p.404.

42. Cohen(1980), p.29

43. Newton(1971), pp.398–400

44. 앤드류 모테는 『프린키피아』의 영문판–Principia–Sir Isaac Newton's Mathematical Principles of Natural Philosophy and His system of the World(London,1729) 에서 이것을 "Rules of Reasoning in Philosophy"("철학에서의 추리규칙")라고 번역하였다.
Newton(1971), pp.398–400.

45. Koyre(1965), p.262.

46. Koyre(1965), p.264.

47. Newton(1971), p.xxvi.

48. Whewell(1860), pp.185–86. Butts(1970), pp.133–134.에서 재인용.

49. Noxon(1973), p.47.

50. Mandelbaum(1964).

51. 실제로 뉴턴은 다음과 같은 언명을 통해서 입

자가설을 수락하고 있다. "이러한 모든 것들을 고찰하고 나니, 나에게는 신이 태초에 물질들을 딱딱하고, 견고하고, 불가침투적이고, 움직일 수 있는 입자들로 만들었으며, 그 입자들은 일정한 크기와 모양을 가지는 것으로서 그러한 다른 성질들을 가지며 그러한 정도로 공간을 점유하고, 신이 그것을 만든 목적에 이바지한다는 것이 상당히 그럴 듯하게 보인다. 이러한 기본적인 입자들은 딱딱해서, 그것들로 이루어진 침투성이 많은 물체들보다 견고하고, 닳거나 부분들로 더 쪼개어지는 일이 결코 없다. 어떤 통상적인 힘도 신이 태초의 창조에서 만든 것을 쪼갤 수 없다."
Newton(1952), p.400.

52. 이 용어는 도날드 C. 윌리암의 조어(造語)인 'transdiction'에서 만델바움이 빌려 온 것으로서, 'predictive inference'와 'retrodictive inference' 모두를 포괄하는 개념이다. 즉 현재 감각에 주어진 관찰 자료를 넘어서는 추론을 의미한다. 논자는 이를 '전제초월적 추론'(前提超越的 推論)이라고 번역하였다. 이것은 귀납적 추론, 비증명적 추론 혹은 내용확장적 추론과 같은 의미로 사용될 수 있다고 생각된다.

53. Mandelbaum(1964), pp.66-67.

54. Mandelbaum(1964), p.79.

55. Mandelbaum(1964), pp.80-81.

56. Mandelbaum(1964), p.81.

57. Mandelbaum(1964), p.83.

58. Mandelbaum(1964), pp.83-84.

59. Mandelbaum(1964), p.85.

60. 분리의 규칙은 일반적으로 어떤 특정한 전제의 세트로부터 결론을 분리해 내는 것을 허용하는 수동적인 규칙이라고 간주될 수 있다. 귀납에서 전제들은 통상 단순한 관찰적 사실, 관찰 그 자체, 혹은 그러한 관찰에 직접적으로 기초한 언명이라고 여겨진다. Kyburg(1968), p.98.
카이버그는 만일 그런 것이 있다면 분리의 규칙은 어떤 기준이 만족되었을 때 어떤 사실적인 귀납적 결론을 표현하는 언명 h를 수락하도록 허용하는 규칙이라고 해석하였다. 그는 이러한 기준들은 다음의 것들 중 하나 혹은 그 이상의 것을 지시하는 개념으로 표현될 것이라고 말한다.
(1) 증거라고 간주되고 어떤 수락의 원리, 총체적 증거의 조건을 만족시키는 언명군
(2) 이러한 언명군에 상대적인 h의 개연성(확률)
(3) h의 정보 내용(이것은 (1)에서 언급된 언명군에 의해서 상대화됨)
(4) h의 단순성과 산출성
(5) 정치적 혹은 도덕적 효용성과 같은 과학철학자들이 관련성이 없다고 일반적으로 간주하는 요인들

61. Glymour(1980), p.204.

62. Glymour(1980), p.204.

63. Noxon(1973), p.48.

64. Newton(1971), p.xx.

65. Burtt(1952), p.219.

66. Mandelbaum(1964), pp.113-114.

67. Newton(1971), p.547.

68. 그것들은 '철학의 수학적 원리'에 해당하는 원리들이다.

69. "태양으로부터 행성까지의 선분이 같은 시간에 휩쓰는 면적의 크기는 같다."

70. "임의의 행성 2개의 공전주기의 제곱의 비(比)는 그것들의 태양으로부터의 평균거리의 3제곱에 비례한다."

71. Newton(1971), pp.403-405 참조.

72. "이러한 명제들은 케플러에 의해서 맨 처음 밝혀졌고, 이제는 모든 천문학자들이 받아들이는 것이다." Newton(1971), p.404.

73. Whewell(1842), p.36. 휴얼이 말하는 '사실의 총괄'이란 적절한 개념의 도움으로 사실들이 한데 연결되는 것을 말한다. 이것은 우리의 감각에 주어진 현상 가운데의 정확한 연관을 확립하는 지적인 활동으로서 휴얼이 말하는 귀납적 절차의 중요한 부분을 이룬다.

74. Newton(1971), p.406.

75. 여기서의 각 추론은 현상적인 크기(magnitude)의 값(예컨대 중심까지의 선분에 의해 그려지는 면적의 늘어나거나 일정하거나, 줄어드는 비율)과 문제된 이론적인 크기의 값(예컨대 직선운동으로부터 벗어나는 비율) 사이의 등가성을 확립하는 정리에 의해서 뒷받침된다. 현상적 크기의 값은 마치 온도계를 읽는 것이 온도를 측정하는 것을 의미하는 것과 같이 그것에 상응하는 이론적 크기의 값을 측정하는 것이 된다. 이러한 등가성의 정리를 전제로 궤도운동을 하는 물체의 운동은 휘어지는 힘의 방향의 측정으로 간주되고, 그 힘이 구심력인 경우에는 운동은 거

리의 영향에 따른 힘의 변화를 측정할 수 있게 된다.

76. Newton(1971), p.406.

77. 명제 2, 정리 2(제1권): "한 평면 내에 그려진 임의의 곡선상을 움직이는 모든 물체는, 그것이 움직이지 않거나 일정한 직선 운동을 통해 전진하는 한 점에 이르는 반지름에 의해서 그 점을 중심으로 시간에 비례하는 면적을 그린다면, 그 점을 향하는 구심력을 받는다."

78. 명제 3, 정리 1(제1권): "어떻게 움직이는가에 관계없이 다른 물체의 중심에 이르는 반지름에 의해 그 중심 주위에 시간에 비례하는 면적을 그리는 모든 물체는 그 다른 물체로 향하는 구심력과 다른 물체가 받는 것과 똑같은 모든 가속력이 합성된 힘의 작용을 받는다."

79. 명제 4의 보조정리 6(제1권): 만일 주기가 반지름의 3/2 힘이고, 따라서 속도가 반지름의 제곱근에 반비례한다면, 구심력은 반지름의 제곱에 반비례하고 그 역도 성립한다.

80. 달은 역제곱의 힘으로 지구 쪽으로 끌어당겨지는 구심력에 의해서 직선운동을 계속적으로 벗어나 궤도운동을 할 수 있다. 달 실험은 이 구심력이 어떤 종류의 힘인가를 밝히기 위한 것이다. 다음은 Newton(1971), pp.408-409를 정리한 것이다.

이제 달의 지구로부터의 평균거리를 지구 반지름의 약 60배라고 하고, 달이 1 공전하는 데 걸리는 시간을 27일 7시간 43분으로 하고, 달의 둘레가 123,240,966 파리피트(paris feet)라고 하자.(이때 뉴턴은 이상화된(idealized) 자료를 사용한다.) 원심력의 작용이 멈추어서 달을 궤도상에 유지시키는 힘(구심력)에 의해서 달이 지구로 낙하하는 경우를 생각해 보자. 달이 낙하하는 처음 1분 동안에 달은 15와1/12파리피트의 거리를 움직인다. 그러나 달이 지구의 표면에 도달하였을 경우에는, 지구와 달 사이의 거리가 지구 반지름의 60배이므로 달에 미치는 구심력은 그 거리의 곱에 반비례하여 낙하를 시작할 때 받던 힘의 60x60배가 된다. 따라서 이 힘에 의해서 낙하하는 물체는 1분에 60×60×15와1/12 파리피트를 움직인다. 그러므로 1초에 15와1/12파리피트를 움직인다. 한편 호이겐스의 진자주기의 법칙에 의하면 2초의 진동주기를 갖고, 길이가 3파리피트 8과1/2라인(line)인 물체가 1초간에 낙하하는 거리는 15파리피트 1과7/9라인이다. 따라서 같은 시간 동안 달을 그 궤도상에 유지시켜 주는 힘에 의해 달이 움직이는 거리의 측정치와 지구상에서의 낙하운동을 하게 하는 힘에 의해 무거운 물체가 낙하하는 거리의 측정치는 일치한다. 바꾸어 말하자면 달을 그 궤도상에 유지시켜 주는 힘이 지구의 표면 가까이에서 작용할 때 그것은 지상에서의 무게를 가진 물체가 낙하할 때 관찰되는 중력과 동등하다. 그러므로 뉴턴은 "규칙 1과 규칙 2에 의해서 달을 그 궤도에 유지시키는 힘은 우리가 보통 중력이라고 부르는 힘과 같은 힘"(Newton(1971), p.408)이라고 결론짓는다. 뉴턴에 의하면 만약 그것이 중력과 다른 힘이라면 지구로 낙하하는 물체의 경우에 두 가지의 힘(중력과 구심력)이 결합하여 속도가 두 배가 되어야 할 것인데 실제의 경험은 그와 상반된다는 것이다. 뉴턴은 결과의 측정치가 같은 것에 대해 결과에 대한 원인이 같기 때문이라고 생각한다.

81. 규칙 1. 우리는 현상을 설명하는 데 진실되고, 동시에 충분한 원인만을 자연계 사물의 원인으로 인정해야 한다.

82. 규칙 2. 그러므로 우리는 동일한 자연적 결과들에 대해, 가능한 한 동일한 원인들을 부여해야 한다.

83. Newton(1971), p.408. 달의 구심력적 가속도에 대한 계산에서 뉴턴은 달이 지구를 중심으로 하는 궤도를 운동하며 (지구-달 체계 중심의 공통된 중심이 아니라), 달이 완전한 구체라는(달이 적도 부위가 불거져 나온 형태가 아니라) 단순한 기하학적 가정을 사용한다. 그는 달의 실험에서 호이겐스의 값과 일치하는 부분에 더욱 큰 비중을 둔다. 그는 달에 미치는 구심력을 중력과 동일시하는 추론을 행하였으며, 심지어 호이겐스의 값과 일치하는 것을 명제 3에서 행해졌던 달에 대한 역제곱으로 변하는 힘에 대한 그의 추론에서 달의 세차운동을 무시하는 이유로 들었다.

84. Whewell(1842),II, p.469. 휴얼은 "귀납의 동조는 한 부류의 사실로부터 얻어진 귀납이 다른 부류의 사실에서 얻어진 귀납과 일치할 경우에 일어난다. 이러한 동조는 그것이 일어나는 이론의 진리에 대한 테스트이다"라고 하였다. 귀납의 동조는 두 가지 혹은 그 이상의 일반화를 그보다 포괄적인 이론에 통합하는 과정으로서, 그것은 가설을 과학적 이론으로 수락하는 기준의 역할을 한다. 귀납의 동조를 가져오는 가설은

별개의 종류로 보였던 데이터를 하나의 종류로 환원해 주는 가치를 지닌다. 휴얼의 귀납이론에 대해서는 다음의 졸고를 참고. Jeong(1991).

85. Newton(1971), p.410.

86. Newton(1971), p.410.

87. Newton(1952), p.404.

88. Newton(1971), p.411.

89. Newton(1971), p.411참조.

90. 규칙 3. 물체의 성질들 중에서 증강되거나 감소하지 않고 우리의 실험범위 안에 있는 모든 물체들에 속한다고 확인되는 성질들은, 우리 경험 밖의 모든 물체들도 공유하는 보편적인 성질들이라고 간주되어야 한다.

91. Newton(1971), p.413.

92. Newton(1971), pp.399-400.

93. Laymon(1983), p.182.

94. Newton(1971),xvii.

95. Newton(1971),xviii.

96. Newton(1971), p.2.

97. Newton(1971), p.2.

98. Newton(1971), p.2.

99. Jammer(1957), p.121.

100. Newton(1971), p.4.

101. Newton(1971), p.5.

102. Newton(1971), p.5.

103. Newton(1971), p.192.

104. 여기서 도구주의적 입장이란 과학이론에 등장하는 이론적 대상은 외부적 세계에 존재하는 실재물을 지시하는 것이 아니라, 현상을 설명하기 위해 도입되는 도구에 불과하다는 입장이다. 코페르니쿠스의 『천구의 회전에 대해서』의 서문을 썼던 오시안더(Andreas Osiander)와 벨라르미노(Robert Belarmine) 추기경, 그리고 고전적 경험론의 버클리는 대표적인 도구주의자였다.

105. 실재론은 과학이론 속에 등장하는 이론적 용어의 대상들이 자연 세계 속에 실제로 존재한다고 여기는 입장이다. 실재론에서는 과학이론이 실재와의 대응관계에 의해서 참이거나 거짓임이 판명될 수 있다고 여긴다. 코페르니쿠스와 갈릴레오, 그리고 뉴턴은 실재론자로 제시될 수 있다.

106. Jammer(1957), pp.133-134.

107. 이 시기는 바로 뉴턴이 페스트의 창궐을 피해서 울즈소프로 돌아가 보냈던 '경이의 2년'이다.

108. 메이슨(1987), p.211.

109. Thayer(1953), p.84.

110. Thayer(1953), p.115.

111. Newton(1971), p.1.
뉴턴의 '에테르 정기'는 '비물질적인 정기 혹은 원리'라고 오해되고 동시대의 많은 사람들에 의해서 이신론의 합리적 기반으로 열렬히 채용되었다. 가장 유명한 경우가 벤틀리(Richard Bently) 였다. 그는 뉴턴의 중력의 개념을 확대해석하여, 상호작용적 인력은 물질의 속성이 아니라 비물질적 원리, 비물질적인 것으로서의 살아 있는 정신에 의해서 주어지는 것으로, 그것은 죽은 물질에게 정보를 주고 생기를 주며 세계의 구조를 지지한다고 주장하였다. 1692년 1월 벤틀리에게 보낸 편지에서 뉴턴은 그의 주장에 이렇게 반대한다.
"당신은 중력이 물질의 근본적이고 고유한 것이라고 때때로 말합니다. 제발 그 개념을 내게 돌리지 말아 주십시오. 왜냐하면 나는 중력의 원인에 대해서 아는 체한 바가 없기 때문입니다. 중력의 원인에 대해서 더 시간을 가지고 생각해 보아야 합니다." 같은 해 2월 뉴턴은 벤틀리에게 다시 편지를 보내서 중력의 원인에 대해서 다음과 같이 말하고 있다. "비활동적이고 맹목적인 물질이, 비물질적인 어떤 것의 매개 없이 그리고 상호 접촉도 없이, 다른 물질에 작용하고 영향을 미친다는 것은 생각할 수 없는 일입니다. 그런데 중력이 물질에 본질적이고 내재한다면 그러한 일이 일어나야 합니다. 내재하는 중력이라는 개념을 제가 받아들인다고 생각하지 않기를 바라는 것은 이러한 이유 때문입니다. … 중력은 어떤 법칙에 의해서 끊임없이 작용하는 매개자(agent)에 의해서만 야기될 수 있습니다. 그러나 그 매개자가 물질적인 것인가 비물질적인 것인가는 나의 독자들의 고찰에 남겨 두었습니다." Thayer,(1953), p.53.

112. Newton(1971), p.175-76.

113. Newton(1971), pp.546-547.

114. Newton(1971), p.6.

115. Newton(1971), pp.6-7.

116. Newton(1971), pp.6-7.

117. Newton(1971), p.13.

118. 이러한 데카르트의 생각은 고대 입자론의 영향을 받은 바가 크다. 데카르트는 모든 자연현상

을 운동 가운데 있는 물질입자로 설명하였지만, 어떤 입자도 불가분적인 것이 아니라고 주장한다. 이러한 데카르트의 입자론에 반대해서 제시된 것이 프랑스의 유물론자인 가상디(P.Gassendi)의 원자론(atomism)이다. 가상디는 운동하는 물질입자들에 의해서 자연현상을 설명하는 입자론에 동의하면서도, 궁극적인 입자는 영원하고 불가분적이라고 주장했다. 또한 가상디에 의하면, 빛은 매체를 통해 전달되는 압력이 아니고, 광대한 속도를 가지고 운동하는 원자이다. 더욱이 그것은 빈 공간을 움직인다. 데카르트의 입자론과는 달리 가상디의 원자론은 충만한 공간을 부정한다. 뉴턴은 처음부터 가상디의 원자론에 기울었던 것으로 보인다. Cohen & Westfall(1995), p.4

119. 예를 들어 뉴턴은 데카르트는 지구의 운동이라는 중요한 문제에 대해서 정합적이지 못하다고 주장한다. 데카르트의 '고유한' 운동 개념은 하나의 물체 B가 두 가지 조건을 만족시키면 운동한다는 것을 함의한다. 첫째, B가 한 그룹의 주변 물체로부터 다른 그룹의 주변 물체로 옮겨진다. 둘째, B의 본래의 주변 물체 그룹이 운동하지 않는다고 간주된다. 지구는 그것을 감싸고 있는 소용돌이에 의해서 태양계의 궤도에서 움직여지기 때문에, 데카르트는 지구가 적절히 말해서 운동하지 않는다고 결론을 내린다. 반대로 데카르트는 지구는 태양으로부터 멀어지는 경향을 갖는다고 말한다. 그러나 데카르트의 법칙에 의해서 만약 지구가 정지해 있다면, 그것은 정지 상태로 있어야 하고, 따라서 태양으로부터 멀어지지 말아야 한다.

120. 데카르트(2008), pp.98-100.

121. Stein(1970),DiSalle(2002),Janiak(2008) 참조.

122. Maudlin(2012), p.10.

123. Maudlin(2012), p.10.

124. Newton(1971), p.8.

125. Maudlin(2012), p.20.

126. Newton(1971), p.2.

127. Newton (1971), pp.10-12. 이 실험결과는 네이글과 라이헨바하에 의해서 보충된 것임.
Laymon(1976), pp.399-413 참조. 레이몬은 뉴턴의 양동이 실험은 실재적이고도 철학적인 운동에 대한 데카르트의 설명을 반박한다고 주장한다. 이 실험에서 상대적인 운동은 수면의 오목한 모양이 커질수록 반대로 작아지는데 이러한 역비례 관계는 힘이 회전운동과 함수관계를 갖는다는 개념과는 상반되기 때문이다.

128. Newton(1971), p.11.

129. 이것은 상대운동이 존재하는 운동의 전부라는 관념으로서 관계론이라고 불린다. 이 관계론적 운동론은 모든 물체가 그것과 비교될 수 있는 많은 다른 물체들을 갖기 때문에, 각기 다른 여러 상대운동을 갖게 된다는 데 있다.

130. 이러한 견해는 『프린키피아』가 출판된 이후로 약 30여 년 동안 뉴턴의 철학에 대한 입문서에 수없이 등장한다. 옥스퍼드의 천문학 교수로서 뉴턴 철학에 관한 강의를 처음으로 개설하였던 존 카일(John Keill)이 그의 강의 내용을 출간한 『자연철학입문』(1700), 펨버튼(Pemberton)의 『아이작 뉴턴에 관한 견해』(1728), 1748년에 출간된 토마스 러더퍼드(Thomas Rutherforth)와 콜린 맥러린(Colin MacLaurin)의 뉴턴의 원리에 관한 저서 등에서 저자들은 예외 없이 뉴턴의 방법을 강조하고 있다. Kuypers(1966), pp.14-15 참조.
코츠에 의하면, 데카르트는 그의 체계를 완성하기 위해서 우리가 알지 못하는 모양이나 크기, 신비한 유체를 상상하였고 그럼으로써 가장 확실한 관찰에 의해서 도달할 수 있는 사물들의 참다운 내적 구조를 볼 수 없었다. 코츠는 데카르트주의자들의 소용돌이이론이 현상을 설명할 수 있다고 하더라도 그 소용돌이가 물리적 실재로서 확인될 수 있는 가능성을 제시할 수 없기 때문에, 그것은 가설에 불과하다고 보았다. 그리하여 코츠는 "그들은 가설을 그들의 사변의 제1원리로 삼았기 때문에 그 다음부터의 과정이 최고의 정확성을 가졌다고 할지라도 그것은 정교한 허구에 불과하다"고 비판한다. Newton(1971), pp.xx-xxi.
맥러린 역시 그의 『아이작 뉴턴의 철학적 발견에 관한 설명』에서 자연에 집착하고 사변을 반대하는 뉴턴의 방법을 강조하였다. 그는 데카르트주의자들이 뉴턴과 달리 연구의 순서를 뒤바꾸어서 제일 원인으로부터 시작하려 하며, 특히 완전한 존재라는 관념으로부터 자연을 연역해 내려는 무모한 시도를 한다고 비판하였다.
버클리도 뉴턴의 절대시간과 절대공간, 물질의 무한한 분할 가능성, 힘의 실재성에 대해서 비판하지만, 뉴턴의 경험적인 방법만은 인정하였다. 뉴턴이 이러한 문제들에 관한 잘못된 개념을 가졌던 것은 사실이지만, 그것이 자연철학에서의 그의 진정한 성취를 침해하지 않는다고 말하였다. 그는 뉴턴의 방법에 대해서 "자연철학의 참다운 쓰임새와 목적은 자연현상을 설명하는 것이며 그것은 자연의 법칙을 발견하고 개별적인 사례들을 그것으로 환원하는 것이다. 이것이 뉴턴의 방법이다"라고 말한다.

Berkeley(1975), p.345.

앞서 언급했듯이 뉴턴 자신도 그의 『프린키피아』의 일반주석을 데카르트의 소용돌이이론을 비판하는 것으로부터 시작한다.

131. Koyre(1965), p.53.

132. Descartes(2002). The Philosophical Works of Descartes, trans. Elizabeth S. Haldane and G. R. T. Ross, Cambridge: Cambridge University Press. 『철학원리』, 원석영 역, 서울: 아카넷

133. 인간의 신체도 기계적 체계의 일부이며 기계론적으로 움직인다. 인간이 자연에서 구별되는 것은 정신이라는 실체를 더 가지고 있기 때문이다. 인간의 정신은 신체와 상호작용한다. 이것이 기계론적 입장에 서는 데카르트의 심신이원론이다. 이와 같은 데카르트의 심신이원론은 심적 인과라는 난제를 낳게 된다.

134. Butterfield(1962), pp.175–176.

135. 데카르트(2002), p.86.

136. 데카르트(2002), p.86.

137. 김성환(2008), p.131. 여기서 제1법칙과 제2법칙은 "모든 물체가 외부원인의 작용 없이는 같은 상태를 지속하려 한다"는 주장을 포함하여 직선 관성 운동 원리를 진술한다. 제3법칙은 두 물체가 충돌할 때 일어나는 운동의 변화를 규정한다.

138. 김성환(2008), p.6.

139. 여기서 말하는 '분석'이란 오늘날 우리가 알고 있는 명제 분석의 테크닉과는 다른 것이다. 그것은 오히려 고대 그리스의 기하학자들이 사용했던 '분석과 종합의 방법'에 가깝다. 사실상 방법에 관한 데카르트의 진술은 이탈리아 파두아 학파의 방법론적 진술들과 놀라울 정도의 유사성을 가지고 있다. 파두아 학파는 데카르트의 『방법서설』이 출간되기 이전 두 세기에 걸쳐 과학방법에 관한 고전적인 연구와 발전을 부흥시키는 데 지도적인 역할을 담당하였다.

140. Flage and Bonnen(1999), p.18.

141. 『규칙』(Regulae)에서 데카르트는 직관과 연역에 대해서 이렇게 말한다. "나는 직관을 명료하고 주의 깊은 정신이 우리에게 부여하는 개념이라고 이해한다. 그것은 너무나 즉각적이고 직접적이어서 우리가 이해하는 것에 대한 어떠한 의심도 허용하지 않는다." 그러한 직관의 예로 그는 우리가 존재하고 생각한다는 사실, 삼각형이 3직선으로 이루어진다는 사실 등에 관한 기본적인 명제를 들었다. 그에게 연역이란 직관적으로 알려진 사실들로부터 나온 일련의 필연적인 추론의 과정을 말한다. 그 추론의 결론의 확실성은 직관과 사고 안에서 그것의 필연적 연결에 대한 기억으로부터 주어진다. 그러나 그는 이러한 명제적인 방법만으로 수학적인 물리학에 도달하기 어렵다는 것을 알고 직관의 발견물로 공리적인 명제 이외에 단순본성(simple natures)의 개념을 추가로 도입하였다. 단순본성이란 연장, 모양, 운동과 같은 물리적 대상의 궁극적인 성질로 그것들의 양적인 결합에 의해서 현상을 산출하는 것을 의미한다.

142. 데카르트주의자들에게 형이상학은 세 가지 문제를 포함한다. 첫째, 제1원리에 대한 탐구인데 그것은 자연현상에 대한 우리의 지식을 가능하게 해 준다. 둘째, 자연세계의 기본적인 구성요소에 대한 탐구이다. 셋째, 자연에 대한 신의 관계에 대한 탐구이다. Janiak(2008), p.14

143. 『프린키피아』 제2판의 편집자인 코츠는 그의 서문에서 자연철학에서의 세 가지 방법을 구분하였다. 스콜라주의적 방법, 데카르트주의적 방법, 그리고 실험적 방법이 그것이다. 그는 뉴턴의 자연철학과, 그 이전의 스콜라주의나 데카르트주의의 자연철학과의 근본적인 차이점이 그 방법에 있다고 보았다. 따라서 그는 뉴턴의 자연철학을 실험철학(experimental philosophy)이라고 지칭하였다. 이러한 명칭은 19세기에 들어서 자연과학(natural science)이란 말이 널리 사용되기 이전까지, 뉴턴의 자연철학 혹은 그 방법에 입각한 자연철학을 가리키는 낱말로 널리 사용되었다.

144. Descartes(1927), Salmon(1967), p.2에서 재인용.

145. Descartes(1911), vol.I.p.7.

146. Descartes(1911), vol.I.p.8,45.

147. Descartes(1911), vol.I.p.42 참조.

148. Descartes(1983), pp.51–52.

149. Bacon(1960), p.xix.

150. Newton(1971), pp.xvii–xviii.
뉴턴에게 역학은 사실에서 시작하고 사실에 제한되며, 그것의 결론은 사실을 넘어설 수 없다. 여기서 사실이란 감각적 경험을 의미하며, 그 밖의 다른 수단으로는 발견되거나 알려질 수 없는 것이다. 달리 말해서 그것은 가설이 아니라 실험에 의해서만 얻어질 수 있다.

151. Kemp Smith(1941), p.55. 캠프 스미드는 기하학에 대한 뉴턴의 이러한 평가가 흄이『인성론』에서 기하학에 대한 이단적인 견해를 갖게 된 원천이라고 말한다.

152. Newton(1971), p.xvii.

153. Descartes,(1954), pp.223–24.

154. Blake, Ducasse, and Madden,(1960), p.120에서 재인용.

155. Newton(1971), p.547.

156. Newton(1952), p.404.

157. Clarke(1982), p.108.

158. Descartes(1983), p.51.

159. Descartes(1983), p.51.

160. Clark(1982), p.110 참조.

161. Descartes(1954), p.223.

162. Clarke(1982), p.113.

163. Cohen(1980), p.30.

164. Newton(1971), p.547.

165. 이 논쟁은 뉴턴의 중력이론의 철학적, 신학적 함의에 대해서 1715년부터 1716년에 걸쳐 라이프니츠와 새뮤엘 클라크 사이에 벌어진 논쟁이다. 그들은 각각 5회씩 서신을 주고받았다. 그 논쟁은 뉴턴이 공간을 '신의 감각기관'이라고 한 것에 대해 라이프니츠가 비판하는 것으로부터 시작되어, 중력의 개념, 진공의 개념, 충족이유율, 시공간의 개념 등으로 확대되어 갔다. 1717년 클라크에 의해서 편집되어 출간되었던 이 논쟁은 1705년 라이프니츠가 뉴턴의 중력이론에 대해 비판한 것에서 시작된 데카르트주의자로서의 라이프니츠와 뉴턴주의자들 사이에 벌어진 논쟁의 마지막 국면이다. Alexander(1956).

166. Alexander(1956), p.30.

167. Alexander(1956), p.92. 이 언명은 라이프니츠가 클라크에게 보낸 다섯 번째 편지(1716)에 담겨 있다.

168. Alexander(1956), p.115.

169. Newton(1971), p.xxviii.

170. Newton(1971), pp.xxvi–xxvii.

171. Newton(1971), p.400.

172. 코츠는『프린키피아』제2판 서문에서 "물체의 연장, 운동성, 불가침투성이 오직 실험에 의해서 알려졌듯이, 같은 방식으로 중력은 우리에게 알려졌다"라고 말하였다. 그리고 그는 중력이 연장, 운동성, 불가침투성 등과 같이 물질의 제1성질에 속하는 것으로 생각한다. 그러나 이러한 입장은 앞서 언급된 클라크의 입장과는 다른 것이다. 뉴턴이 중력을 물질의 제1성질에 속하는 것으로 생각하였는가에 대해서는 의문이 있다.『광학』에서 그는 입자의 제1성질에 속하는 성질의 목록 속에 중력을 포함하지 않았기 때문이다. 클라크의 언명을 고려할 때, 우리는 적어도 중력이 물질 간의 작용에 인과적 힘으로 작용하는 물질의 성질이 아니라, 운동현상에 대한 실험으로부터 주어진 원리라고 생각해야 할 것이다.

173. 이러한 뉴턴의 입장에도 불구하고 당시에는 떨어진 거리에서의 운동이 자연의 질서에 있어서 불가능하다는 것이 보편적으로 인정되고 있었다. 물체의 운동은 직접적이든 간접적이든 역학의 법칙을 따르는 다른 물체의 충격을 통해서만 가능하다고 생각되었다. 뉴턴 자신도 이러한 가정을 받아들일 수밖에 없었고, 그것이 그가 이 에테르의 유체를 통해서 중력을 설명하게 되는 이유가 된다. 에테르이론가들에 의하면 그러한 에테르가 존재한다면, 그것의 미세한 입자의 운동이 충격에 의해서 중력이라고 부르는 결과를 산출할 수 있다고 주장한다. 뉴턴도 이러한 종류의 설명을 시도하였다. 즉 그것은 중력이 모든 물체들을 에테르가 좀더 희박한 장소로 옮기는 경향을 나타낸다는 견해였다.

174. 프리드만(2012), p.70.

175. 프리드만(2012), p.70.

176. 프리드만(2012), pp.70–1.

177. Westfall(1988), p.13.

178. 야니악은 기계론에 대한 뉴턴의 비판을 두 가지로 집약한다. "자연에서의 인과관계들 중 어떤 것은 기계적이지 않다. 둘째, 뉴턴은 중력의 기반에 대해서 알 수 없음을 공언하지 않았다." Janiak(2008), p.32.

179. 뉴턴 과학에 대한 이러한 인상을 널리 유포하는 데 기여한 대표적인 인물로 프랑스의 볼테르

(F. Voltaire)와 스코틀랜드의 리이드를 들 수 있다.

180. Koyre(1965), pp.53-54. 이 당시의 사람들이 데카르트의 과학에 대해서 다음과 같은 사실을 인정할 수밖에 없었기 때문일 것이다. 1) 데카르트는 순수 합리물리학(rational physics)의 프로그램 – "나의 물리학에는 기하학이 아닌 것은 존재하지 않는다" – 으로부터 시작하여, 순수히 가상적인 물리학, 철학적 로망스를 건설하는 데 그쳤다. 2) 세계에는 미세한 물질이나 나선형의 입자, 빛을 이루는 것으로 데카르트가 보았던 둥근 형태의 제2차 요소 등이 존재하지 않는다. 3) 소용돌이라는 것은 존재하지 않으며, 만약 그것이 존재한다 하더라도 그것으로 인력이나 중력현상을 설명할 수 없다. 4) 물질과 공간은 같은 것이 아니며, 따라서 물리학은 기하학으로 환원될 수 없다.

181. 뉴턴 자신은 자신의 이론이 갖는 신학적 함의에 대해 강한 관심을 가졌다. 그뿐만 아니라 그는 그의 추종자들과 반대자들로부터 그것에 대한 끊임없는 질문을 받았다. 따라서 그는 그러한 문제에 대해서 자신의 생각을 제시하기도 하였다. 그러나 그런 문제들에 대한 그의 논의는 잠정적인 형식을 취하였고, 그의 저작의 본론을 침해하지 않는 부록 정도에서만 다루었다. 『프린키피아』의 「일반주석」이나 『광학』의 물음들이 그러한 예가 된다.

182. 코페르니쿠스의 친구이자 루터파 신학자인 오시안더는 『천구의 회전에 대해서』의 서문에서 코페르니쿠스의 체계는 행성의 위치를 예측하기 위해서 자유롭게 수학적 모델을 만들어 본 것이지, 행성이 실제로 태양의 주위를 도는지의 여부는 문제 삼지 않았다고 썼다. 이와 같이 어떤 과학이론의 진리성을 문제 삼지 않고, 그것을 현상에 대한 설명과 예측을 위한 도구로서 단순한 가설에 불과하다고 보는 입장을 '현상 구하기'(saving the phenomena) 전통이라고 부른다.

183. Newton(1952), p.405.

184. 흄은 『인성론』의 부제를 "실험적 추리의 방법을 정신적 주제에 적용하려는 시도"라고 붙였다. Hume(1978).

185. 전통적으로 로크의 인식론은 아리스토텔레스, 데카르트, 가상디, 베이컨, 그리고 버클리 철학과의 관계에서 연구되거나, 그것들과 비교되어 왔다. 로크의 철학이 당시의 과학으로부터 그다지 영향을 받은 바가 없다고 생각되었기 때문이다. 이러한 입장의 주석가들은 로크가 경험주의 철학이 과학적인 형이상학에 기초하지 말아야 한다는 버클리나 흄의 견해와 유사한 견해를 가지고 있었다고 해석한다. 이러한 입장에서는 과학에 관한 로크의 언급을 거의 중요하게 여기지 않으며, 로크가 메타과학에 대해서 무관심하다고 생각한다. Yost(1951) 참조.

그러나 이러한 입장은 로크의 인식론에 대한 최근의 과학철학적 연구 성과 앞에서 무력하다. 특히 만델바움, 욜튼, 울하우스, 알렉산더, 북달 등의 연구는 로크의 인식론이 입자론을 중심으로 한 당시의 과학에 기초하고 있으며, 그의 철학적 방법 역시 당시의 과학 방법을 인식론적인 문제에 적용하려는 것이었음을 충분한 역사적인 증거를 토대로 밝히고 있기 때문이다. 따라서 최근의 로크 연구의 경향은 그의 인식론을 당시의 자연과학과의 관계에서 살펴볼 것을 강조하고 있다.

이 새로운 경향은 로크의 『인간지성론』(An Essay Concerning Human Understanding)을 과학적 하부구조가 배제된 단순한 인식론적 논의로 읽지 않고, 입자론 등을 비롯한 당시의 과학에 비추어 읽음으로써 그의 견해에 접근해 가고자 한다. 특히 만델바움 등은 버클리의 비판적인 시각에서 로크를 읽을 것이 아니라, 보일과 뉴턴을 염두에 두고 『인간지성론』에 접근하기를 우리에게 권유한다. 이러한 입장에서는 로크의 인식론의 중심과제가 메타과학적인 문제였으며, 『인간지성론』을 분석함으로써 그것에 함의되어 있는 과학적 방법의 이론을 정리해 낼 수 있다고 생각한다. 그들은 『인간지성론』을 비롯하여 여러 로크의 원전들을 분석하여 로크의 입자론적 인식이론뿐만 아니라, 과학적 방법에서 관찰과 실험, 가설 등이 갖는 지위와 역할 등에 대한 로크의 이해를 검토한다. 이러한 입장에서의 로크 연구에는 북달 등의 과학철학자들이 상당히 기여하였다. Mandelbaum(1964), Axtell(1965), Buchdahl(1969), Yolton(1971), Woolhouse(1971), Alexander(1985) 참조.

그러나 로크의 철학과 당시의 과학과의 관계에 관해서 여러 가지 의견이 대립하고 있는 것도 사실이다. 예컨대, 만델바움과 북달이 뉴턴의 영향을 강조하는 데 비해서, 욜튼과 알렉산더는 로크가 그의 방법론에서 뉴턴의 영향보다는 보일의 영향 가운데 있었음을 강조한다.

186. Berlin(1956), p.47.

187. Berlin(1956), pp.47-48 참조. 로크가 데카르트의 심신이원론을 받아들였다는 것이 표준적인 해석이지만, 로크를 유물론적 일원론자로 보고, 관념을 물질적인 것(물질 혹은 물질의 변양)으로 볼 수 있는 해석의 가능성도 있다. 이러한 해석은 로크를 가상디와의 관련성에서 보는 주석가들에 의해서 주장된다. 이러한 입장을 따른다면 (3)의 이론은 로크의 인과이론과 관련이 없는 것이 된다.

188. Locke(1975),II.8.11. 로크, 정병훈 외 역(2014), 제1권, p.202

189. Locke(1975),II.8.8. 로크, 정병훈 외 역(2014), 제1권, p.200.

190. Locke(1975),II.8.9. 로크, 정병훈 외 역(2014), 제1권, p.200.

191. Locke(1975),II.8.10. 로크, 정병훈 외 역(2014), 제1권, p.201.

192. Locke(1975),II.8.15. 로크, 정병훈 외 역(2014), 제1권, pp.203-204.

193. Locke(1975),II.23.8. 로크, 정병훈 외 역(2014), 제1권, p.435.

194. Locke(1975),II.23.9. 로크, 정병훈 외 역(2014), 제1권, p.436을 일부 개역하였음.

195. Locke(1975),II.8.10에서 로크는 "아마도 단적인 힘으로 인정되는 세 번째 종류가 추가될 수도 있을 것이다"라고 말한다. 로크, 정병훈 외 역(2014), p.201.

196. 예컨대, 메키와 알렉산더는 로크에서 힘과 본원적 속성, 힘과 성질들 사이의 구분이 없다고 생각한다. Alexander(1985), p.165.

197. Locke(1975),II.21.4. 로크, 정병훈 외 역(2014), 제 1권, p.350.

198. Locke(1975),II.21.4. 로크, 정병훈 외 역(2014), 제1권, p.349-350.

199. Locke(1975),II.21.4. 로크, 정병훈 외 역(2014), 제1권, p.350.

200. Locke(1975),II.21.5. 로크, 정병훈 외 역(2014), 제1권, p.351.

201. Locke(1975),II.21.2. 로크, 정병훈 외 역(2014), 제1권, p.348.

202. Locke(1975),II.26.2. 로크, 정병훈 외 역(2014), 제1권, p.472.

203. Locke(1975),II.26.2. 로크, 정병훈 외 역(2014), 제1권, p.472.

204. Locke(1975),II.26.2. 로크, 정병훈 외 역(2014), 제1권, p.472.

205. Locke(1823), pp.467-8. Alexander(1985), p.164에서 재인용.

206. Alexander(1985), p.164.

207. Newton(1952), p.400.

208. Newton(1952), pp.541-542.

209. 다음과 같은 언명은 로크의 입장이 흄의 그것과 상당히 유사한 것으로 해석될 가능성을 보여 준다.

"마음은 자신이 그토록 끊임없이 관찰해 왔던 것으로부터 다음과 같은 결론을 내린다. 유사한 변화가 미래에도 동일한 물체 안에서 동일한 행위자에 의해서 동일한 방식으로 만들어질 것이다. 이때 마음은 한 사물에서는 그 단순관념들이 변할 가능성을 고려하고, 다른 한 사물에서는 이러한 변화를 일으킬 가능성을 고려해서 우리가 힘이라고 부르는 관념을 얻게 된다."

Locke(1975),II.21.1. 로크, 정병훈 외 역(2014), 제1권, p.347.

210. Locke(1975),IV.1.2. 로크, 정병훈 외 역(2014), 제2권, p.179.

211. Locke(1975),IV.3.25. 로크, 정병훈 외 역(2014), 제2권, p.221.

212. Locke(1975),II.23.12. 로크, 정병훈 외 역(2014), 제 1권, p.439.

213. 북달은 우리가 현미경 같은 눈을 가지고 있다면 미립자들을 관찰할 가능성이 있다는 로크의 믿음은 이론적 실재들에 대한 그의 실재론적 입장을 보여 준다고 지적한다. Buchdahl(1969), p.217.n.1.

214. Locke(1975),IV.3.25. 로크, 정병훈 외 역(2014), 제 2권, pp.221-222.

215. Locke(1975),IV.3.16. 로크, 정병훈 외 역(2014), 제 2권, p.210.

216. Locke(1975),IV.3.29. 로크, 정병훈 외 역(2014), 제 2권, p.227.

217. Locke(1975),IV.3.26. 로크, 정병훈 외 역(2014), 제 2권, p.222.

218. Locke(1975),IV.3.26. 로크, 정병훈 외 역(2014), 제 2권, p.223.

219. Locke(1975),IV.14.3. 로크, 정병훈 외 역(2014), 제 2권, p.356.

220. Locke(1975),IV.3.14. 로크, 정병훈 외 역

(2014), 제 2권, p.209.

IV.15.3.에서 로크는 개연성과 확실성, 믿음과 지식의 차이를 이렇게 설명한다. "개연성이란 참일 가망성이다. 그 낱말의 표기는 참으로 여기거나 받아들이게 하기 위한 논증이나 증거가 있는 명제를 의미한다. 이러한 종류의 명제에 대해 마음이 갖게 되는 것을 우리는 '믿음', '동의', 또는 '의견'이라고 부른다. 이것은 어떤 명제가 참이라는 것에 대한 확실한 지식이 없이도 그것을 참인 것으로 우리를 설득하는 것으로 발견되는 논증이나 증거에 입각해서 어떤 명제를 참인 것으로 인정하거나 받아들이는 것을 말한다. 그리고 여기에 개연성과 확실성, 신앙과 지식 사이의 차이가 존재한다. 즉 지식의 모든 부분들에는 직관이 있고 각각의 직접적인 관념과 각 단계가 가시적이고 확실한 연관성을 갖는 데 비해서, 믿음은 그렇지 못하다." 로크, 정병훈 외 역(2014), 제 2권, pp.361.

221. Locke(1975),IV.14.4. 로크, 정병훈 외 역(2014), 제 2권, p.357.

222. Yost(1951), Yolton(1971).

223. Mandelbaum(1964), Laudan(1967).

224. 다음과 같은 로크의 언명들이 그를 가설의 방법에 대한 반대자로 해석하는 근거로 여겨지고 있다. 로크는 가설의 방법이 참다운 지식을 얻는 만족스러운 방법이 아님을 이렇게 말한다.

"일반 공준, 근거가 불확실한 원리, 그리고 제멋대로 규정된 가설은 참된 지식을 촉진하는 바가 얼마나 적은가 또는 진정한 개선을 구하는 합리적 인간의 탐구를 만족시키는 데 도움이 되는 바가 얼마나 적은가 …를 고찰한 사람은 이 후대에 다른 경로를 택하여 학식 있는 무지에 대해서 더 쉬운 길이 아니지만 유익한 지식으로 가는 한층 확실한 길을 밟아서 우리에게 온 사람들에게 우리가 감사할 이유를 가지고 있다고 생각할 것이다."

Locke(1975),IV.12.12. 로크, 정병훈 외 역(2014), 제2권, pp.347-348.

225. Yolton(1971), p.79. 욜튼은 로크에서 대상의 실재적 본질에 대한 이해는 대상의 내적 본질을 이루는 미세한 입자의 관찰과는 구별된다고 말한다. 욜튼은 다음과 같은 로크의 언명이 자신의 해석을 뒷받침한다고 생각한다.

"나는 만일 우리가 어떤 두 가지 물체들의 미세한 구성부분들의 모양, 크기, 조직, 그리고 운동을 발견할 수 있다면 그것들의 상호작용에 대해서 여러 번의 시행착오 없이 알아야 할 것이라고 생각한다. … 그러나 그러한 입자들을 지각하기에 충분할 만큼 예민한 감각을 결여하고 있기 때문에 … 우리는 그것들의 성질과 작용방식에 대해서 모르는 것이다."

Locke(1975),IV.3.25.

226. Yolton(1971), pp.79-80.

227. Yolton(1971), p.79. 욜튼은 실제로 당시에 "연역과 함께 사용하는 가설의 방법은 물질에 대한 이론보다는 천문학이나 지상의 역학에서 확실히 더 많이 사용되었고, 이 사실이 자연에 관한 과학에 대한 설명에서 로크가 가설의 방법보다도 자연사의 방법을 따른 이유를 설명해 준다"라고 말한다. Yolton(1971), p.76.

228. Mandelbaum(1964), p.14.

229. 사실상 로크는 '가설'에 대한 정확한 정의를 내린 적이 없다. 또한 그는 가설적 방법에 대한 지속적인 작업을 한 적도 없다. 그는 어느 곳에서도 그 문제를 독립적으로 다룬 적이 없다. 로크가 '가설'에 대한 어떤 명료한 정의를 제시한 적은 없지만, 여러 가지 맥락에서 그가 언명하고 함의하는 것들은 그가 생각하는 바를 보여 준다.

230. Locke(1975),IV.16.12 참조. 로크, 정병훈 외 역(2014), 제2권, pp.375-377.

231. Locke(1975),IV.15.4. 로크, 정병훈 외 역(2014), 제2권, p.361.

232. Locke(1975),IV.16.12. 로크, 정병훈 외 역(2014), 제2권, p.375.

233. Locke(1975),IV.16.12. 로크, 정병훈 외 역(2014), 제2권, p.376.

234. Locke(1975),IV.16.12.

235. Locke(1975),IV.16.12. 로크, 정병훈 외 역(2014), 제2권, pp.375.

236. Locke(1975),IV.16.12. 로크, 정병훈 외 역(2014), 제2권, pp.377.

237. 파르의 조사에 의하면 로크가 가설에 속하는 것으로 생각한 것에는 영혼에 관한 가설 즉 영혼이 비물질적 실체인가 혹은 사고하는 물질인가에 관한 가설, 코페르니쿠스의 천체 운동에 관한 가설, 뉴턴의 중력에 관한 가설, 성경의 노아의 홍수에 대한 지질학적 가설, 의학에 관한 가설, 자연종교에 관한 가설, 정치학에서의 가설 등이 있다.

로크에서 가설은 인간의 탐구에서 세 가지 기본

적인 기능을 갖는다. 그것의 올바른 사용은 (1) 기억에 크게 도움이 되며, (2) 새로운 발견으로 인도하며, (3) 자연의 현상을 설명하는 데 도움이 된다. Farr(1987) 참조.

238. Locke(1975),IV.12.13. 로크, 정병훈 외 역(2014), 제2권, p.348.

239. Yost(1951), p.127.

240. Yost(1951).

241. 라우던도 이 문제에 관한 그의 논문 후기에서 "불행하게도, 로크에 대한 요스트-욜튼의 해석과 만델바움-라우던의 해석을 갈라 놓는 해석상의 괴리는 『인간지성론』이라는 한정적인 원전 인용에 의해서 해결될 수 있는 것이 아니다. 그 원전은 두 해석에 대한 별개의 증거를 제공하기 때문이다"라고 말한다. Tipton(1977), p.161.

그리고 그는 로크가 17세기의 지적 전통 중 어디에 속하는가 하는 광범위한 문제를 제기함으로써 해결되어야 한다고 말한다. 그렇게 되면 로크가 자연사가인가 아니면 가설주의자인가 하는 물음은 로크가 베이컨적인 전통에 속하는가 아니면 보일적인 전통에 속하는가 하는 문제로 환원된다. 그러나 그 방법도 유효한 것은 아니라고 생각된다. 왜냐하면 울바크가 주장하듯이 베이컨은 가설의 방법을 강조하였다고 해석될 수 있으며, 욜튼이 주장하듯이 보일이 가설을 경계하고 자연사적 방법을 강조하였다고 할 수 있기 때문이다.

242. Yolton(1970), p.79.

243. Locke(1968), p.306.

244. 버클리 철학의 여러 주석가들은 버클리가 과학철학에 관한 그의 저작들에서 과학과 형이상학을 엄밀히 구분하려 하였다는 사실에 대해서 동의한다. 이에 관해서 두 가지의 예가 제시될 수 있다. 부룩은 "라이프니츠와 마찬가지로, 버클리는 역능적 혹은 산출적 원인을 다루는 형이상학과 그러한 원인을 다루지 않는 물리학 사이의 선을 엄밀히 긋고 있다"라고 말한다. Brook(1973), p.3

또한 마이힐은 "이러한 이설(버클리의 정신에 관한 이설)은 자연과학과 형이상학과 신학 사이의 엄격한 구분을 설정하고 있다"라고 주장한다. Myhill(1957), p.141.

그러나 그들 중 어느 누구도 이 문제를 독립적으로 다룬 일이 없다. 따라서 "버클리는 과학과 형이상학을 어떻게 구분하는가, 버클리에게서 그러한 구분의 중요성은 무엇인가?" 하는 물음은 아직 그 해답이 구체적으로 주어져 있지 않다.

245. Popper(1963), p.166.

버클리는 여러 번에 걸쳐 뉴턴에 대해서 최대의 경의를 표시하였다. 그럼에도 불구하고 버클리는 뉴턴의 물리학 중 자신의 원리에 비추어 동의할 수 없는 부분들에 대해서 중요한 철학적 비판을 가한다. 버클리는 『원리』 제1판에서 뉴턴에 대해서 이렇게 말한다. "우리가 말하고 있는 종류의 최고의 문법은, 세계의 모든 이들이 경애하는 이웃나라 철학자에 의해 증명되고 자연에 적용된 역학에 관한 저서라는 것이 쉽게 인정될 것이다. 나는 그 비상한 인물의 업적에 대해서 왈가왈부하려는 것이 아니다. 다만 그가 주장한 것 중에서 지금까지 우리가 주장한 바와 직접적으로 상치되는 몇 가지, 위대한 사람이라는 권위 때문에 우리가 간과한 것으로서, 우리들에게 결여된 몇 가지 점들에 대해서만 논의하겠다." Berkeley(1965), p.76. 또한 버클리는 사무엘 존슨에게 보낸 『서신』에서는 뉴턴을 가리켜 "아이작 경이 비상한 인물이고 가장 심오한 수학자라는 것은 인정하지만, 나는 이러한 몇 가지 점에서 그에게 동의할 수 없다"라고 말한다. Berkeley(1975), p.354.

이 책에서 버클리의 원전의 인용은 다음에 의거한다. 『운동론』(De Motu)과 『원리』(A Treaties Concerning the Principles of Human Knowledge)에 대해서는 절(section) 번호를 달았고, 『하일라스와 필로노스 사이의 세 대화』(Three Dialogues Between Hylas and Philonous)에 대해서는 쪽(page number)을 표시하였다.

246. 이와 같은 뉴턴의 개념에 관한 버클리의 비판적 관점에 대해서는 두 가지 입장이 대립하고 있다. 한편으로 포퍼, 마이힐 등은 버클리를 마하와 아인슈타인의 선구자로 보고 그의 과학철학에 현대적 경험주의의 성격을 부여한다. 그러나 그들은 힘 개념과 같은 것에 대한 구체적인 해석의 문제를 제기하지 않는다. Popper(1963), Myhill(1957).

다른 한편으로 부룩, 실버 등은 버클리의 입장은 일관성이 없으며, 특히 뉴턴의 운동의 법칙에 대해서, 일반적으로는 동역학에 취약하다고 평가한다. Brook(1973), Silver(1973).

부룩에 의하면 "뉴턴의 운동의 제1법칙과 제2법칙에 대한 버클리의 이해에는 모호한 점이 많다. 어떤 때는 그는 그 법칙들이 완전한 경험적 일반화라고 말하고 또 어떤 때는 역학에서의 '힘'의 정당한 용법은 기하학자들이 '선과 각' 같은 것을 수학적인 허구로서 사용하는 것과 비교될 수 있는 것으로 말한다." Brook(1973), p.142.

247. Berkeley(1710), sect.97.

248. Berkeley(1710), sect.97.

249. Berkeley(1710), sect.97.

250. 버클리는 『원리』 44절에서 "엄격한 의미에서 시각의 관념은 우리가 그것에 의해 거리와 떨어진 거리에 있는 사물들을 파악할 때, 우리에게 사물들이 실제로 떨어진 거리에 있다는 것을 제시하거나 표시해 주지 못하며, 단지 어떤 촉각의 관념들이 그러그러한 시간적 간격으로, 그러그러한 행동의 결과로서 우리의 정신에 각인될 것이라는 것만을 알려줄 뿐이다"라고 말한다. Berkeley(1710), sect.44.

251. Berkeley(1710), sect.114.

252. Berkeley(1710), sect.113.

253. Berkeley(1710), sect.113.

254. Berkeley(1721), sect.64.

255. 이에 대해서는 『운동론』 60절을 참조할 것.

256. Newton(1971), p.2.

257. Berkeley(1921), sect.22.

258. Berkeley(1721), sect.4.

259. Berkeley(1710), sect.103.

260. 앞서 인용된 『프린키피아』 제2판 서문에서 코츠의 언명은 버클리에게는 수락될 수 없는 것이다. 거기서 코츠는 중력이 물체의 제1성질에 속하는 것으로 해석하였다. 그러나 중력은 연장, 운동성, 불가침투성 등과 같은 의미의 대상의 성질일 수 없다. 왜냐하면 우리에게 발견되는 현상으로서 혹은 결과로서 중력은 복합관념이기 때문에 제1성질일 수 없다. 한편 그것의 관찰 가능한 결과와 분리된 비관찰적인 실재로서의 중력도 역시 제1성질일 수 없다. 더욱이 제1성질의 집합은 이질적인 것으로서, 그것의 이질적이고 독립적인 구성요소들을 한데 묶음으로써, 복합관념을 구성하는 기초가 된다. 같은 이유로 하나의 제1성질은 다른 제1성질에 의해서 표현될 수 없고, 다른 제1성질과 상호작용할 수도 없다. 제1성질로서의 중력은 그것의 관찰된 결과, 즉 다른 제1성질들에서 발생하는 변화의 원인일 수 없다. 따라서 버클리에게 비관찰적인 실재로서의 중력은 존재할 수도 없고 어떤 설명력을 가질 수도 없다. 그것의 결과에 의해서만 알 수 있는 비관찰적인 실재가 관찰가능한 제1성질들에 포함되어야 한다는 주장은 유물론적 도식에서는 선결문제의 오류이며, 버클리의 현상주의적 입장에서는 비존재로 추방될 수밖에 없다. 따라서 '중력', '힘' 등의 개념은 다른 방식으로 해석되어야 한다.

261. 워녹에 의하면 버클리는 인과적 테제에 대한 부정은 '도저히 이해될 수 없는 것'으로 간주한다. Warnock(1982), p.120.
버네트에 의하면, 버클리에서 진정한 인과율은 선험적인 것도 귀납적인 것도 아닌 결합을 포함한다. Bennet(1971), pp.202-203.

262. Berkeley(1713), p.236. 이러한 버클리의 인과적 테제는 말브랑쉐의 철학의 영향이라는 것이 일반적인 해석이다. Luce(1934) 참조.
말브랑쉐에 의하면 모든 것의 본성과 힘은 신의 의지에 불과하다. 모든 자연적 사물은 실재적인 것이 아니라, 단지 계기적인 원인(occasional cause)이다. 버클리와 말브랑쉐는 인간의 의지의 작용력에 대해서 차이를 보인다. 말브랑쉐에서는 우리가 팔을 들어 올리고자 하거나 고향을 생각하려는 경우에도 이러한 일들의 원인이 우리 자신일 수 없다. 우리의 의지는 팔의 움직임이나 고향의 모습을 떠올리는 일의 원인일 수 없다. 모든 자연적인 사물이나 사건과 마찬가지로 그것들은 신에 의해서만 야기될 수 있다. 반면에 버클리의 인과적 테제는 인간의 의지가 상상력에 의한 관념이나 육체적 운동의 진정한 원인일 수 있다고 보는 점에서 보다 관용적이다.

263. Berkeley(1707-8), p.334.

264. Berkeley(1975), p.345.

265. Berkeley(1721), sect.37.

266. Berkeley(1710), sect.65.

267. Berkeley(1721), sect.71.

268. Berkeley(1721), sect.71.

269. Berkeley(1710), sect.25.

270. Berkeley(1710), sect.102.

271. Buchdahl(1969), p.299 참조.

272. Berkeley(1721), sect.35.

273. Foucault(1970), pp.50-60.

274. Berkeley(1721), sect.41.

275. Berkeley(1721), sect.42.

276. Berkeley(1710), sect.27.

277. Berkeley(1710), sect.58.

278. Buchdahl(1969), p.308.

279. Berkeley(1710), sect.50.

280. Berkeley(1721), sect.37.

281. Berkeley(1721), sect.17. 이 구절은 버클리의 도구주의(instrumentalism)의 일면을 보여 준다. Popper(1963), p.173. 뉴턴-스미드에 의하면, 도구주의에서는 이론적 문장들이 참 혹은 거짓이라는 진리치를 갖는다는 종류의 의미를 제공하는 것으로 주장되지 않는다.
Newton-Smith(1985), p.150.
도구주의에 의하면, 과학에서 이론적인 문장들은 경험적 사실에 비추어서 그 진위가 판별될 수 있는 성격의 것이 아니다. 그것은 오히려 현상을 보다 더 효과적으로 설명하기 위한 도구적 성격을 갖는다. 따라서 같은 현상에 대해서 여러 가지의 설명이 가능하며 그중 어느 하나가 경험적 사실만을 토대로 하여 선택되기는 어렵다. 버클리에서도 이론적 실재들은 안정된 실체를 갖지 않는 것으로 간주되기 때문에, 어떤 하나의 자연적 현상에 대해서 여러 가지의 설명이 주어질 수 있다는 것이 당연하게 여겨진다. 그는 이 점을 다음과 같이 설명한다. "뉴턴과 토리첼리가 서로 의견의 일치를 보지 못하는 것처럼 보이지만, 그들 각각은 일관된 견해를 내세우고 있으며, 그러한 견해들에 의해서 사물들은 충분하게 잘 설명된다. 왜냐하면 행성들과 태양에서의 인력과 같이 물체들에게 주어져 있다고 간주되는 모든 힘들은 수학적 가설이기 때문이다. 그러나 수학적 실재들은 사물의 본성에서 어떠한 안정된 요소도 갖지 않는다. 또한 그것들은 그것들을 정의하는 개념에 의존한다. 따라서 같은 사물도 다른 방식으로 설명될 수 있다." Berkeley(1721), sect.67.이 구절은 경험적 자료(data)에 의해서는 이론의 진위가 결정될 수 없다는 '이론 비결정성 테제'를 함의하고 있다. 그 테제에 의하면 어떤 주제에 대해서 서로 논리적으로 양립 불가능하지만 증거상으로는 동등한 이론들의 짝들이 있을 수 있다는 주장이다.

282. Dancy(1987), p.124.『운동론』34절은 목적론적 설명이 어떤 종류의 지식을 추구하는가, 또한 과학적 설명과 목적론적 설명에 각각 기초한 이러한 두 종류의 지식들 사이의 관계는 무엇인가를 보여 준다. 버클리는 다음과 같이 쓰고 있다. "선과 위대한 신, 모든 사물의 창조자 그리고 보존자에 대해 다루고, 어떻게 모든 사물들이 최고의 참다운 존재에 의존하는가를 보이는 것은, 그것이 인간 지식 가운데 가장 탁월한 부분이긴 하지만, 자연철학보다는 제1철학, 형이상학 그리고 신학의 영역에 속하는 것이다. … 따라서 자연철학은 신에 관한 지식을 전제하거나 그것을 어떤 우월한 학문으로부터 빌려와야 한다." Berkeley(1721), sect.34.

283. Dancy(1987), p.124.

284. Berkeley(1721), sect.35.

285. Berkeley(1721), sect.71.

286. 이러한 과정의 세분은『운동론』제38절에서 버클리의 다음과 같은 언명을 토대로 한 것이다.
"… 그리고 이러한 목적을 위하여 일반적 개념과 명제들이 형성되어야 하는데, 그것을 통해서 특수한 명제들과 인지된 것들이 모종의 방식으로 포괄된다. …"
Berkeley(1721), sect.38.
물론 이 언명에는 우리가 세분한 것과 같은 구분이 제시되어 있지 않다. 그러나 개념을 형성하는 것과 명제를 구성하는 것은 구분될 수 있다고 생각한다.

287. Berkeley(1721), sect.36.

288. Berkeley(1721), sect.38.

289. Berkeley(1721), sect.69.

290. Berkeley(1721), sect.38.

291. Berkeley(1721), sect.66.

292. Berkeley(1721), sect.66.

293. Hume(1978), pp.638-39.

294. Hume(1886), vol.4.p.379. Force(1990), p.183에서 재인용.

295. Hume(1886), vol.3.p.183.

296. Hume(1967), pp.28-29.

297. Hume(1975), p.73.

298. Hume(1975), p.204.,(1978), p.240,282.

299. Hume(1932), vol.1.pp.158-9.

300. Noxon(1973), p.74.

301. Noxon(1973), p.74.

302. Hume(1947), p.136.

303. Hume(1782), vol.8.pp.332-4.

304. Hume(1975), p.30.

305. Hume(1975), p.81.

306. 뉴턴은 천체의 조화가 "그 제1원인이 이해

할 수 없는 것이거나 우연적인 것이 아니라 역학과 기하학으로 잘 훈련된 사람에게는 이해될 수 있는 것"이라고 말한 적이 있다. Noxon(1973), p.72에서 재인용.
이러한 언명을 토대로 낙슨, 패스모어 등은 이 점(궁극적 원인)에서 뉴턴의 견해가 흄의 견해와 일치한다고 보기 어렵다고 주장한다. 그들에 의하면 뉴턴이 자연의 궁극적인 비밀을 복원하는 데 만족하리라고 보기 어렵다는 것이다. 반대로 뉴턴은 흄이 궁극적이라고 인정한 원리를 "아직 발견되지는 않았지만 그것들의 원인이 발견되어야 할 것으로 남아 있는 것"으로 인정하곤 하였다고 주장한다. Newton(1952), p.402.
궁극적인 물음에 대한 대답에 관하여, 패스모어는 "뉴턴이 그러한 가설들을 현상으로부터 연역되지 않았기 때문에 인정될 수 없는 것으로 제쳐 놓았지만, 흄은 그것을 아예 거부한다."라고 말한다. Passmore(1980), p.51.
낙슨은 더 나아가 뉴턴은 그러한 가설들을 언제나 미루어 놓는 것은 아니라고 주장한다. 그에 의하면 뉴턴은 『프린키피아』 제3권의 물음들과 일반적인 주석에서 제1원인 및 목적인에 대해서 자유롭게 사변한다. 그러나 이러한 그들의 입장은 뉴턴에 대한 일반적인 해석에 어긋난다. 뉴턴은 경험과학의 검증 가능한 법칙과 사변적 가설 및 자연종교 사이를 엄밀히 구분한다는 것이 뉴턴에 대한 일반적인 해석이다. 뉴턴은 과학적인 검증에서 어떤 한계를 인정하고 있음이 분명하다.

307. Hume(1975), p.30.

308. Force(1990), p.186.

309. Yaldon-Thomson(1983), p.1 참조. 흄에 대한 Pritchard(1950)의 부정적 견해는 알려져 있다.

310. 이러한 해석의 전통은 리이드와 비에티(James Beattie)에게까지 올라간다.

311. Kemp Smith(1905).

312. Kemp Smith(1941).

313. Kemp Smith(1905), pp.150-15 이하의 캠프스미드의 해석에 관한 논의는 이 논문을 참고한 것임.

314. Kemp Smith(1905), p.155.

315. Hume(1978), pp.210-211.

316. 예를 들어, Kemp Smith(1941), p.124.

317. 제1장 참조.

318. Robinson(1976).

319. Robinson(1975), p.45.

320. Keen(1975).ch.3.

321. Laird(1932).

322. 흄에서 'moral subject'는 단순히 윤리학적 혹은 도덕적 주제를 의미하는 것이 아니라, 오늘날의 인문학과 사회과학이 다루는 주제, 즉 인간의 정신작용이 개재되는 현상 전반에 관한 주제들을 포괄하는 것이라고 볼 수 있다. 흄은 'moral'이라는 말을 '물리적'(physical)이란 말과 대비되는 '정신적'(mental)이라는 의미로 사용하기 때문이다. 따라서 이 논문에서는 'moral subject'를 '정신적 주제'로, 'moral science'는 '정신과학'(精神科學)이라고 각각 옮기기로 한다. Hume(1978), p.171 참조.

323. Hume(1978), p.xvii.

324. 17C세기의 극단적 회의주의의 대표자는 피에르 베일(Pierre Bayle)이다. 그는 모든 종류의 과학을 공격하면서, 지식이란 불가능하고 합리적인 사람은 지식에 관한 판단을 중지해야 한다고 주장하였다. 극단적 회의주의는 신앙주의와 일치한다. 반면에 완화된 회의주의는 확실한 지식을 포기하고 개인적인 지식을 추구하는 입장이다.

325. Hume(1978), pp.180-187.

326. Hume(1978), p.xvi.

327. Hume(1978), pp.270-272.

328. Wright(1983), pp.39-40.

329. Capaldi(1975), p.73.

330. Capaldi(1975), ch.3 참조.

331. Stroud(1977), p.4.

332. Noxon(1973).

333. Capaldi(1975), p.49.

334. Force(1990), pp.196-97 참조.

335. Flew(1961), p.18.

336. Flew(1961), p.94.

337. Jessop(1968), pp.46-7.

338. Stroud(1977), p.1.

339. Stroud(1977), p.3.

340. Stroud(1977), p.4.

341. Stroud(1977), p.8.

342. Chappell(1963), p.xv.

343. Hendel(1963), p.366.

344. Kemp Smith(1941), p.57.

345. Kemp Smith(1941), p.62.

346. Kemp Smith(1941), p.70.

347. Noxon(1973), p.77.

348. Noxon(1973), p.73.

349. Noxon(1973), p.32.

350. Capaldi(1975), p.50.

351. Passmore(1980), p.43.

352. Passmore(1952), p.43.

353. Norton(1982), pp.152–63.

354. Wright(1983), pp.162–4.

355. 흄이 말하는 인과관계가 무엇인가에 대해서 주석가들 사이에 의견의 일치를 보지 못하고 있다는 사실은 놀라운 일이다.

356. Hume(1978), p.74.

357. Capaldi(1975), p.95.

358. Hume(1978), p.75.

359. Capaldi(1975), p.95.

360. Hume(1978), p.14.

361. Hume(1978), p.14.

362. Hume(1978), p.70.

363. Hume(1978), p.73.

364. Hume(1978), p.73.

365. Hume(1978), p.75.

366. Capaldi(1975), p.98."만약 우리가 이러한 주장이 참이라는 것을 그가 어떻게 아느냐고 물으면, 자신이 뉴턴 물리학의 참됨을 받아들이고 있기 때문에 그러한 주장을 한다는 것이 유일하게 가능한 대답일 것이다."

367. Hume(1978), p.74.

368. Hume(1978), p.172.

369. 이러한 세 가지 조건은 원인과 결과에 대한 판단을 규제하는 일반규칙에 포함된다. Hume(1978), p.173.

370. 이 예는 본래 말브랑쉐가 그의 계기론(occasionalism)을 뒷받침하기 위해서 제시한 예인데, 우리가 앞서 보았듯이 로크도 인과적 힘의 개념을 논의할 때 이 예를 사용한다. 로크가 그 예를 사용하여 인과적 힘의 개념을 논증할 때, 그가 뉴턴의 이론에 의존하지 않았던 것에 비해, 흄이 이 예를 사용하는 데는 이미 뉴턴적인 운동의 개념이 개재되어 있다고 할 수 있다. 이 예는 결국 원인의 힘과 작용성을 부정하기 위해, 달리 말해 물질이 알려지지 않은 힘에 의해서 작용한다고 하는 주장을 논박하기 위해서 사용된다. 흄은 이 문제가 '철학에서 가장 난해한 문제이고, 과학이 매우 큰 관심을 가지고 있는 문제'라는 것을 잘 알고 있었다. Hume(1978), p.136.

371. Hume(1978), pp.76–77.

372. Hume(1740), p.649.

373. Hume(1975), pp.28–29.

374. Hume(1978), p.78.

375. 『인성론』 제1권 3부 3절의 논의는 이러한 주장을 위한 것이다.

376. Capaldi(1975), p.102.

377. Hume(1978), p.82.

378. Hume(1978), p.94.

379. Hume(1978), p.60.

380. Hume(1978), p.269.

381. Hume(1975), p.108.

382. 믿음, 습관 등의 심리적인 작용에 대해서는 제12장을 참조.

383. Hume(1978), p.165.

384. Hume(1978), p.166.

385. Hume(1978), p.172.

386. Robinson(1966), pp.129–47 참조.

387. Hume(1978), p.156.

388. Hume(1978), p.172.

389. Hume(1978), p.88.

390. 이 점에 대해서는 원인과 결과를 판단하는 일반규칙을 개연적 추리에 적용하는 문제를 논의할 때 상세히 논의하겠다.

391. Hume(1978), p.139.

392. Robinson(1977), pp.156–157.

393. Ducasse(1960), p.50.

394. Russell(1917), p.174.

395. Beauchamp and Rosenberg(1981), p.36 참조.

396. Beauchamp and Rosenberg(1981), p.37.
흄은 우리가 오늘날 '귀납의 문제'라고 부를 수 있는 것을 『인성론』 제1권 3부 6절에서 처음으로 언명하였다. 그는 그 논증을 그가 익명으로 출간한 『초록』에 다시 요약하였고, 그것을 『인성론』 제4절에서 그 구조를 보다 명료하게 하여 "지성의 작용에 관한 회의주의적 의심"이라는 제목으로 수록하고 있다.

397. Beauchamp and Rosenberg(1981), p.37.

398. 다음의 인용은 흄의 철학 또는 귀납의 문제에 관한 한, 오늘날 가장 유력한 철학자들이 흄이 귀납을 부정하였다는 주장을 뒷받침하기 위해서 내세운 언명들이다.

"혹자는 모든 과학적 추리는 개연적 추론이라고 말함으로써 그 상황을 해결하려고 한다. 그러나 흄의 회의주의적 공격은 귀납적 추론에 대해서도 같은 힘을 갖는다." Basson(1958), pp.167-168.

"경험이 미래에 관하여 아무런 확실성을 산출할 수 없음에도 미래에 일어날 수 있음직한 일에 관하여 우리에게 가르쳐 줄 수 있을 것인가? 그러나 흄이 지적한 바대로 이것은 '출구'가 되지 못한다."

Kemp Smith(1941), pp.374-75.

"달리 말해서, 그의 『초록』(p.15)에서 덧붙이듯이, 흄은 만약 관찰되지 않은 사례들에 관한 어떤 결론 - 단지 개연적인 결론이라고 해도 - 을 정당화하기 위해서 경험에 호소한다면 우리는 무한퇴행에 빠지게 될 것임을 지적한다. …"

Popper(1957), p.369.cf.p.265, (1963a), pp.192 -93, 289.

"데이비드 흄은 일반적인 종합적 명제는 선험적으로 증명할 수 없다는 것을 최초로 발견한 사람으로서, 미래에 관한 예측의 불가능성이 가져오는 이러한 결과가 개연성에 대한 조회에 의해서 '회피되거나', '극소화될 수' 없다는 것 역시 명료하게 파악하였다. …"

von Wright(1957), p.153, cf.p.176.

그러나 포퍼나 폰 리히트가 말하는 흄의 논증은 『초록』(p.650)에 추가된 것이 아니라, 실제로는 이미 『인성론』(pp.88-90), 『탐구』(pp.33-38)에 등장한다. 그 논증이 보다 긴 논증의 한 단계라고 생각하지 않는 한 그 논증을 이해하기 어렵다. 그 긴 논증이란 『초록』 pp.649-652, 『인성론』 pp.86-90, 『탐구』 pp.25-38 에 실려 있다.

399. Mackie(1974), p.3.

400. Stove(1968), pp.187-212(1973) 참조.

401. Beauchamp and Rosenberg(1981), p.43.

402. Hume(1978), p.78

403. Hume(1978), p.101

404. Robert Paul Wolff(1968), "Hume's Theory of Mental Activity" in V.C.Chappell(1968) (ed.), The Philosophy of David Hume,(New York: Random House), p.104.

405. Hume(1740), p.652

406. Hume(1978), p.628

407. Hume(1978), p.93.

408. Hume(1978), p.94.

409. Hume(1978), pp.94-95.

410. Hume(1978), p.95.

411. Hume(1978), p.95.

412. Hume(1978), p.96.

413. Hume(1978), p.107.

414. Hume(1978), p.109.

415. Hume(1978), p.109.

416. Hume(1978), p.116 참조.

417. Hume(1978), p.96.

418. Hume(1978), p.103.

419. Hume(1978), p.105.

420. Hume(1978), p.116.

421. Hume(1978), pp.119-20.

422. Hume(1978), p.636.

423. Hume(1978), p.625.

424. Hume(1978), p.625.

425. Hume(1978), p.625.

426. Hume(1978), p.625.

427. Hume(1978), p.626.

428. Hume(1978), p.629.

429. Hume(1978), p.629.

430. Hume(1978), p.629.

431. Hume(1978), p.629.

432. Hume(1978), p.629.

433. Hume(1978), p.629.

434. Hume(1978), p.630.

435. Hume(1978), p.632.

436. Hume(1978), p.628.

437. Hume(1978), p.153.

438. Hume(1978), p.98.

439. Hume(1978), p.101.

440. Wolff(1968), p.104.

441. Hume(1978), p.102.

442. Hume(1978), p.102.

443. Hume(1978), p.102.

444. Hume(1978), p.633.

445. Hume(1978), p.633.

446. Hume(1978), p.92.

447. 실제로 흄은 심리적 작용에 대한 그의 논의에서 '습관', '버릇', '성향', '성벽'(propensity)을 혼용하고 있다.

448. Hume(1978), p.92.

449. Hume(1978), p.103.

450. Hume(1978), p.103.

451. Hume(1978), p.102.

452. Hume(1978), p.104.

453. 이 원리는 흄의 '일반규칙' 중 4번째에 해당되는 것이다. 여기서 우리는 흄이 그의 일반규칙이 습관이라는 심적 메커니즘에서 유래하는 것으로 생각하였음을 알 수 있다.

454. Hume(1978), p.105.

455. Hume(1978), p.105.

456. Hume(1978), p.117.

457. Hume(1978), p.117.

458. Hume(1978), p.103.

459. Hume(1978), p.103.

460. Hume(1978), p.183.

461. Hume(1978), p.134.

462. Hume(1740), p.652.

463. Hume(1975), p.55.

464. Hume(1978), p.149.

465. Hume(1978), p.149.

466. Hume(1978), p.147.

467. Hume(1978), pp.147-148.

468. Hume(1978), p.150.

469. Hume(1978), p.149.

470. Hume(1978), p.148.

471. Hume(1978), p.149.

472. Hearn(1970).

473. Hume(1978), p.415.

474. Hume(1978), p.149.

475. Hume(1978), p.150.

476. Hume(1978), p.147.

477. Hume(1978), p.148.

478. Hume(1978), p.149.

479. Hume(1978), p.148.

480. Hume(1978), p.149.

481. Hume(1978), p.150.

482. 비철학적 개연성은 철학적으로 정당화할 수 없는 방식으로 결정되는 개연성을 의미한다. 이 책 p.317 참조.

483. Hume(1978), p.150.

484. Hume(1978), p.150.

485. Hearn(1970), Martin(1987) 참조.

486. Hearn(1970), pp.405-422.

487. Hearn(1970), p.411.

488. Martin(1987), pp.74-76.

489. Martin(1987), p.75.

490. Martin(1987), p.75 참조.

491. Hearn(1970), p.413.

492. Hume(1978), p.175.

493. Hume(1978), p.150.

494. Hume(1978), p.150.

495. Passmore(1980), p.64.

496. Passmore(1980), p.60.

497. Noxon(1973), p.84.

498. Hume(1978), p.72.

499. Hume(1978), p.149.

500. Hume(1978), p.175.

501. Butterfield(1962), 제6장, 제8장. 이 책의 제3장 참조.

502. Herschel(1987),참조. 이 책은 1830년에 출간되었다. 이 책의 제4부에서 허셜은 원인을 결정하기 위한 일군의 일반규칙들을 정식화하고 있다. 아서 파인에 의하면, "이 책에서 그[허셜]는 베이컨과 흄을 따르고 있다. 허셜의 규칙들은 밀이『논리학 체계』에서 발전시킨 다섯 가지의 귀납의 '방법'(혹은 '규준')의 원천이 된다."(p. xvi)

503. Hume(1978), p.173.

504. Hume(1978), p.77.

505. Hume(1978), p.173.

506. Hume(1978), pp.173-174.

507. 뉴턴의「규칙 3」을 다시 인용하면 다음과 같다. 「규칙 3」: 물체의 성질들 중에서 증강되거나 감소하지 않고 우리의 실험범위 안에 있는 모든 물체들에 속한다고 확인되는 성질들은, 우리 경험 밖의 모든 물체들도 공유하는 보편적인 성질들이라고 간주되어야 한다.

508. Nagel(1950), p.182.

509. Hume(1978), p.174.

510. 「규칙 2」를 다시 인용해 보자. 규칙 2: 그러므로 우리는 동일한 자연적 결과들에 대해, 될 수 있는 대로 동일한 원인들을 부여해야 한다.

511. Nagel(1950), p.214. 밀의 규범은 다음과 같다. "만일 탐구 중에 있는 현상의 둘 혹은 그 이상의 사례가 단지 한 가지의 상황만을 공유하고 있다면 모든 사례들이 오직 그 상황에서만 일치하는 바로 그 상황이 주어진 현상의 원인이다."

512. Hume(1978), p.174.

513. Nagel(1950), pp.215-216.

514. Hume(1978), p.174.

515. Nagel(1950), p.227.

516. 뉴턴의「규칙 4」는 다음과 같다.「규칙 4」: 실험철학에서는 자연현상들로부터 일반적인 귀납에 의해 추리된 명제들을, 그것과 상반되는 어떤 가설이 제시된다 하더라도 이 반대 가설이 다른 현상에 의해 보다 더 정확하다는 것이 판명되거나 혹은 제외시키지 않으면 안 될 다른 현상이 발생하기 전까지는, 정확하거나 혹은 진실에 매우 가깝다고 생각해야 한다.

517. Hume(1978), pp.174-175.

518. Hume(1978), p.175.

519. Passmore(1980), p.45.

520. Hume(1978), p.214.

521. Hume(1978), pp.281-282.

522. Hume(1978), p.380.

523. Hume(1978), p.147.

524. Hume(1978), p.147.

525. Hume(1740), p.654.

526. Hume(1978), p.96.

527. Hume(1978), p.153.

528. Hume(1978), p.629, (1975), p.49.

529. Hume(1978), p.629.

530. Hume(1978), p.629.

531. Hume(1978), p.97.n.

532. 이러한 확률 개념은 베이즈주의자(Bayesian)들에 의해서 제시되었다. 이것에 대해서는 Howson and Urbach(1989)를 참조.

533. Hume(1978), p.124. 그러한 논증의 예로 흄이 드는 것은 "내일도 해가 뜰 것이다", "모든 사람은 죽는다" 등과 같은 예측적 귀납추론의 결론이다. 흄에 의하면 이러한 명제는 우리가 의심할 수 없는 것이다.

534. Hume(1978), p.124.

535. Hume(1978), p.131.

536. Hume(1978), p.143.

537. Hume(1978), pp.143-146 참조.

538. Hume(1978), p.96.

539. Hume(1978), p.144.

540. Hume(1978), p.144.

541. Hume(1978), p.144.

542. Hume(1978), p.146.

543. Hume(1978), p.146.

544. Hume(1978), pp.146-147.

545. Hacking(1978), p.21.

546. Hume(1978), p.131.

547. Hume(1978), p.132.

548. Hume(1978), p.132.

549. 현명한 사람은 상상력, 인상의 직접성, 편견의 '일반규칙', 변덕 등을 교정할 줄 안다. 그것들은 모두 하나의 관념의 생동감을 잘못 상승시키는 것들이다. 흄은 원인과 결과를 판단하는 일반규칙을 적용함으로써 그러한 왜곡을 바로 잡을 수 있다고 생각하였다.
Hume(1978), p.150.
흄에 의하면, "현명한 사람은 증거에 따라서 신념의 정도를 측정한다." 예외적인 아닌 제일적인 경험의 경우에, 그는 "최고의 확신의 정도를 획득하고, 그의 과거의 경험을 그 사건의 미래의 존재에 대한 완전한 증거로 간주한다." 그러한 변함없는 규칙성이 없는 경우에는, 그는 긍정적인 실험과 부정적인 실험을 저울질한다. "모든 개연성은, 반대의 경험과 관찰을 상정한다. 거기서 한 쪽이 다른 쪽에 비해 우세한 것으로 나타나고, 그러한 우세함에 비례해서 명증성의 정도가 산출된다." Hume(1975), pp.110-111

550. Hume(1978), pp.130-1.

551. 흄에 의하면 "완전한 무차별성(entire indifference)이 우연에서 본질적인 것이다." 그는 준개연적인 시행의 결과만을 고찰한다. 시행의 실제적 결과가 무엇이든 간에, 우리는 그 사건에 대해서, 왜 다른 것이 아니라 그 결과가 발생하였는가에 대한 어떤 이유나 원인을 부여할 수 없다. 그 예가 되는 것은 동전, 주사위, 복권 등이다. Hume(1978), pp.125

552. Hume(1978), p.135.

553. Hume(1978), p.136.

554. 이러한 정식화와 그 적용에서 흄의 귀납적 추론은 베이즈주의자들의 그것과 상당히 유사하다. 다스톤은 "베이즈의 정리는 '과거의 경험으로부터 미래의 경험으로의 모든 추리에서 우리는 그것이 빈번한 정도에 따라서 그 각각에 특유한 무게와 권위를 부여해야 한다'는 흄의 교훈에 숫자를 붙인 것이다"라고 평가한다. Daston(1988), p.266.

555. Hume(1975), p.111.

556. 베우챔프와 로젠버그도 『탐구』에서의 기적에 관한 논의가 흄의 실험적 추리의 방법이 가장 잘 드러나는 부분임을 지적하고 있다. Beauchamp and Rosenberg(1981), p.55 참조.

557. Hume(1975), p.112.

558. Hume(1975), p.113.

559. Hume(1975), p.113.

560. Hume(1975), p.113.

561. Hume(1975), p.113.

562. Hume(1975), p.115-116.

563. Hume(1975), p.113.

564. Hume(1978), p.xvii.

565. Hume(1740), p.646.

566. Hume(1978), p.282.

567. Hume(1978), p.367.

568. Hume(1978), p.xix.

569. Hume(1978),xvii

570. Hume(1978), p.13.

571. Hume(1978), p.xvii.

572. Hume(1975), p.47.

찾아보기

ㄱ

ㄴ

ㄷ

ㅅ

ㅇ

ㅈ

ㅊ

ㅋ

뉴턴과 흄

2020년 12월 14일 초판 1쇄 발행

지은이 정병훈
펴낸이 권순기
부장 박현곤
행정팀장 김성균
디자인 이희은
편집보조 이희성

펴낸곳 경상대학교출판부 | 출판등록 1989년 1월 7일 제16호
주소 경남 진주시 진주대로 501
전화번호 055) 772-0801(편집), 0802(디자인), 0803(도서 주문)
팩스 055) 772-0809
전자우편 gspress@gnu.ac.kr
홈페이지 http://gspress.gnu.ac.kr
페이스북 https://www.facebook.com/gnupub

이 도서의 국립중앙도서관 출판시도서목록(CIP)은 서지정보유통지원시스템 홈페이지(http://seoji.nl.go.kr)와 국가자료공동목록시스템(http://www.nl.go.kr/kolisnet)에서 이용하실 수 있습니다.
(CIP제어번호: CIP2020051411)